月球定居中人的因素
——跨学科导论

The Human Factor in the Settlement of the Moon
An Interdisciplinary Approach

[美] 玛格丽特·布恩·拉帕波特 (Margaret Boone Rappaport)
康拉德·绍西克 (Konrad Szocik) 编

吴 斌 冯金升 主审
徐 冲 张成普 廖 苹 等译

中国宇航出版社
·北京·

本书中文简体字版由著作权人授权中国宇航出版社独家出版发行，未经出版者书面许可，不得以任何方式抄袭、复制或节录本书中的任何部分。

著作权合同登记号：图字：01－2023－1530 号

版权所有　侵权必究

图书在版编目（CIP）数据

月球定居中人的因素：跨学科导论 /（美）玛格丽特·布恩·拉帕波特（Margaret Boone Rappaport），（美）康拉德·绍西克（Konrad Szocik）编；徐冲等译 . -- 北京：中国宇航出版社，2023.5

书名原文：The Human Factor in the Settlement of the Moon：An Interdisciplinary Approach

ISBN 978 - 7 - 5159 - 2234 - 8

Ⅰ.①月… Ⅱ.①玛… ②康… ③徐… Ⅲ.①空间探索－研究 Ⅳ.①V11

中国国家版本馆 CIP 数据核字(2023)第 077006 号

责任编辑 张丹丹	**封面设计** 王晓武		

出 版发 行	**中国宇航出版社**		
社　址	北京市阜成路 8 号　**邮　编** 100830	**版　次**	2023 年 5 月第 1 版 2023 年 5 月第 1 次印刷
	(010)68768548	**规　格**	787×1092
网　址	www.caphbook.com	**开　本**	1/16
经　销	新华书店	**印　张**	18.25　**彩　插** 12 面
发行部	(010)68767386　　(010)68371900	**字　数**	444 千字
	(010)68767382　　(010)88100613 (传真)	**书　号**	ISBN 978 - 7 - 5159 - 2234 - 8
零售店	读者服务部　　(010)68371105	**定　价**	138.00 元
承　印	天津画中画印刷有限公司		

本书如有印装质量问题，可与发行部联系调换

译者序

  月球是离地球最近的星球，也是地球唯一的天然卫星，人类从未放弃过对月球的探索。20 世纪 60 年代，人类开启了载人探索月球之旅。1969 年 7 月 16 日，伴随着阿波罗 11 号航天器发射升空，人类首次登月行动就此拉开序幕。4 天后，美国宇航员尼尔·奥尔登·阿姆斯特朗和巴兹·奥尔德林乘坐登月舱降落月球表面，并在月球上留下了"人类的一大步"。到 1971 年 12 月，美国成功实施了 6 次载人登月任务。进入 21 世纪，美国调整了太空探索政策，实施星座计划，该计划兼顾了载人登月目标，为人类长期驻留和月球开发做准备。2017 年美国批准了《1 号太空政策令》，要求美国国家航空航天局（NASA）加快载人探月步伐；2019 年，为纪念载人登月 50 周年，NASA 宣布了"阿尔忒弥斯"计划，旨在重返月球，在月球上建立科学考察站或驻留基地。2022 年 11 月 16 日，NASA 实施了"阿尔忒弥斯"计划首次飞行任务，重返月球计划正式开启。

  多年的月球探索表明，月球资源丰富。2018 年，科学家首次发现月球两极存在"水冰"。月球"冰"可制成火箭推进剂，将极大降低太空探索任务的成本。月球上还有一种珍稀物质——氦-3，它是世界公认的高效、清洁、安全的核聚变发电推进剂。此外，作为距离地球最近的星球，月球是人类进入深空探索最理想的前哨站、中转站。正如现代火箭之父冯·布劳恩所预言："21 世纪将是在外层空间进行科学活动和商业活动的世纪，是载人星际航行和在母星地球之外开始建立永久性人类立足点的世纪。"目前，全球正掀起一股探月新高潮，除了美国"阿尔忒弥斯"计划外，还有俄罗斯"月球"系列计划、印度"月船"计划、以色列"创世纪 2"登月计划等，欧洲和日本参与了美国的太空计划联合项目。

  我国从 2004 年正式开展月球探测工程，并命名为"嫦娥工程"。我国嫦娥一号卫星于 2007 年 10 月 24 日发射，在轨有效运行 16 个月，于 2009 年 3 月成功受控撞月，实现了中国自主研制的卫星进入月球轨道并获取了全月图。2013 年 12 月 2 日，嫦娥三号探测器成功发射，12 月 14 日实现月面软着陆，12 月 15 日进行两器分离和互拍成像，首次实现了我国地外天体软着陆和巡视勘察，标志着我国探月工程第二步战略目标全面实现。2018 年 5 月 21 日，鹊桥号中继卫星成功发射；同年 12 月 8 日，嫦娥四号探测器发射升空，2019 年元月 3 日在月球背面预选区着陆。我国在人类历史上首次实现了航天器在月球背面软着陆和巡视勘察，并首次实现了地球与月球背面测控通信，在月球背面留下了世界探月史上的第一行足迹。2020 年 11 月 24 日，嫦娥五号成功发射，12 月 1 日探测器在月面成功着陆，12 月 2 日完成了月球钻取采样及封装，12 月 17 日返回器携带 1 731 g 月壤顺利着陆地球。这标志着我国探月工程"绕、落、回"三步走圆满收官。未来五年，中国将继续实施月球探测工程，与相关国家、国际组织和国际合作伙伴共同开展国际月球科考。后续载人登月工程的相关论证和关键技术攻关工作已经展开，预计在不久的将来实现中国人的首次登月。

航天先驱齐奥尔科夫斯基曾说："地球是人类的摇篮，但是人类不会永远躺在这个摇篮里，而会不断地探索新的天体和空间。人类首先将小心翼翼地穿过大气层，然后去征服太阳系空间。"从 20 世纪 60 年代初开始，人类穿越大气层，进入太空已经有 60 多年了。经过多年的不断发展和实践，目前，有两个空间站组合体在轨运行，人类能够在外太空实现半永久驻留，能在地球大气层之外从事有意义的工作。人类探索太空的下一个目标可能是地球之外的星球——月球。月球上没有空气，没有液态水，其重力为地球重力的 1/6。面对如此恶劣的生存环境，人类生存将承受诸多严峻的挑战和考验；同时，伴随着月球探索及科学考察活动的不断拓展，人类在月球上的驻留规模逐渐扩大，正如地球上的南极科考站一样，在月球上会逐步建立不同国家的科考站，满足科考人员较长时间驻留的需求。在涉及月球生存的诸多因素中，除了自然环境因素外，还要考虑人的社会性因素，因此，相关领域学者编写了专著《The Human Factor in the Settlement of the Moon：An Interdisciplinary Approach》，这是施普林格大型系列丛书《空间与社会》中关于《太空中人的因素》系列的第三卷。这是一本全面且深入讨论人类正在离开地球这一概念的著作。这本书致力于阐述人类未来在月球驻留期间涉及的各个因素，同时介绍月球驻留中需要关注的问题。本书共 20 章，较为详细阐述了月球环境及其对人体的影响，月球上电源供给保障，月球上农作物生产，月球居住区人类的医学与健康观，月球驻留的社会、政治和法律框架，月球上生存伦理，环境道德观以及月球驻留者的环境和职业行为准则，月球驻留者的宗教及社会学，等等。

本书系统介绍了未来月球上长期驻留中人类需要面对的各个因素，内容丰富，形式新颖，既可作为航天科研人员、医学工作者、工程设计人员等的参考书，也可为未来深空探索（探索火星等）的科研人员提供借鉴。

本书将玛格丽特·布恩·拉帕波特和康拉德·绍西克等的最新学术著作较为全面地呈现给广大读者，书中所译内容不代表翻译团队的立场。由于时间仓促，水平有限，书中难免会有不妥或错误之处，敬请各位读者不吝赐教和指正。

癸卯初春　于北京

前　言

月球之旅，公元 2096 年。

来吧，和我们一起游览一个有 75 年历史的月球定居点。就在此刻，我们使用一本将会变得熟悉的旅游手册，走进未来，环顾四周……

欢迎！欢迎来到月球！我们要探索一个全新的世界。我们将从管理穹顶开始参观，您刚刚在这里看到了我们的历史展览，以及阿波罗着陆点的地图。上车时要小心！我猜你们大多数人还没有"月亮腿"。在这里，需要采用不同的步伐，不是吗？

现在，看看旅游手册中的第 2 章。你会读到很久以来人们一直对月球有各式各样的想法。在第 2 章中，默瑞博士向你介绍了文化、社会、健康和礼仪方面的一些情况！在许多宗教和几乎所有类型的口头和书面文学作品中，月亮都是重要的角色。在地球上的每一种人类文化中，月亮都闪耀着光芒，有时它还是一个活生生的人物！

现在，让我们停下轨道车，来参观哈维兰博士在月球表面的展览。看看你的书中那张早前月球表面的高质量画面（图 1-1）。它是 1971 年阿波罗 14 号离开月球表面返回地球时的惊鸿一瞥，背景是地球升起。太美了！哈维兰向我们介绍了月球表面并不总是静止的这一观点，这帮了我们大家一个忙。它是变化的。它一直在变化！太有趣了！

好了，当我们回到我们的轨道车上，向右看，你会看到两个重要的设施：我们的穹顶电池组，再往右一点，就是我们的太阳能电池板的场地了，它几乎延伸到火山口边缘的一半。在你的旅游手册中，伦布雷拉斯博士和佩雷斯·格兰德博士为你总结了月球能源选择。我们正在使用这些能源，我们也在尝试一些新的能源！

让我们回到轨道车上，在一座特别的穹顶处停下来，这座穹顶是我们的第一个温室所在地。当然，现在，就在你左边的火山口边缘，是一座巨大的新温室，绵延约 3 英里①。它是太阳系中最大的温室……除了，可能……我听说火星上有一个新的。［耸耸肩］那些火星人——他们总想超过我们……

在你的旅游手册中，卡萨利斯博士描述了不同类型的农业设施——这是一项非常棘手

---

① 　1 英里＝1 609.343 米——译者注

的工作！这需要新的建筑材料和新的管道，而且需要几年的时间来建造那个大的设施。我们养活自己的能力呈指数级增长！当然，我们的复制器现在可以提供火焰香蕉……在你的旅游手册的最后一章，科尔巴利博士和拉帕波特博士对75年前他们的一些文化预测进行了很好的总结。这是对艺术、建筑、烹饪和户外娱乐的简单回顾……是的，我们资助游客每周两次徒步旅游。

哦，在我们离开这张老温室的照片之前，请记住，几乎所有的硬景观都是现场3D打印的。看到那种作业真是太棒了……在你们的旅游手册第6章和第9章中，布拉多克博士描述了75年前刚刚开始被了解的风化层的一些危险。当然，如果你身穿航天服，这是无害的，但如果你没有航天服，接近那些3D打印机的任何地方都是危险的！这些东西对呼吸系统有害……他们说，几乎和吸烟一样糟糕。[耸耸肩]一开始我们并不知道。

现在请小心脚下，登上了火车，我们现在去那边的穹顶群。那是我们的医疗中心。你的旅游手册中有谢尔哈默博士对人体系统早期的全面研究，以及75年前的担忧，大部分都是对的。我们仍然需要做比我们想做得更多的锻炼（旋转和指向）……哦，那边是健身房。每个人都要使用健身房。如果你不用，他们会把你送回地球。月球上的锻炼就像地球上的税收……无法避免！

当我们来到医疗中心……我们不进去。这是禁区，因为那里正在进行所有研究……无论如何，我得提一下你的旅游手册中纽伯格博士关于月球生活对人类神经系统影响的研究。我们也学会了一些对抗这些影响的方法。但是……他们还是在监视我们！

现在，当我们再次出发时，将前往司法中心，那里有我们的法庭和月球唯一的监狱，你可以向左边看。从没想过我们会用到它……当然，不幸的是……那是另一个故事……司法中心还设有贵宾和国家元首接待室。这是一个漂亮的房间，月球上最美丽的地方！就在那个房间里，他们已经签署了两份条约。在你的旅游手册中，有一份早期的月球外交官尤拉多·里波尔撰写的月球条约清单，上面有记述。你知道，他来过这里，纽伯格也来过。手册中的很多作者都参观过月球！

我们今天不去那里，但在那个独立的穹顶里有一支驻军。人们奋力抗争，但他们总会知道，在月球上会有一两支……或者三四支军队存在……就像你的旅游手册里斯图尔特和拉帕波特所描述的那样。我们从来不去那里。我们不知道他们在那里做什么，但他们和我们一起在食堂吃饭！我们认识这些穿制服的男女，但是……嘘……我们不知道他们在做什么！比平常多了很多天线。[点头]

当然，有些人不喜欢他们在月球上的新生活。他们觉得这种生活太受限制、太不舒服、太不方便了，有些人无法在低重力下生活，于是他们返回地球。施瓦茨博士描述了所谓的返回地球的权利。这些权利写进了每一份出差合同中。对某些人来说这根本不适合。每年都有一些人无法适应新环境。

在你的旅游手册中，哲学家们，比如绍西克博士推测，在他们称为"太空避难所"的地方，有可能比在地球上的生活质量更好。[耸耸肩]没错，地球才刚刚开始摆脱长达几个世纪的污染，来到这里的人想要回去的并不多，只有几个。我们一开始是对的，有一个很好的环境规划，在你的旅游手册中诺曼和赖斯称之为"精神气质"。他们是对的！肯德尔博士也是对的。我们采纳了她的建议，现在我们所有岗位都有特定的工作场所保护措施。当然，我们不能确保我们的头儿不操心！我想这个月球基地还得继续让他操心。我们说英语的月球居民都聚集在这个特别的月球基地周围，所以他忙得不可开交。

小心！当心脚下。我想让你参观一个特别的地方。这是我们在月球上的唯一教堂。它由多教派的牧师、神父和拉比组成。这里还有一些其他的派别，比如巴哈伊团体，他们自己开会。如果有人认为月球上的移民会把宗教信仰留在地球上，那他们就错了！

这就是旅游手册中三章的重点，作者是伊姆佩博士、奥维耶多博士和默瑞博士。他们是不同领域的专家，但每个人都对远离地球的信仰和宗教进行推测。他们基本上都是对的！如果有什么区别的话，那就是至少与我所看到的相比，他们淡化了宗教。当然，我不太了解所有的月球基地，比如中国的基地。太大了！在月球背面。我不确定他们在宗教领域做了什么，但在这里，这是可靠的。

现在，向左看，你会看到我们的新月亮大学。它是全新的，还没有完全开放。他们将提供学位课程，军人们已经报名了。你知道的……社会学、数学和英语课程。说到社会学，你的旅游手册很好地展示了75年前社会科学家如何看待月球上的生活。坎帕博士在很多方面都是对的，比如我们必须警惕抑郁症之类的事情，但现在有一个项目，如果有人看起来有点忧郁，我们就会介入并伸出援手。这是积极主动的！我们不会忽视它。

现在，我们再次回到管理穹顶。在那里，你可以报名参加初学者登山队，他们将在大约30分钟后出发，就像旅游手册中科尔巴利和拉帕波特所描述的那样。这很有趣，它还将帮助你拥有"月亮腿"！我们这里的重力只有地球的1/6，需要用到不同的肌肉！玩儿得愉快！

下车时请注意脚下。

美国亚利桑那州图森市　　玛格丽特·布恩·拉帕波特

波兰热舒夫/美国纽黑文市　　康拉德·绍西克

2021 年 3 月

目　录

第1部分　文化史视角

第 2 部分　工程、工业和农业前景

第 3 章　变化无常的月球表面环境：危险和资源

第4部分　月球驻留的社会、政治和法律框架

第 6 部分 人类月球体验的社会学透视

第1章 实施计划启动：下一步在月球建立定居点

玛格丽特·布恩·拉帕波特　康拉德·绍西克

摘　要　作者欢迎对人类外太空生存有自己看法的读者，这将有助于在未来几十年人类在月球、火星、小行星以及气态巨行星木星和土星的卫星上早期定居。他们强调地球和月球的整体性——作为一个天文事实、一个研究领域和一个环境管理的集体焦点。这本书的首要目标是在人类面临的问题中注入一种现实主义的意识，并在未来几十年里为适应这个最初不适宜居住、没有空气、布满尘土、重力为地球 1/6 的地方，制定有关居住问题的解决方案。本书共有 20 章，确定了五个自发的主题：（1）研究模型的扩展；（2）空间研究的多学科性和实用性；（3）根据人类需求为月球基地选址；（4）宗教的重要性在外太空定居点的意外显现；（5）环境保护在地月空间、月球和地球上发挥着关键作用。

1.1　太空中人的因素

早在 20 世纪 60 年代初，人类就已进入太空。截至撰写本书之时，已有近 600 人在地球大气层之外经历过有意识的人类生活。更多的人将越来越快地加入这些先驱者的行列，因此，重要的是要了解具有独特特征和喜好的人类，是如何在这个充满危险的处女地生存并最终繁荣起来的。人类是哲学家和人类学家所称的"社会问题解决者"。我们在群体中解决自身的问题，也将继续在太空中解决一系列数不清的问题。在群体中，无论是在附近，还是在遥远的任务控制中心，我们的思想在和其他人类问题解决者分享的过程中不断碰撞成熟。在早期的阿波罗任务中出现了联合解决问题的情况，尽管地球与地球轨道、国际空间站、月球、火星、小行星、气态巨行星木星及土星的卫星之间预计会有时间差，但联合解决问题的工作仍将继续。

我们迈向太空，实现半永久存在的第一步已经由国际空间站完成，那里接待了来自地球上许多国家的不同民族的宇航员。人群的多样性提醒我们，来自不同民族的人类也会在月球定居，并被赋予新的称谓。那里将会有不是出生在自己母星的人类，如果不是在漫长的太空旅行中，月球可能是第一个有人类在非母星定居的地方。

最终，继国际空间站之后，将会出现轨道旅馆、研究站、康复中心和一种新型转运结构——太空电梯，它将使上升到轨道的成本更低，而且对非专业人员来说更方便。这些成就存在于我们的未来，但在此之前，我们的任务就是设想人类是附近行星体（planetary body）——月球的居民。接着考虑飞往火星，但月球相对近一些。它为人类提供了一个在太空中的立足之地，在重力为地球重力 1/6 的情况下，我们可以进入外太空，并在远离地球的地方探索。

我们可能会将人类从一个相对稳定的月球轨道平台发射到太阳系的其他星球，甚至更远的天体。前往太阳系中遥远地点的航行通常始于月球，部分原因是这里建造脱离地球引力的宇宙飞船更容易、更便宜。而从地面升起巨大重物，花费非常昂贵。此外，发射许多飞船最终会造成污染。

我们的社会科学家将密切关注人类在月球上的生活（第17～20章）。我们将在本卷的章节中对其中的大部分内容进行研究。从很多方面来看，月球是火星上人类生存的试验场，也是小行星商业开采的试验场。

这本书充满了对伟大发现和财富的期待，没有一点畏惧。成功的道路将充满艰辛，在本章中，我们试图设想人类面临的问题及解决方案。如果我们不满足人类的自然需求，注定会失败。太空探索不是一项简单的技术活动，而是一项任务，能使我们在一个全新而危险的环境中保持舒适、高效、警觉并随时准备好行动。人类必须准备好并能够运用其非凡的决策能力，就像在我们的人工伙伴（artificial companion）上运用的技能一样。我们应该让自己习惯于他们更快做出决定的能力，而最终的决定权留给人类。"这感觉对吗？"——今天的人工智能无法解决这最后一个问题，尽管未来可能会。太空探索可能是人类和人工智能学会合作的冒险，我们得教他们怎么做。

在这本书中，我们试图在视野中嵌入对环境保护的重新关注。如果我们把月球变成一个垃圾堆或是一个有毒废物倾倒场，那将是一个可悲又可怜的过程。我们必须保护月球，因为千百年来，它为每一种人类文化提供了富有想象力的主题，如各种故事、歌曲、神灵和仪式。显然，我们的月球很大，这个大小也体现了其对人类的重要性。月球只有一个，地球也只有一个，它们的关系如图1-1所示。这张照片是阿波罗14号在返回地球途中拍摄的，地球在背景中慢慢升起，我们的子孙后代都不会忘记这些美景。

本书是施普林格大型系列丛书《空间与社会》中关于《太空中人的因素》系列的下一卷，也是第三卷。然而，这是第一批全面且始终接受人类正在离开地球这一概念的著作。这对许多人来说是一个巨大的进步。之前的几卷著作考虑了科学家和哲学家提出的关于人类是否应该居住在地球以外的行星上的各种问题。此时此刻，这似乎是一个必然的结论：一旦人类负担得起，并找到生存的办法，人类会大规模地离开这个星球。这是一项对精神和身体的考验，是一项针对人类的个人和集体的任务计划，也是一项技术挑战，更是对现实场景的反复试验。为了在月球生存下来，人类必须利用自身所有的许多认知属性。在月球这个独特的新环境中生存，将对人类进行重新评估。人类将冒险离开地球，去新的地方定居。在本章中，读者将了解一些关于工程师、科学家以及政治家最终将面临的挑战。我们没有虑及每一件事，但我们思考了很多。

这本书关注的是人类在过去和未来所有的登月任务，但我们将重点介绍建立第一个月球定居点的过程。这些初建的月球社区的首要功能可能是作为一个场所和一种生活方式来支持工作，其中大部分是研究工作。其他章节将拓展探讨定居后期面临的问题和解决方案，包括全方位支持人类社区的功能，如工作、娱乐、政府管理、工业、农业自给自足，以及地球和我们太阳系其他定居点之间的往来。前几卷聚焦于火星任务的挑战（绍西克，

图 1-1　阿波罗 14 号在 1971 年返回时拍摄的地球

（图像来源：阿波罗 14 号，NASA，JSC，ASU；图像再处理：安迪·桑德斯）

2019），以及人类增强所有太空任务（月球、火星和更远星球）的广义概念（绍西克，2020）。

我们的目的是为这个人类巨大的冒险行为创造一种现实主义感。我们的目标是描画出挑战，这些挑战听起来比我们这系列前两卷中反映的问题和困难更具体和更实际。人类已经登上月球，这并非无关紧要。当我们计划登陆火星时，这一挑战再次出现在我们面前。与火星任务不同，我们知道如今可以实现飞向月球，也知道采取一些预防措施。在本卷中，我们讨论了在月球定居的基本原理，以及保护地球和月球的环境问题，因为二者彼此不可分割。我们倡导月球的可持续发展，关注与人类健康和福祉有关的社会和伦理问题。我们需要面对一个现实：我们必须记住，虽然我们将是第一批在月球上安家的人，但绝不是最后一批。整个人类都需要一种能够实现保护环境、处理废物和水循环，并在月球上持续几个世纪甚至上千年的方法。一旦我们在月球定居，它将是我们长久的家园。我们必须正确地从一种环境保护的精神开始（第14章，诺曼和赖斯），这是每一个月球商业活动和定居任务的基石。

自从人类首次登陆月球以来，在这50年里发生了许多重要的事情（图1-2和图1-3，NASA1971b）。20世纪60年代和70年代困扰人们的环境问题对许多人来说都是新问题。我们的观点是，21世纪的当代月球环境保护精神必须吸引每一个人——科学家、建筑工人、前往小行星开采贵金属的公司、名人、政客、游客，当然，甚至还有军队人员（参见第11章，斯图尔特和拉帕波特）。这种月球环境保护精神将为地球上所有社会的利益而创造，毫无疑问这种精神将部分转移到今后火星文化和社会的发展进程中。这种环境保护是我们对未来发展的义务。没有它，人类就没有理由在地球之外扩张和利用空间资源。

图1-2　在1971年阿波罗15号的舱外活动中，登月舱飞行员詹姆斯·欧文用铲子在月球土地上挖沟。
远处背景是在平原上耸立的哈德利山（照片来源：NASA；大卫·斯科特）

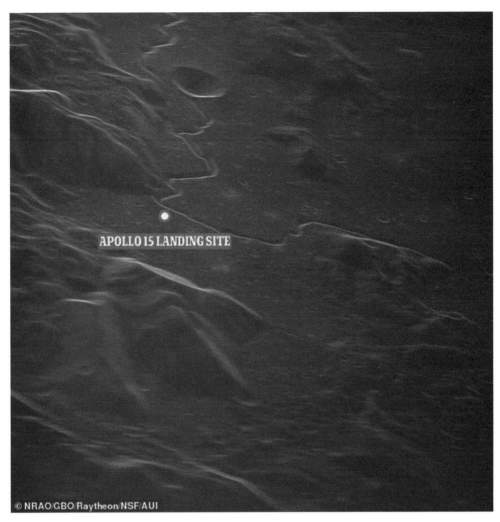

图 1-3　1971 年阿波罗 15 号着陆区域的 2021 年雷达图像（来源：索菲亚·达格内洛，
NRAO/GBO/Raytheon/AUI/NSF/USGS）（见彩插）

1.2　贯穿各章的主题

在本卷各章的内容和辅助主题中，收录了五个主题。其中一个主题是计划中的月球环境问题。我们计划了从轻度到中度的各种重点，但其重要性有时比预期的更强，范围扩张更广，将地球和月球组合包含在"地月空间"的范围内。这是与其他主题一起出现的全新主题。事实上，地月空间可能成为一个垃圾场或存在废物处理的问题。太空垃圾对地球来说已经是个问题了，而且还会扩展到月球周围的太空，除非我们很好地进行规划，并就管理机制做出集体决策。

从最具理论性的主题到最具实践性的五个所涉主题包括：（1）月球研究中研究模型的

扩展；（2）空间研究及其应用的强大的多学科性质；（3）根据人类需求确定月球基地的位置；（4）宗教表达意想不到的重要性；（5）最实际的环境关注，从程度低（如第11章）到程度高（如第14章）的层次。本书的各个章节以不同的方式，针对不同的人类功能，使用不同的语言、学科和建议的研究模型来处理这些交叉问题。

1.2.1 研究模型的扩展

上文已经暗示了关于研究模型的扩展。科学家——医学研究人员、社会学家和农学家发生了一些事情，他们意识到还有另一种已知的人类：地球外的人类。他们首先想到的是将生存在地球上的人类和月球上的人类，以各种方式进行比较。将会有人在地球以外的地方生存下来，我们所有的观点也将随之改变。"他们和地球上的人类一样，不是吗？"我们会问。或者，我们可能会想，他们在现实中的样子是否与我们的想象有所不同。人类会思考这些问题，还有其他数百万的问题。

首先，我们如何称呼地球之外的人类？无论称呼是什么，他们的存在都将拓展人类的生活、健康以及不可避免的进化经历，并创造一个新的种类。一个新的地方会将成为一种新的存在状态。我们将地球上的人类与生活在月球上的人类进行比较，就像我们将地球上生活在不同国家、不同城市和不同文化中的人类进行比较一样。这一新分类将具有直接的重要性，研究人员会问：月球上和地球上人的衰老方式和速度是否相同？从更实际的角度来说：需要工伤补偿保险吗？或者，对于工伤保险来说，在月球上生存太危险，保险没有意义？甚至是，我和我的爱人结婚后才能住在月宫吗？还是同居的规则有所不同。再说，谁真的在乎这里呢？还是……不在这里？肯定会节省不少氧气费用。

事实上，"供应短缺"的本质将会改变。首先是用来呼吸的空气，然后是最初要花费巨资从地球运来的食物，或者后来，在月球上新建立的温室里精心种植的食物。最后，如果有人想离开月球的话，还需要药物和推进剂，才可以返回地球的"家"（第12章，施瓦茨）。人类生活和文化中的无限细节将发生变化，我们将开始以不同的方式提出新的和同样的问题。我们之间会有在定居月球之前不存在的明显分歧。从30万~40万年前智人的出现到今天，地球上的人类谱系发生了许多变化。我们将居住在另一个星球。

除了新的分类之外，还有一个重要的新的共同点。最终，当人们认识到共同的起源时，地球上的人类和月球上的人类将感受到一种新的联合纽带，并对自己说：我们是在一起的。我们生活在两个行星体上，它们首先通过引力相互联系，然后通过人类联系在一起。我们一起生活在这两个行星体上，在地月空间一起围绕太阳运行。火星很快也会到来，但那儿没有另一个像我们的月球一样的卫星。

这些变化将扩大研究模式，从"地球思维"到"地外思维"。我们中的一些人认为第一批外星人会是来自另一个星系的访客，但相反，准确来说，我们发现人类将是第一批外星人。我们所有的研究都将悄然转移到月球上的新人类，并与火星、木卫二和土卫二等行星上的其他人类形成对比。我们很快就会熟悉这些名字。

人类将从地球思维转向外星思维，从以地球为中心的思维转向以地月为中心的思维。

它可能会慢慢发生，正如一位又一位的医生、政治学家或哲学家也想知道人类在地球上的经验是否可以推广到月球上。当人类入住火星后，对比会进一步扩大。这些变化本身也将成为推测的主题，最终哲学家们将写下关于人类在月球上生存的影响。

直到现在，我们还在思考一些研究问题。月球上的居民会因为身处这样一个充满挑战的环境而更多地相互合作吗？或者，他们会基于最基本的需求——生存，而变得更加冷酷无情，对他人不那么关心？移民者或多或少会变得更敏感？他们会像西迁至北美定居的移民一样吗？他们会或多或少感激生活本身吗？这在很大程度上取决于宇航员的最初选拔、政府和商业项目使用的标准，以及一些明显而另一些模糊的自我选择因素。什么样的人会想去月球参观、定居，或死在那里？谁会满足于再也看不到地球，除了在漆黑的月球天空中看到一幅有着蓝色、绿色、白色的景象？有些人会很满足，并且他们可能已经出生。

人们将继续有机会检验合作的理念和价值体系的演变。生物伦理学应该会引起人们很大的兴趣，因为在其引力为地球的 1/6 处，人类的所有追求都会受到身体和心灵对隔离、封闭、干燥、月球尘埃、辐射等的反应的影响。这将是一种不同的物理和医学存在，至于有多不同，我们才刚刚开始预测（第6～9章）。

1.2.2　空间研究的多学科性和实用性

关于未来空间任务的研究不再属于任何单一的学科。如果说有一个涵盖很广的"伞"的话，那就是"未来研究"，尽管其在涉及趋势分析、预测以及随着未来时间的延长而不断扩大的误差和不确定性方面存在问题。使用多种方法（定性和定量）对结果进行三角测量分析，有助于未来研究实现新目标。

个别学科的理论和研究成果可以帮助预测一系列问题和潜在的解决方案，而人文学科（哲学、艺术、教育和神学）可以帮助我们解释人类未来情景的意义。几十年来，运筹学一直在帮助人类做出更好的决策。在某种意义上，这也是传统人文学科一直在帮助人类做的事情。因此，我们很高兴有硬科学和软科学，既有社会科学，也有人文科学。我们有两位博士级别的天文学家作为撰稿人，他们提供了丰富的信息，帮助支持我们的愿景，但他们都选择了撰写他们熟悉的专业主题（第16章和第20章，伊姆佩和科尔巴利）。两位也代表了本书及其每一章的多学科性质。

我们对月球了解得越多，我们就越能预测未来，尽管我们谁也不敢去"预测"。基于今天的知识库，根据场景和可能性来铸造我们的愿景是一项有意义的任务，因为我们都接受过不同学科、方法和论述与论证风格的训练。最终，我们所有的愿景（或其他尚未想象到的场景）都将被仔细研究、剖析，然后再设计！

工程师的工作是将人类的知识转化为飞船船体、推进系统、环境控制和舒适的住所。工程师站在人类设想和真正的登月任务之间。有四位工程师撰写了三章内容（第3章，哈维兰；第4章，伦布雷拉斯和佩雷斯·格兰德；第7章，谢尔哈默，生物医学工程师），还有一位工业农学家（也是一位经验丰富的生物学家），也参与了撰写工作（第5章，卡萨利斯）。生理学家布拉多克在第6章和第9章中描述了利用月球表面的风化层进行农业、工业和建筑业作业时会面临的机遇和健康风险。在审视本书的各个章节时，我们得出的结论是，对于身处太空的人类来说，除了舷窗外宇宙生动的美景之外，没有什么是纯粹的，必须咨询所有能帮助人类在太空和月球上生存的领域专家，其中包括医生（第8章，纽伯格）。

迄今为止，社会科学在空间研究方面落后于物理科学和工程学。哲学家们也为此做出了贡献，但专业的社会科学家却很少这样做。我们预计，社会科学家很快将开始比过去做出更大的贡献。"月球定居"一直都是人类的一项社会事业。人类生活在社区中，无论这些组成部分是相隔遥远（如阿拉斯加内陆），还是紧密相连（如连成一体的月球穹顶建筑）。的确，社会孤立封闭和社会失范是月球上的重要问题（第19章，坎帕），但当在月球上建立基础设施，铺设交通网络，配备各种波长的照明且越来越大的温室，建立自来水厂，以及配置监控输出的电子设备时，对人类合作的社会研究将同样重要。这些项目将采取迄今为止鲜为人知的人类社会合作模式：相对较小的机组操作大型复杂机械。事实上，许多月球建设计划最终将由机器人制造和3D打印机完成（第20章，科尔巴利和拉帕波特）。大多数早期定居者（及其配偶）极可能是工程师，甚至是医生。月球定居在一定程度上是一个社会组织的集会，首先以工程专业知识为基础，由有资格的医务人员和社会科学家进行良好的监管。

虽然在今天学术界认为多学科是可取的，但陷入了几乎压倒性的"烟囱式"知识趋势。人们仍在抱怨学科专家"只会相互交谈"。出于这个原因，我们一直在努力让各领域的作者参与撰写。不同领域的信息输入对于人类未来太空探索的研究非常重要（施瓦茨，2020）。然而，多学科的观点只是我们方法论承诺的一个方面。

另一种是实用主义，它是多学科的自然产物。当不同学科的专家们以团队的形式合作时，彼此之间就会出现明显的分歧。但当只与自己领域内的学者交谈时，很容易忽略逻辑或方法上明显的缺陷。从我们的角度来看，即使是哲学分析（特别是伦理学）也有实用主义的背景。它必须这样做，因为在太空任务中，人类面临的风险水平和投资金额是如此之大。

因此，本书避免纯粹的哲学思考，但重视应用伦理学的价值（第12～15章），这为探索和利用太空提供了有用的人权论据。但与此同时，支持在太空任务中的正义、公平和责任的概念。我们作为一个物种和国家集团，不能在不考虑后来者未来的情况下，贪婪地探索太阳系。当我们为追随我们的人设定标准时，我们所做的事情会产生影响。

1.2.3　根据人类需求为月球基地选址

月球上定居点的选择取决于人类需求、月球的可用资源和人类自身能力之间相互协调。在这个过程中，首先了解月球的表面，在哪里发生变化，如何发生变化，以及在其表面下的哪个位置存在可供人类饮用的冰（第3章，哈维兰）。据了解，NASA的阿尔忒弥斯计划将于2024年10月发射，飞行机组将搭乘阿尔忒弥斯3号登陆月球，并在月球南极附近建立营地——已经通过卫星证实那里存在水冰（NASA，2021）。图1-4显示了最新的冰探测设备——NASA 的挥发物探测极地漫游车。

图 1-4 NASA 的挥发物探测极地漫游车（资料来源：NASA 艾姆斯研究中心/丹尼尔·鲁特）（见彩插）

　　显然，阿尔忒弥斯计划拟建设基地的位置符合地理学的标准理论。人类居住的社区应位于有食物和水资源的地方。月球上的水将永远是一种珍贵的物质，因为月球上没有自由流动的水。我们所能希望的最好的结果，是我们细心地进行水的循环利用，并在月球阴暗处的风化层下找到水。

　　其他章节叙述了在现在和将来进行月球基地选址时的不同实施原则。第11章阐述了月球上的军事问题，指出了月球基地位置背后的战略原则和关系，以及运输和通信链接。在未来，飞行器可以在太空中"停泊"，只需要花费很少的推进剂就能使自己保持在一个稳定的轨道上，拉格朗日点将成为大型太空建设项目的地点。到达近月球空间的拉格朗日点既方便又重要，因此不能由地球上任何一个国家控制这些位置。

　　同样，地理学上的另一个原则——分散装运（break-in-bulk）表明，月球以后可能会拥有巨大的仓储、运输、交通和补给设施。月球可能是从小行星返回近地空间的巨型船只"停泊"和"卸载"的地方，而不必冒着登陆地球或使用巨大能量将新货物送入轨道的风险。在非常寒冷和缺乏环境氧气的情况下，月球上储存推进剂将更容易。在较低的温度下，将更容易遵守安全协议，而且如果有火花或者明火的话，每个人都被教导要小心处置。许多分散装运的原则已经用于指导地球上城镇和城市的选址，其也将在月球和地月三维空间中发挥作用。

　　人类可能会根据在地球上的选址偏好决定在月球上的居住位置，也可能会出现一些新的选址原则。在地球上，为了美观和交通便利，人类往往住在河流和水体附近，但月球上没有水，除非人类建造出能包含整个小型生态系统的巨大月球穹顶。人们也喜欢在景色优美的高处居住或从事娱乐活动。月球上有山，我们预计可能会在那里开展休闲活动，如徒步旅行，然后在月球上的洞穴中进行探险（第 20 章）。

人类倾向于定居在"美丽"的地方。这种想法并不愚蠢，因为它对"生活质量"很重要，而"生活质量"也体现了良好的健康指标。每当人们在地球上找到一块新陆地定居下来，都会有人后来抱怨说："所有的好地方都被第一批人占据了！"我们会问，月球上的"好地方"在哪里？它似乎取决于资源的获取，以及该地区或风景的自然美，所以让人想起"美"的特征多种多样。在月球上，美将被重新定义。在小山上的一个好地方，可以完美地看到宇宙飞船从着陆场进进出出，此景可谓"美丽"景象。唯一一种独特的环境特征将会瞬间变得美丽，那就是人类的家园——地球。

关于月球圆穹选址，环境美可能不是第一要素。在月球定居的第一阶段，靠近地球的补给尤其重要。如果有通过小型火车系统的运输，那么使用该系统或轨道网络上的自动驾驶系统将非常重要。首次在火星上登陆的"漫游者"的后代车辆，可能会决定哪些位置是最佳位置。因为人类总是会对"最佳定居点"进行争夺，所以选址的竞争会一直存在。

1.2.4　宗教表达的重要性显现

出乎意料的是，这本书有三章简述月球上的宗教体验、表达和信仰，每一章都各不相同。一章由一位天文学家所著，他在佛教僧侣中进行了长时间的实地调查研究（第 16 章，伊姆佩）。另一章由一位社会学家所写，他也是一位天主教修士，讨论了在新的和充满挑战的环境中宗教体验的重要性（第 17 章，奥维耶多）。最后一章由一位文化人类学家撰写，从社会系统功能的角度描述了月球上影响宗教活动的因素（第 18 章，默瑞）。要强调的是，这三章的出现并不是事先计划好的。然而，三位具有不同背景的博士级专家选择了这一主题进行讨论，并且他们的建议都被采纳。

我们的编辑都很惊讶。例如，我们知道 NASA 曾呼吁心理学家了解人类在长期太空飞行中所经历的孤独情绪。然而，我们不知道政府和商业太空公司是否希望他们的宇航员最终参与宗教体验，特别是在漫长的飞行任务中。他们有没有考虑清楚并制定规则？他们有没有想过如何让"宗教"和"非宗教"乘员同时参与类似的活动，如非宗教类型的冥想？

当人们充分认识到，一些前往月球和火星探索任务的乘员将从事宗教活动时，将会出现这些问题以及许多其他问题——关于此问题，任务发起者是否预见到了这一点，是否喜欢，以及在开发外星球定居点时，是否能以积极的方式"利用"这一点。《太空中人的因素》系列丛书包括不同类型的章节，预测了乘员的宗教体验，包括早期的《火星》（绍西克，2019）和《人类增强》（绍西克，2020）。这将有助于计划者考虑任务发起者应该如何接近这一可能性，我们建议这三章一起阅读，以获得不同的观点。

在前往月球或抵达月球时，究竟需要做什么？是否会有庆祝活动，让所有乘员都参加宗教或类似宗教的"服务"？不同宗教背景的人会发生冲突吗？宗教仪式会消失吗？后一个问题的答案很可能是"不"。从各种各样的文学作品中得知，我们预期人类的行为会像所有文化表现中的人类一样。人类通常会参与一种叫做"宗教"的活动。我们认为任务规划者应该详细讨论如何应对这种人类行为的出现，尽管许多现代工业社会都有世俗化的趋势。我们怀疑宗教表达是否会"消失"。

　　同样值得注意的是，人类宗教体验在太空、月球和火星定居过程中可能的发展轨迹。人们热切地希望，任务规划者将鼓励宇航员和定居者（当时机成熟时）记录他们的经历。这些故事、思想和情感的素材可以帮助理解人类在远离地球的新星球定居时的宗教倾向。最终，可能会有一些特定的定居者群体，他们信奉一套特定的宗教信仰。希望任务规划者不会等到这种情况发生，才开始考虑如何管理许多人参与宗教体验、祈祷和宗教仪式的普遍愿望。这可能是人们之间严重误解的根源，而对一些宗教实践的强烈或积极的追求可能会破坏最好的计划。

　　此外，研究月球太空任务中的宗教行为还有一个重要的背景。宗教仪式和祈祷被人类广泛应用于应对压力，并成为非宗教活动的动力。正如在空间任务中所发现的那样，在极端紧张和苛刻的环境中，宗教信仰和表达对于使用社会组织的重要原则可能具有独特的潜力。如果宗教信仰系统有可能最终影响宇航员或定居者的行为，那么无论是在政府资助的还是商业性的登月和其他太空任务中，任务规划者都必须充分探讨这个问题。

　　最重要的是，必须允许宇航员进行某种破坏性最小的宗教活动，可以是私下的或小规模的活动。另一方面，如果宇航员选择不参加宗教活动，则不能强迫他们参加。作为一种自愿和非侵入性的活动，在每一次的登月任务之前，应该考虑、默许、记录和口头探讨宗教表达。历史告诉我们，宗教信仰和实践有巨大的安抚和激励潜能，但也具有强大的破坏力。因此，无论在多大程度上和多长时间里，这个问题的讨论都不是无关紧要的。

1.2.5　月球定居与地月空间利用中的环境问题

　　月球的环境与地球有很大差异。月球表面仅占地球总面积的 7.4%（月球表面积为 3 790 万平方千米，地球表面积为 5.1 亿平方千米）。根据目前使用的选址标准，月球上没有多少有吸引力的目标位置可选。月球上紧俏的土地资源对环境规划有重要的影响，为此，所有到月球的人都应该和平地互动协作，而不是掠夺月球表面或月球周围的地理/空间环境。

　　一种被称为"公地悲剧"的现象已经被人们熟知了近两个世纪。该现象描述了当个人以一种不受社会结构以及相互同意的获取和使用规则限制的方式使用可用资源时，资源最终消耗殆尽的过程。在这种情况下，利己主义猖獗，"公共利益"得不到保护（劳埃德，1833）。在某种程度上，这描述了目前月球表面的政治和经济状况。然而，政治野心可能很快就会开始"瓜分"月球表面，并像在地球表面一样划定边界。即使发生了这种情况，我们也必须通过外交手段进行合作，以确保环境法规和月球环境得到保护。第 10 章（尤拉多·里波尔）回顾了月球条约，这是过去的外交产物；在第 12 章，施瓦茨探讨了返回地球的权利，这是定居权利的一个重要方面——移民返回。

　　大型机械、多种液体和气体推进剂、不同的工程队同时进行施工项目，以及人类自身的探索，都将在一个无空气和多尘的环境中相遇和融合，所以月球污染的风险非常高。保护月球表面意味着要格外小心，要更加努力地清理突发事故垃圾和正常施工的副产物。人类的创造和工业生产是杂乱无章的，必然会产生多余的副产物，甚至是大量的副产物。我们可以清楚地认识到这一点，因为这可以追溯到人类史前时代。在月球上建立清理协议不是不可能，只是常规而已。有一些人担心对太空的"超级开发"，将会使月球的发展速度超过地球，甚至污染也会超过地球（埃尔维斯，等，2019）。

不管每一次太空任务的基本原理是什么，即使是看起来侵入性最小和最环保的任务，也会产生污染和消耗资源——特别是风化层，目前可以作为讨论的 3D 打印技术的基质（第 20 章），用于农业和其他方面（第 6 章和第 9 章），这都会改变月球环境。环境伦理本身很重要，但它不存在于没有政治背景的真空中。随着这一背景在未来几十年的变化，必须寻求共同目标，并就保护脆弱的月球表面的方法和措施达成一致。在地球上，水和天气似乎最终会磨损并分解一切（尽管这并不完全正确）。在月球上，水和天气将无法清理其中的溢出物和废物。因此，尽管存在政治上的分歧，我们仍在寻找道德关切和环境目标的重合之处。月球的环境保护计划必须很快转向政治讨论，月球任务的赞助者，无论是政府的还是商业的，必须公开面对目前尚未公开的环境政策问题。

1.3　深入细节：一场冒险

我们的导论章从"实际规划"的目标开始。毫无疑问，太空事业从一开始就具有现实和幻想的元素。现在仍是，但在本章中，我们有目的地尝试引入实用主义——电力、食物、水、住房、建筑、保护，以及一些政治和防务。这是所有人类定居点的构成要素，为适应每一代人的需要而被重新塑造。

人类将要在月球上定居，而且在很长一段时间内，即使人类被送至比他们的母星——地球更远的其他行星、小行星和外层卫星上定居，月球仍然具有非常重要的位置。我们邀请读者开始一段旅程，了解一些有趣的细节，这些细节正在为这次大批人类离开地球做准备——起初是少数人离开地球，然后是越来越多的人离开地球。

就其本身而言，针对工业化温室农业的细节，地球各国家之间的月球条约，人体在不同重力下的预期生理反应（鲜为人知），以及住房、交通、政府和商业的社会组织——所有这些详情现在都在预期之中。在未来的几年里，大致的细节可能会保持不变，但具体细节肯定会改变。我们希望这些章节能引起大家的兴趣、期待并接受挑战，让大家继续参与到未来月球定居中来。

参 考 文 献

［1］ Elvis，M. ，& Milligan，T. (2019). How much of the solar system should we leave as wilderness? Acta Astronautica，162，574 – 580.

［2］ Lloyd，W. F. (1833). Two lectures on the checks to population. Oxford University. JSTOR 1972412. OL 23458465M.

［3］ National Aeronautics and Space Administration—NASA. (2021). NASA's Artemis base camp on the moon will need light，water，elevation. Retrieved January 27，from https：//www. nasa. gov/ specials/artemis/，https：//www. nasa. gov/artemisprogram.

［4］ NASA. (1971a). Apollo 14 Heads Home (image).

［5］ NASA. (1971b). Apollo 15 Astronaut James Irwin before Mt. Headley (image). National Science Foundation. (2021). New radar image of the Apollo 15 landing site (image).

［6］ National Science Foundation，Greenbank Observatory. Credit：Sophia Dagnello NRAO/GBO/ Raytheon/AUI/NSF/USGS.

［7］ Schwartz，J. S. J. (2020). The value of science in space exploration. Oxford University Press.

［8］ Szocik，K. (Ed.). (2019) The human factor in a mission to Mars：an interdisciplinary approach. Springer.

［9］ Szocik，K. (Ed.). (2020). Human enhancements for space missions：Lunar，Martian，and future missions to the outer planets. Springer.

第 1 部分

文化史视角

第 2 章　月球的传统：月球信仰变化概述

杰拉尔德·默瑞

摘　要　本章以即将在月球上定居为背景，简要介绍了人类群体在漫长的历史长河中，在不同文化背景下形成的关于月球起源及其对人类生活影响的信仰和实践。我们只能推测那些不成文的史前信仰。然而，大约 5000 年前文字的发明产生了大量文献，记录了关于太阳、月亮和星星的起源和功能的民间理论。这一章首先讨论了世界各地的宇宙起源，包括月球的创造和始祖人类的起源。这样的描述经常隐含在宗教文献中。分析转向了信仰的讨论——关于月亮对人的思想和身体的影响，特别是在满月的时候，其中大多数是民间的，而不是宗教的。本章最后讨论了在人类文化中，月相作为时间标志的传统功能。我们将探讨日、周、月、年的起源，这将从根本上与生活在地球的卫星——月球上的人类所面临的天文现实分离。

2.1　前言

本章将重点讨论人类对月球信仰的演变。本书在即将建设月球基地的背景下写成。人类在月球上生存，以对月球环境的精确了解为前提，这是人类历史上从未有过的。我们对月球的认知将从根本上深入和改变。作为这些转变的前奏，首先回顾一下人类对月球的早期观点——一些是科学的，一些是基于天文研究的——将是有趣且适宜的。在本章中，我将尝试组织、分类和总结一些主要模式。

本章将按主题而不是按年代或地理区域来组织内容。所涉及的主题有：（1）关于月亮起源的民间理论；（2）与月亮有关的神灵——男性或女性，主要的和次要的，有益的或有害的；（3）人们认为月球对人类身心以及社会和经济生活所产生的有益和有害的影响；（4）太阳周期和月亮周期对人类时间安排的主要影响。对于后者，"月相"现象，一种在许多文化中对时间安排起重要作用的光学错觉——与在月球定居点上安排时间完全无关。陆地上日出和日落之间的 12 小时间隔也是如此。月球时间的安排必须基于独立于月球盈亏、月球日出和月球日落的标准时间。

我对传统月球信仰的报道将是说明性的，而非详尽无遗。由于月球的传统通常根植于宗教体系中，许多例子将来自世界上的主要宗教，其总数涵盖了人类群体的很大比例。人类学家记录了那些仅存几百名成员的文化群体中引人入胜的信念。这里不讨论他们是出于篇幅的原因，而不是因为他们对太阳和月亮的信仰不那么有趣。

2.2　月球的起源与宇宙起源论

一个通常被称为"起源神话"的文献库收集了关于太阳、月亮、恒星、地球以及包括人类在内的地球上不同生命形式起源的前科学（pre - scientific）描述。"神话"这个词，至少在英语口语中，暗示着"说谎"或"谎言"的意思，因为西方主要的起源神话，包含在《创世纪》的开篇章节中，数十亿犹太人、基督徒甚至穆斯林已经对其很熟悉，被许多人认为是神所揭示的历史真相，"起源陈述"一词的使用可能比"起源神话"更中性。它没有建立在关于陈述真实性的隐含判断中，从而避免了与当前问题无关的潜在争论。有两种不同类型的起源解释，我们可以称之为宇宙起源和人类起源。前者讲述了宇宙的起源，包括天体和地球本身。相比之下，人类起源的民间理论则侧重于人类的起源，并且通常从天空、地球和海洋开始，因为它们都是预先存在的。有一些（但不是全部）起源学说涵盖了这两种情况。

2.2.1　古代近东：月亮是神创造的夜之灯

到目前为止全世界流传最广的关于月球起源的说法，即上帝创造世界六天后，第七天休息，便在这一天创造了月球，记录在塔纳赫（《希伯来圣经》）和基督教的《旧约》的第一章《创世纪》中。这些内容以修改的形式出现在伊斯兰《古兰经》关于创世的描述中。尽管犹太人占比不到世界人口的 0.2%，基督教徒和穆斯林加起来却占了将近 60%（皮尤研究中心，2018）。一些宗教读者可能认为圣经的叙述是历史事实（我有一些朋友担心地警告我"进化论"是撒旦的阴谋）。另一些人可能非常不喜欢"宗教教条"，甚至对圣经的叙述完全没有兴趣。每一种极端反应都有其独特的逻辑。然而，无论一个人的意识形态立场如何，《创世纪》起源论在经验和统计方面都是世界上占主导地位的前进化起源论。因此，在对月球起源的传统解释中，无论采用什么重要的评价标准，它都必须排在前列。

因此，让我们研究一下正文。在《创世纪》的第一章中，万物的创造，包括月亮，都是由埃洛希姆完成的，他是希伯来神的众多名字之一。第一章的埃洛希姆是由说话的神创造的……"上帝说，要有……"一个接一个的东西出现了。在这一章中，他创造了一切，包括太阳和月亮，仅仅是通过他的言语力量。[①]

月球诞生之前所设定的一系列事件让现代读者感到震惊，即使是一些宗教读者，如果他们仔细检查文本的话，也是如此。在第一天，"光明"被创造，并从"黑暗"中分离出来。接下来是一个坚固的圆屋顶，在第二天放置在地球上，以分开两个水体：上层水（可能是雨水的来源）和下层水（海洋）。来自海洋和森林的蒸发蒸腾作为降雨的来源，在古

---

①　这里是本章的重点。《创世纪》接下来的章节包含对人类起源的不同描述，其中以耶和华的名字作为补充，这是希伯来神的另一个名字。这些章节中事件的顺序与第一章的顺序不同，批判经文的学者，包括许多宗教学者，都认为它是由不同的个人在不同的时间编写的（或从口头传统中编译的）。我们将在本章后面讨论具体的差异。第一章的七天叙述通常被认为是后来由祭司精英所写，并在《希伯来圣经》的前五卷最终被汇编成今天犹太教会堂使用的单卷时插入第一章。

代当然是未知的。作者因此假设了由一个圆顶隔开的两个独立水体，这个圆顶在英语中通常被翻译为"苍穹"。在第三天，覆盖整个地球的较低海水，被聚集在一个地方，与干燥的土地分开，作为创造的开始，在第三天，出现了植物——特别是草和果树。然后，只有在第四天，《创世纪》才描述了太阳、月亮和星星的诞生，这意味着它们都依附在坚固的圆顶上，并随着圆顶围绕着平坦、稳定、不动的地球旋转。

现代读者会发现《创世纪》中关于宇宙起源的严重问题，尤其是没有太阳的情况下植被的出现。整个解释与现代对宇宙历史、植物和动物生命的理解，特别是对智人历史的理解完全不相符。我们的目的是描述，而不是批判或诋毁关于起源的传说。然而，必须迅速指出的是，七天传说的作者或编纂者参与了对以色列版本的一周七天普遍传统的争论性辩护，当时这一传统在古代近东占主导地位。和该地区的其他文化一样，以色列人也有一周七天的工作制。他们的目标是利用宗教理由针对以色列人的严苛，让劳作的仆从、奴隶、雇工能在第七天得到休息。人类历史上的农业首次出现在这个地区，那些奴隶、雇工完成了绝大部分的农活。他们创造了这种宗教理由，创造了世界，然后休息，为以色列人树立了榜样。为了设计这个场景，他们巧妙地将宇宙的创造组织成六天神圣的"工作"，接着是第七天神圣的休息。人们可以选择：是对这篇报道在科学上的无知感到震惊，还是对它的文学创作和对从事繁重农业劳动的人的关怀留下深刻印象（这篇经文是否"受到神的启发"的问题超出了人类学家的范畴）。

我们的焦点将转向太阳和月亮的起源，在《创世纪》中，太阳被创造不是作为生命之源，而是作为光，作为补充的照明，这是对第一天创造的神秘"光"的补充。你只需在阴天环顾四周，有光似乎独立出现于云中隐藏的圆形燃烧天体火炬之外的。太阳在《创世纪》中的作用是补充光。在夜晚，月亮将成为一个柔和的光源，否则整个夜晚将陷入黑暗。应该指出的是，《创世纪》中的月亮有自己的光。希伯来语中太阳和月亮实际上甚至没有在《创世纪》的这一章中使用过。在希伯来语的这段话中，它们都被简单地称为"光"或"灯"，作用是发光。埃洛希姆神在天上造了一盏白天发光的"大灯"和一盏夜晚发光的"小灯"。每一盏灯将在白天或晚上分别发挥它的作用。在人类历史的后期，人们才意识到月亮没有内在的光，月光只是阳光的反射。它首先是用希腊语、拉丁语和阿拉伯语表达的，而不是希伯来语或阿拉姆语。

除了照明，《创世纪》认为月亮还有另一个作用——标志着以色列节日的开始。这种月相的日历功能绝不局限于《创世纪》。月亮的日历功能已经在世界各地的其他文化中广为流传，这可能是一种文化的普遍性。然而，"月相"的周期只是一种视觉错觉，当然与居住在月球上的人类完全无关。我们将在本章的最后讨论这个悖论的含义。

2.2.2 中国：月亮是文化英雄之眼

目前，我们只关注月球起源的文化理论。还有另一种文化理论认为，太阳、月亮和自然元素起源于某些祖先的灵魂或早已逝去的文化英雄（culture hero）的身体不同部位。让我们快速切换大陆，研究宇宙形成的模式，它在古代中国的起源描述中占主导地位。虽然不存在被普遍认可的单一权威文本，类似于希伯来圣经，但宇宙起源和人类起源的描述在古代中国著作中已经形成。

有两个主要人物：一个拟人化的名叫盘古的男性巨人，负责宇宙起源；一个名叫女娲的混合人类和蛇的女性人物，负责人类起源。许多人认为，关于女娲的故事记载要早于盘古的故事记载。父权制的儒家思想及其宗教同伴道教最终将男性和男性神灵置于比女性更强大的位置。关于中国起源学说的概述通常从对盘古的描述开始，因为盘古创造了地球、天空、太阳和月亮，而女娲的描述虽然可能更早，却是在世界出现之后才以某种不确定的方式开始人类的创造。

我们可以按照这个顺序：宇宙起源于一个宇宙蛋，所有的物质和生命都可能存在，但却被混合在一起。在这颗宇宙蛋里，有一个名叫盘古的人形人物，他沉睡着，在宇宙蛋里慢慢成长了一万八千年。在这个未分化的混沌之中，阴阳（中国的"女"和"男"，分别产生了天地）和盘古本人一起混杂在宇宙的混沌之中。最后，宇宙蛋破了，盘古跳了起来。他挥动斧头，将阴（黑暗、被动的女性地球）与阳（明亮、活跃的天空）分开。阴和阳分开后，天空向上飘浮，大地在下面变成了一个平坦、稳定、独立的实体。

盘古为自己还活着而激动不已，他决心不让自己再变成一个混沌。为了防止坍塌和逆转，盘古站在阴地上，举起双臂，向上推阳天，以防止再次坍塌到地上。他的推动成功地扩大了天地之间的距离，盘古自己的体型也每天都在增大——这个过程又花了一万八千年。这时，盘古已经是一个多毛的拟人化巨人，有胳膊、腿、角、眼睛、耳朵和大量的体毛。这时的宇宙，只有天、地、盘古三部分。但是，盘古在经过一万八千年的劳累之后，辞世了。盘古的身体部位是万物的起源。他的右眼变成了月亮，左眼变成了太阳，他的胡子变成了星星。他的呼吸变成了风，他的声音变成了雷声，他的血液变成了河流，他的汗水变成了雨水，等等。

我们在这里看到，就像《创世纪》中描述的那样，月球只是整个宇宙出现过程中的一个元素。然而，与《创世纪》描述不同的是，没有至高无上的创造主神。中国的道教、佛教和乡村宗教崇拜数以百计的神灵，但都是较小的神灵，活动范围有限。因此，原始宇宙蛋的存在以及随后的准"大爆炸"都无法解释。

我曾在上海、成都和南京的人类学课程中讨论过盘古与《创世纪》。中国学生对盘古的说法很熟悉，但当我问他们是否有人坚持认为盘古故事在历史上是真实的时，他们笑了。在他们看来，这是值得尊敬的中国民间传说，而不是真实的历史。我在中国没有听到过，也没有读到过任何中文文本，坚持盘古记载的历史真实性。

2.2.3　女娲补天：中国的女神

如果说盘古是中国创造月亮的宇宙起源，那么负责创造人类的是一位女神。她还修复了两个邪恶的男性对手在相互争斗中对自然界（包括月亮和太阳）造成的损害，从而确保了他们随后的保护。然而，与《创世纪》不同的是（根据许多学者的说法），在《创世纪》中，不同的叙述后来被粘在一个卷轴上，而这两种描述出现在不同的中文记载中，彼此没有关系。

一开始，拥有女性上半身和蛇形下半身的女神——女娲，在一个只有她一个人的世界里过着孤独的生活。她向一条河望去，看到一个和自己一样的女人，她非常激动。当她意识到那只是自己在水中的倒影时，她不禁笑了起来。但反思激发了她的灵感，她想做一个看起来像她的泥人。她用黏土做成没有生命的人物雕像，有男有女，有脸，有四肢——有胳膊也有腿（一些记载明确地将黏土描述为黄色，相对白人或黑人，这是亚洲人可以预见的偏爱）。让她非常高兴的是，当她把这些雕像放在地上时，那些毫无生气的小雕像就活了起来，会说话，叫她"妈妈"，还会跳舞。

地球是由四座山支撑的平坦结构。女娲对她的"孩子"非常兴奋，她狂热地创造了一大群，有男有女，直到她的双手都累了。然后，她采取了更快速的创造性措施，包括迅速溅起泥浆。新创造的人类繁衍并居住在和平的太阳和月亮之下的地球上。

但两个具有破坏性的男性战神开始为控制世界而相互争斗。败者一气之下，故意用头猛撞支撑大地的四根柱子中的一根，将其撞倒，造成天塌地陷。如果他不能统治世界，那就没人能够统治了。

结果是灾难性的，太阳和月亮被移出了原来的位置，地球突然倾斜。洪水淹没了地球，到处都起火了。女娲最关心的是野生动物和猛禽的释放，这些动物突然给她创造的人类带来了死亡。她立即行动起来，用彩色的石子修复天空，用一只巨龟的腿修复大地的支柱（地球继续稍微倾斜，这就是为什么中国西部比东部沿海高，中国的河流都向东流入大海的原因）。由于女娲的干预，地球得以恢复，幸存下来的人类生活在和平之中。因此，我们在中国看到了一种关于人类起源的描述，一位充满爱和仁慈的女性不仅创造了人类，而且还消除了破坏性男性带来的巨大影响。在这个过程中，太阳和月亮在天空中恢复了它们原本的位置。

2.2.4　古代近东的人类起源：破坏性的女性

在古代近东出现了一个完全不同的场景。在这个世界，死亡是由女性的行为带来的。为此，我们必须回到《创世纪》，从第二章开始。

在第六天的末尾，我们提到了上帝创造人类的命令。但是关于人类起源的细节则包含在第二章开始的描述中。这个故事从一个现存的世界开始，在这个世界里，只有一个贫瘠的地球，还没有植被。一阵薄雾突然升起，湿润了远方贫瘠土地上的尘土。上帝用这潮湿的泥土塑造了一个男人①，把生命注入他的鼻孔，他就活了。直到那时，埃洛希姆神才栽种植物，创造了一个花园。上帝把人放在花园是为了照看花园，并用水果当食物——除了一个禁止触摸的水果。然而，在这片草木中，人是孤独的，所以上帝再次用泥土塑造了动

---

① 这个动词是 yatsar，意思是"用手塑造"，就像陶工塑造黏土一样。这是一种不同于第一章的创造行为的形象，在第一章中，造物主只是简单地说话（'amar），凭空创造（bar'a）。在第二段叙述的后面，耶和华神造了一个花园，然后在花园里散步，问亚当和夏娃躲藏的时候他在哪里。这个描述中的耶和华神被描绘成更像人形的黏土，从他的鼻孔呼吸生命，种植花园，说话，探索，而不是七天描述中威严的、脱离身体的神。

物——特别是"田野的动物"和鸟类——作为人的伴侣。这个人——他的名字叫亚当,来自希伯来语"阿达玛",意思是其来源于"土地"——给所有的动物起了名字。但他还是很孤独。于是,上帝让他陷入沉睡,取下他的一根肋骨,变成一个女人,取名为夏娃(希伯来语"生命"的意思)。

这名男子很喜欢他的新伴侣,但警告她不要吃水果(他们在创造出来时已经是成年人,他们说着流利的希伯来语,根据后来的拉比资料的记载,这是人类的第一种语言)。夏娃第一次在花园里散步,经过了禁果树,在一条会说话的蛇的引诱下,吃了禁果①。与中国关于女娲将太阳和月亮恢复到原来位置的描述不同,这个古老的近东关于人类起源的描述没有提及天空或其组成部分。太阳和月亮只在前七天中作为元素被提及②。

在人类起源中,中国起源和古代近东起源之间的主要区别是女性的角色。在中国,第一位女性是人类生命的创造者、保护者、恢复者。在古代近东的记载中,至少在希伯来语的记载中,认为人类是可以永生的。但正是第一个女人夏娃,通过吃禁果并诱导亚当吃禁果而将死亡带入这个世界。女娲的有益女性角色通常归因于它源于中国社会组织的前儒家、前道家阶段,该阶段的中国组织是母系血统规则,财产会通过女性传承,因此女性有一定程度的经济和社会权力。

在古代近东,没有记载这样的母系社会阶段。希伯来的上帝只用阳性代词和阳性动词形式来指代。希伯来圣经中提到的四位天使(米迦勒、加百列、拉斐尔和乌列)都是男性,都是积极的角色。唯一提到女性的是莉莉丝(以赛亚书 34:14),她是恶魔,不是天使。希伯来的一本圣经将她的名字翻译为"夜游者",在记载中莉莉丝与荆棘、野狗、豺和蛇联系在一起。古代中国和古代近东对女性灵魂的描写有很大的不同。

2.3 印度教、佛教与月亮

我们探讨了来自中国和近东关于月球起源的描述。世界上其他地区和宗教也有不同的解释,太多了,在这里无法详细讨论。

2.3.1 印度教与月亮

印度教提供了一个有趣的对比。首先,它是世界上唯一没有"创始人"的主要宗教。据统计,目前世界上约有 15% 的人口信奉印度教,其中大部分是在印度,那里 80% 的人

---

① 尽管有"亚当的苹果"的故事,但夏娃不可能吃苹果,那时苹果还不存在。夏娃吃的水果是一种特殊的水果,现代人无法得到,它能"分辨善恶"。而且,基督教的诠释学断言,撒旦并没有占有蛇并诱惑夏娃。根据记载,蛇是"所有动物中最聪明的",聪明到可以说话。这只是一条普通的会说话的蛇,圣经中没有关于撒旦的内容。当上帝在事后进行惩罚时,他惩罚的是蛇,而不是撒旦。蛇失去了腿,只能用肚子爬行。

② 《创世纪》中关于起源的两种说法之间的差异是实质性的。总结如下:在第一章中,上帝在星期二创造草木,在星期四创造鸟类,在星期五的早些时候创造陆地动物,在星期五的下午创造一个男人和一个女人,作为最后的作品。在第二种说法中,亚当首先被创造,其次是植物,再次是鸟类和陆地动物,最后是夏娃。这两种观点的主要共同之处是他们坚持一神论框架:一切都是由上帝创造的。它的作用是对其他起源描述中发现的多个次要神之间的多神之战的争论性进行否认。我们将研究其中某些观点。

口自称是印度教教徒。印度教的主要经文《吠陀经》对月亮创造没有具体的描述，但印度教有关于世界创造的描述。一种说法涉及毗湿奴和梵天：在宇宙之初，只有一片广阔的水域，一条巨大的眼镜蛇盘绕在水面上，毗湿奴——一位崇高的神，睡在眼镜蛇的保护圈里；寂静逐渐被水下传来的神秘的、跳动的、越来越大的"OM"声所取代，黎明第一次开始破晓，毗湿奴就醒了，和他在一起的是他的仆人梵天，他被一朵莲花包围着；毗湿奴告诉梵天："时间到了！"并命令他去创造世界。一阵狂风开始刮起来。毗湿奴和眼镜蛇消失了，只留下梵天、他的莲花和风。梵天把莲花分成三部分，一个成为天，一个成为地，第三个成为中间的天空。梵天用植被、陆地上的动物和昆虫、空中的鸟和海里的鱼覆盖着贫瘠的大地（wwgschools. org n. d. ；印度教创造，2011）。

印度教有不同的宗教传统，有着不同的传说。《梨俱吠陀》的另一段记载也始于原始水域。一个金蛋浮出水面。最终，普拉贾帕蒂（造物主）从蛋中诞生。在沉默了一年之后，他终于开口，创造了地球。他再说话，天空就出现了，有了季节。然而普拉贾帕蒂感到孤独，他将自己细分为一对夫妻。正是这对夫妇创造了其他的神、元素和人类。

这些印度教的描述都没有明确地涉及月球的创造。然而，印度有一个著名的神——钱德拉，他被视为月亮的化身。在一些描述中，他被描绘成一个行为不端、好斗的男性流氓。他爱上了塔拉，布里哈帕蒂（朱庇特）的妻子。这种感觉是相互的。朱庇特毕竟是个老人；月亮和塔拉一样年轻。在她的同意下，钱德拉绑架了塔拉。他们生了一个孩子布达，后来变成了水星星球。被抛弃的丈夫布里哈帕蒂怒不可遏，准备开战。他和钱德拉都召集了自己的行星盟友。然而，通过梵天（之前提到的创造之神）的干预，塔拉最终回到了木星上（当时还怀着布达），避免了月球和行星之间的战争。还有一次，钱德拉冒犯了象神甘尼萨。甘尼萨折断了他的一根獠牙，扔向月球，诅咒钱德拉，这个过程破坏了月球的表面，这就是月亮盈亏的起源。甘尼萨獠牙的撞击仍然可以在月球表面的一个大陨石坑中看到（这场冲突早已过去，月球上的定居者不需要建造任何庇护所来抵御来自地球上的象牙）。

2.3.2　佛教与月亮

根据一项可靠的计算（皮尤研究中心，2018），世界上 7.1% 的人口是佛教徒，这意味着世界上有大约 5.5 亿佛教徒。世界上有几种不同的佛教，但是关于月亮，人们可以指出的是，佛教文献强调轮回，强调无止境的生死轮回，直到开悟为止，却没有明确地描述"创世论"。对于古典佛教学者来说，世界没有开端。生命的目标是启蒙和解放，而不是洞察宇宙历史的细节。然而，月亮却很容易符合佛教的轮回观，因为它有着不断重复的循环。它是一个可见的天体，提示生命、死亡和新生命的循环。

然而，对于佛教来说，月亮不仅仅是一个视觉符号。人们相信，在不同的月相阶段，月球对人类的精神影响是不同的，也有与这些月相相关的仪式。早在佛教兴起和传播之前，古印度的宗教活动就已经承认月亮对人类的影响，尤其认为满月的影响是危险的。宗教领袖鼓励人们在月圆之期，不管是夜晚或白天，都要加强对精神的保护。月圆之时变成了一段放松的时间，人们可以暂时放下日常事务，到宗教中心去聆听精神领袖的教诲，汲取他们的智慧。

虽然达摩佛祖本人最初并不关心月亮问题，但他接受了当地一位国王的建议，利用满月期间的集会来传播他自己的教义。因此，月亮信仰慢慢地成为佛教教学和实践的核心。两个满月的实践变得特别突出。一是僧侣在满月时背诵经文，列举出所需要的修行。在月圆之时，佛教僧侣和尼姑不仅背诵体现戒律的经文，而且公开承认任何违反戒律的行为。因此，满月成为每月净化和精神强化的场合，一种被称为"巴帝摩卡"的实践。此外，对许多佛教徒来说，月圆之日是在寺庙或其他精神中心过夜的机会，以增加他们的知识，加强他们参与佛陀传授教导的实践。在这些静修中推荐的练习包括冥想、诵经、阅读、上课、小组讨论等。

一些在网上宣扬佛教的西方人可能会把满月描述为精神能量增强的时期，这种能量由满月散发出来。从历史上看，相反的假设可能更准确。满月被视为一个精神危险增加的时期。加强宗教活动是为了防止这些危险，实际上把满月转变成一个强化灵性的时期。但这种强化的灵性并非来自满月本身，它源于佛教徒采取的强化实践，以对抗历史上被视为满月的负面影响（诺拉德，2017；拉塔纳萨拉，2018；因德克斯·穆迪，2020①）。

2.4 "月球上的人类"

在对月球传统的分析中，我们可以离开强调精神、仪式和精神权威的宗教领域，进入只与精神存在或神职人员有些许联系的民间传说的领域。尼尔·阿姆斯特朗是现代第一个登上月球的人，但"人在月球"的主题由来已久。纵观历史，不同文化的成员在观看满月时，都能看到一张人脸从上方俯视地球的图像。这些图像被称为"幻想性视错觉"，当一个观察者（不正确或创造性地）将一个已知的图像投射到一个表面上，其特征与已知的图像大致相似时，就会产生这种图像。

月球上人类或动物的图像由巨大的黑暗月海（拉丁语中的熔岩"海"）和明亮的高地并置而成。幻想性视错觉的形成，虽然一度被认为是精神疾病的可能征兆，但更有可能是一种正常的，也可能是泛人类的现象。这种情况经常发生在云中。同样的，在一个圆的中间有两条相邻的水平线，第三条线位于圆的底部稍低的位置，很快就会被解释为有眼睛和嘴巴的人脸——即使没有鼻子或耳朵。

所有的人类文化都暴露在满月之下，许多人都将图像投射到月球表面，并将这些投影融入他们对月球的看法中。但是，尽管投射的过程可能基于普遍共享的神经系统基础，然而看到的图像以及对这些图像的解释广泛采用了不同的文化形式。

在这方面，让我们来研究几个前现代欧洲人的信仰。受基督教的影响，欧洲对于月球对人类的影响几乎没有宗教上的顾虑。与希腊-罗马、埃及、印度或中国的传统不同，在

---

① 优秀的一页世界宗教概览。

基督教神学中没有月神。在公元 4 世纪的《尼西亚信条》中，耶稣在报喜时被称为"天神的后裔"——从天上降临——但不是从月亮上降临。他随后"升天"——升入天堂——但不是去月球。基督教神学也不假设存在与月亮相关的小天使或恶魔的力量。无论是欧洲天主教还是欧洲新教，月亮和月相在任何基督教变体中都不是宗教所关注的问题。

然而，欧洲社会确实形成了关于月球的信仰。这些月球的传统与欧洲天主教和新教有一定的关系，最好都归入民间传说范畴。这些民间传说是关于上述的幻想性视错觉影像，当人们从远处看到斑驳的月球环境时，这些影像就出现在想象中（巴林-戈登，1876）。

大多数故事的共同点是，月亮被视为一个流放的地方，一个人因为犯罪而被送到那里接受惩罚。来自德国的一个故事是关于一个人被发现在收集柴火时违反了安息日的规定。他"注定要住在月球上"，直到生命结束。在月圆时，只见他背柴坐着。这个故事的另一个版本把这个人描述为一个巨人，他被分配做艰苦的工作，从月球向地球倒水，以制造涨潮。他每天只允许休息几个小时，直到退潮。不久，他的无休止的劳动又开始了。莎士比亚的《仲夏夜之梦》中也有一个类似故事，即一个人被放逐到月亮上。一般来说，在欧洲版本的故事中，月亮上的人被描绘成一个小偷或违反安息日规则的人，被送到月球上接受惩罚。其中一名违规者被要求在太阳下暴晒或在冰冷的月球上瑟瑟发抖，他毫不犹豫地选择了月亮。这不像基督教或伊斯兰地狱的永恒之火那么痛苦，也不像天主教炼狱或犹太教的临时之火（根据拉比的说法，这些火焰最多持续一年）那样煎熬。在月球上，亡命之徒是死神所无法触及的，所以他在月球流放中完全活着接受惩罚。这是持久的、不愉快的，但远没有但丁的《神曲》中那些人所遭受的永恒之火那么痛苦。

在叙述这些月球上人的形象时，有一点很重要，那就是这些描述只是简单的民间传说，就像中国的盘古和女娲故事一样，而不是强制性的信仰对象。而在《创世纪》的描述中，许多犹太人和基督教徒将月球视为神揭示的真实世界历史。这些民间传说至少会引起 21 世纪月球定居者的兴趣。他们应该意识到，至少在西方的民间传说中，他们的目的地月球从来没有被视为香格里拉。在欧洲的民间传说中，月球是一个艰苦的地方，人们被送到那里接受惩罚，是一个流放地。

但是关于月球流放的民间传说似乎已经假定月球上有空气、水和食物。这里可能只是比地球上大多数地方都要冷一点，但显然还可以忍受。我们现在知道事实并非如此。如果没有先进的技术支持，人类将无法在贫瘠荒芜的月球上生存。本书致力于分析和规划人类如何能在月球上存活。月球居民可能不想他们的余生都在月球上度过。拥挤在地下（或月下）的狭小空间里，他们会想尽快完成任务，迅速返回到地球上的海滩、河流、森林、山脉、公园和花园。与月球上的人类和其他被永久流放的罪犯不同，定居者将拥有维护良好的宇宙飞船，可以把他们送回地球。

2.5　月食

对于月食可能带来的负面影响，人们在文化上有着特别突出的关注。几部古代文学作品提到了一种广为流传的说法，即"血月"——满月时的月食——由动物吞食月亮所致。红色来自月亮被袭击后流的血。古埃及人认为这种动物是猪。在中美洲的玛雅人和南美洲的印加人中，这个掠食者是美洲豹。

据我们所知，古代美索不达米亚和中国对月食的传统信仰是相互独立的，他们给了月食一个政治解释。月食可能导致，或者至少预示并象征着国王的死亡。在美索不达米亚，月食期间的袭击者不是动物，而是恶魔。在月食期间恶魔攻击月亮，人们以为是在追杀国王。由于古代近东文明有资深的天文学家（著名的马泰东方三贤士跟随一颗恒星来到伯利恒就是一个例子），他们已经学会了如何预测月食，而月食又被认为可以预测王权的消亡。据报道，为了保护国王，王宫将任命一个临时代理国王，临时国王的命运尚不清楚，其死亡可能是公开策划的，目的是欺骗恶魔，并阻止后续针对真正国王的行动。无论如何，历史上没有关于争夺临时国王的说法。

在中国也发现了类似的观点。在那里，月食是由龙吞月引起的[①]。与西方不同，中国的龙通常是一种仁慈的形象，负责在适当时间带来适当的降雨。龙实际上象征着仁慈的王权，皇帝的衣服上经常绣有龙的形象。但在月食期间，龙对月亮的攻击象征着君主即将死亡。在月食期间，群众会敲锣打鼓吓唬龙。他们会打狗，让狗发出哀鸣，用这种声音恐吓龙。

应该提到的是，月食是人类文化所认可的月球行为不当的唯一形式。天气总是不稳定，地球会发生地震，山脉会发生火山喷发，甚至太阳也会散发出灼热持久的热量。但除了月食（连古人都知道如何预测）之外，月亮的活动总有一定的规律性。各种宗教都有吸引雨水和防止洪水的仪式。几乎没有什么仪式来阻止月球这种极少出现的不当行为。即使是有每月新月仪式的犹太教，也不会召唤月亮，甚至也不会请求上帝让月亮不要出现月食。月亮从不捣乱。新月仪式只是简单地请求上帝为新的月亮祈福，这是一个月亮本身不可能给予或拒绝的请求。

2.6　关于月球对人类身心影响的信念

我们已经看到，"月球上的人"的民间传说涉及月球的假想功能，即月球是惩罚违反规则之人的地方。在这种民间传说中，月亮被描绘成一种流放地。但月球本身，尽管其活动是有规律的和可预见的，却会对地球上的人造成伤害。关于月球对人类身心的负面影响，有一种广泛流传的观点。在这些故事中，人类受害者没有任何罪过，也没有被送到月球。他们在地球上"原地"受到月球辐照的影响。受害者也不是月球精灵的敌对目标。来自月球的负面力量是自然的，非个人的力量。

此外，这些有害的影响并不是月球的稳定特征，相反，它们随月相而波动。然而，矛盾的是尽管现代媒体和歌手倾向于将月圆之时浪漫化为一个美丽、和平和爱的时期，但在

---

① 这里原著的说法不准确，中国流传的是"天狗食月"的传说，敲锣打鼓是为了赶跑天狗。——译者注

许多文化传统中，月圆之时恰恰是一个月中最危险和可能带来灾难的时段，需要特别的保护措施。

以下是不同文化中关于满月的一些负面影响的部分列表（Keral.com，2012；李，2014）。在大多数的问题缺乏科学证据的情况下，我们应该暂时把它们归类为文化信仰，而不是被证明的科学事实。满月有以下影响：

1) 它会导致精神和行为障碍，或加剧这类障碍者的复发倾向（人们经常指出，"疯子"一词源于拉丁语中的"月亮"）；

2) 会加重癫痫、哮喘、支气管炎和某些皮肤病；

3) 会降低某些药物的疗效（古代的医生报告了这种效应）；

4) 增加了被蛇咬死的可能性；

5) 增加手术中的出血；

6) 会降低睡眠的安稳度；

7) 对女性月经周期有影响。

2.6.1　月亮和月经：科学证据

部分观点已经被验证或驳斥。在这些观点中，有关于月经的观点，也有关于月亮对睡眠的负面影响。自古以来，人们就相信月相会影响女性的月经周期。"月经"这个词本身，以及它的衍生词"月经的"，都来自拉丁语 mensis（月），它们也与希腊语单词 mene（月亮）有更密切的联系。月经和"月"之间的直接联系仅仅反映了月历和女性的平均月经周期一样长——大约 29.5 天。月球和月经周期是否以某种方式同步是一个单独的问题。

至少在西方，人们普遍认为女性更有可能在满月时排卵，而在新月时来月经（斯夸尔，2016）。早在 1708 年，一位内科医生受到艾萨克·牛顿的启示，假设月球的引力不仅影响潮汐，还影响人体内的液体，包括月经，以此来解释这种相关性。他认为，在赤道附近月亮对女性月经的影响更大。月球引力也被认为会加剧癫痫甚至肾结石的发作（格林尼治皇家博物馆，2019）。最近的一些评论家已经提出了月球可能存在非重力影响的假设，其中包括月光本身的影响和月球的电磁辐射。

在过去的 70 年里，进行了许多研究项目，以确定在月相和月经开始之间是否有统计上的相关性（克卢，2019）。少数研究发现了一些非随机的共同事件。但这些研究最重要的观点是，月经在一个月里是随机发生的，与月相无关。因此，这篇文章将传统观点，以及其假定的月经和月亮之间的联系，贴上了"神话"的标签，用英语口语中的"谎言"一词来形容，而不是一个更具学术意义的神话，是一个象征着传达隐藏真相的神圣故事。

2.6.2　月相对睡眠的负面影响

人们针对月相对睡眠的影响也进行了科学研究。最常见的说法是，人类的睡眠会受到满月的负面影响。对这种观点的一个"常识"解释是，与其他月球相位相比，满月更强烈的光照会干扰睡眠（卡约臣，等，2013）。研究人员已经为这一普遍观点收集了实验支持，在某种程度上，他们排除了那些睡眠被监控的受试者暴露在月球光照下的混杂变量。他们首先指出，"周期性的内在节律"确实在一些海洋物种中得到了记录。它们行为的某些方面确实受到月相的影响，这种月球影响存在"潜在的分子和遗传基础"。人类也是如此吗，尤其是在睡眠方面？

　　他们发现，在满月前后，脑电图测量显示非快速眼动深度睡眠减少了30%，入睡时间增加了5分钟，总睡眠时间减少了20分钟。这些客观指标得到了研究参与者关于满月期间睡眠不足的主观性回顾评估的支持（需要指出的是，研究没有告知受试者正在分析月相对其的影响。只有研究人员知道他们正在分析月相，只问及受试者前一天晚上睡得怎么样）。

　　他们的发现也与另一项研究项目发现的满月期间睡眠时间减少相一致。在另一项研究中，只问及受试者睡了多久。然而，他们的研究是第一次使用脑电图测量皮层活动来检验假设。研究人员指出了几个可能的混淆因素，为未来的研究提出了更紧密的设计。然而，与上述关于月经研究中对无效假设的支持不同，这项研究确实发现长期存在的、广泛传播的文化信仰基础，即满月对睡眠的负面影响。具体的因果机制还有待推测，但从表面上看，满月和不安稳的睡眠之间确实存在因果关系。

　　针对月相，特别是满月对人类福祉影响的观点，还需要许多其他研究试图证实或证伪。

2.6.3　中国关于满月的观点

　　然而，有关满月的报道显示，中国传统文化中对满月的反应比其他文化中对满月的态度要积极得多。中国古代有一种青蛙被称为金蟾，即金蛙。如果在月圆之时，金蟾出现在家附近，那人们会相信财富即将到来。

2.6.4　月相和农业生产

　　关于农业实践与月相的相关性，也有大量的文献报道。农业成功的基本因素取决于在适当的季节种植和收获，而这是由地球相对于太阳而不是月亮的位置决定的。然而，在播种、除草和收获的季节里，关于在月亮周期的哪个阶段种植哪种作物最好，也有大量的民间知识。由于篇幅的原因，我们将只向读者推荐1818年以来每年出版且使用率很高的《农民年鉴》以及其他链接（麦克劳德，2021）。

2.7　月亮作为时间的标志：与月球定居无关联

　　最后一部分，我们将讨论一个直接影响月球的问题：由相互作用的太阳、月亮及地球决定着地球上传统的时间方式，与月球上的时间是不相容的。月球不再是天空中的一个陌生天体，而是居住的星球。地球上进化的生物和文化节奏与月球上的定居者将遇到的月球和太阳周期是不一致的。我们将简要但合乎逻辑地讨论四个支配地球上人类生命的常用时间单位：日、周、月和年，以及这些传统单位与人类在月球定居点生活的相关性或无关性。

2.7.1　日

所有哺乳动物都在生物进化中嵌入了大约 24 小时的时钟，以响应地球绕地轴自转的时间。在地球上进化的人类，在任何 24 小时的周期中都需要大约 8 小时的睡眠。通常在晚上睡眠，尽管有一定的灵活性。但是，活动和睡眠之间所需的 24 小时波动周期有着不可否认的神经学基础，只有很小的文化特异性偏差的余地。相反，月亮上的日出或日落每 27 天出现一次。月球居民（除非他们是机器人）不可能适应月球的"日"，连续工作一个月球日（持续 16 或 17 个地球日），然后花 9 或 10 个地球日在月球夜晚睡觉。从日出到下一个日出之间的时间定义的"日"，与月球上的人类生活无关，这给月球居住带来了一个难题，月球日变得无关紧要，而人类的神经系统则不然，必须做出其他调整以适应人类的生物钟（国际空间站已经实行了这种制度，那里的"日出"大约每 92 分钟出现一次）。

2.7.2　年

我们暂时跳过"周"和"月"，直接跳到"年"。地球上的"年"在月球上也变得不复存在。在地球上，许多植物和动物的生命在生物学上是由"年"的季节循环控制的，这是由地球围绕太阳旋转时的轴向倾斜产生的。在非人类哺乳动物中，每年的交配和其他生物节奏是受季节支配的。人类超越了每年的交配周期，全年都在准备繁衍。然而，人类的生活仍然是按年度循环进行的。在城市出现之前，人类社会主要的生计追求——狩猎和农业是最主要的——是由植物和其他动物的年度周期所决定的。人类不能猎杀那些每年都会迁徙到其他地方的动物，也不能在雪地里种植小麦。简而言之，人类和其他哺乳动物甚至植物一样，都有"日"和"年"的普通循环周期，这两种循环都是由太阳和他们所生存的星球之间的相互作用决定的。

这些季节的变化与月球定居点的生命无关。尽管 24 小时的地球日及其生物钟仍然支配着月球上的人类生活，但月球年的波动却不会。月球"年"实际上只持续 12 个月球日。如果是这样的话，月球绕其轴旋转大约 12 次，就会到达相对于太阳的相同位置（临近的地球将在同一时间绕地轴转 365 圈）。因此，在月球上，一年作为一个时间单位在生物学上变得无关紧要。至少在原则上，它的活动规律也变得无关紧要。也就是说，月球上的定居者将不必根据动物的季节性迁移、作物的季节性种植和收获季节，或降雨，或温度的季节性变化来安排他们的活动。原则上，月球年的每一天都可以在完全相同的活动中度过，没有气候决定的季节变化。会不会很无聊？这不是问题所在，我们只是在分析地球时间单位与月球上生活的无关性。

2.7.3　三十天的月

我们可以把这种思想转向地球上支配人类生命的其他通用时间单位——"周"和"月"，月球上的"周"和"月"会发生什么？

至于"月"，其来历是清楚的。"月相"这种普遍的视觉性错觉在人类文化中产生了"月"的现象，人们通常选择"新月"作为下一个月的开始①。世界各地的文化规范是每年有 12 个月的周期，大致与太阳年的季节相对应。然而，这种对应并不精准，这造成了一个两难境地。两个新月之间有 29.5 天，每 12 个月就产生 354 天的"阴历年"。然而，从一个太阳春分到下一个太阳春分之间的时间，作为太阳年的一种度量，略多于 365 天。阴历年比阳历年大约短 11 天。这意味着，随着时间的推移，一个给定的农历月（所有的农历月通常都有自己的名字）可以发生在阳历的春天或夏天，以及秋天或冬天。犹太人采用的解决办法有点复杂，他们的宗教历法仍然是基于新月和满月。在每 19 年的周期中，日历中会插入 7 次额外的月份。因此逾越节（最初是一个农牧节日）总是在北方的春天降临，光明节总是在冬天降临②。

现在出现了一个更简单的解决方案，将月球排除在考虑之外。继罗马儒略历及其 16 世纪的变体格里历之后，全世界最终采用了一种更简单的解决方案：去掉"月"和月亮之间的联系，简单地把 365 天的一年分成 12 个长度大致相等的太阳月，每四年在最短的一个月上再加一天。因此，北方的一月总是冬季，七月是夏季，以此类推。在全球化的世界中，这是目前占主导地位的安排。即使是宗教节日使用阴历的国家，在日常生活中也使用阳历。

但是"月"在月球上是一个必要的时间单位吗？答案是暂时否定的，除非有令人信服的相反论点。当站在月球上时，月相不存在，也不能发出时间周期的信号。这并不是说要消除它。计算月数不会对月球生命造成伤害，月球定居者将带着他们想要保护的固有的年度和月度节律来到月球。没有出生月份，怎么庆祝生日呢？那结婚纪念日呢？没有月的传统人类社会生活是一个挑战，无论这个单位对于月球来说是多么的陌生。

2.7.4　七天的周

我们的最后一个时间单位——周，七天为一周，现在已经成为地球上的常态。它是神

---

① 在印欧语系的日耳曼语中，"月"这个词本身是同源词。英语中是 moon/month，德语中是 Mond/Monat，荷兰语中是 maan/maand，瑞典语中是 mane/månad，挪威语中是 måne/måned。普通话中也有类似的联想："moon"和"month"都读 yuè。一月是正月，二月是二月，等等。"月亮"和"月"这两个词的联系绝不是普遍存在的。在罗曼语中，每一种语言都有不同的词根，斯拉夫语和闪族语也是如此。例如，在希伯来语中，"月"（khodesh）与"新"（khadash）有关，而不是希伯来语中的"月"（yareakh）。

② 在伊斯兰世界，宗教日历也是以月亮为基础的，这种差异并不被视为有任何问题。12 个太阴月是简单地按顺序计算的，没有进行任何调整，以使它们与太阳年的季节相一致。神圣的斋月因此可以出现在太阳年的任何季节。基督教徒选择了太阳年，例如，无论月亮的相位如何，圣诞节总是在 12 月 25 日。在基督教的历法中，还有一个小的入侵月球的事件：复活节是春分（3 月 21 日）后的第一个满月后的第一个星期天。其他与复活节有关的节日，如棕枝主日和圣灰星期三，都是从那个星期天开始倒数来决定的。

秘的和人为的，因为它没有任何太阳、地球或月球周期的根据。它是从哪里来的？它在月球上是一个有用的时间单位吗？月球居民是否可以放弃一周七天制，比如投票决定改为每周五天或十天制，这样一来，无论是哪种情况，最后一天都是休息日。月球上的人类能把自己从几乎构成整个地球人类生活的七天周期中解放出来吗？

　　要回答这个问题，首先要解决一个问题：一周七天制从何而来？在这里，我们来到前面简要讨论过的一个争议。熟悉犹太教-基督教《圣经》和/或《古兰经》的人可能会认为，一周七天是基于《圣经》的，它是一种神圣的时间划分，已经主宰了世界各地的历法系统。正如我将在第 18 章中指出的那样，从对宇航员的研究来看，许多月球定居者将带着预先存在的宗教信仰和惯例来到月球，其中一周七天和安息日被认为是超自然起源的，特别是在《创世纪》的第一章中有此描述。

　　他们将很可能继续他们的安息日仪式，但鼓励他们重新审视其对七天一周起源的看法。对古代近东，特别是美索不达米亚的苏美尔以及后来的巴比伦的研究结果表明，每周七天的习俗比摩西在沙漠中创作《创世纪》（公元前 1500 年）的传统日期早了几个世纪——也许早了 1000 年；许多《圣经》学者认为《创世纪》的创作日期——在巴比伦囚禁时期，晚了 1000 年。

　　人类学对这些历史见解的补充是，一周七天制正是在农业最早出现并最终取代狩猎和采集野生植物的地区出现的。人类学家已经证明，农业的普及虽然增加了人类的食物产量，但也给人类生活带来了前所未有的繁重、耗时的新劳动模式。在《创世纪》中记录了对亚当的惩罚，即他今后要用汗水赚取面包，这反映了农业的客观特征。这就产生了无须验证的假设——繁重农田劳动的出现导致了一种新的生物学需求，即在 8 小时睡眠之外需要有一段时间的休息，而这一需求已经根植于人类基因组中。

　　七天的周期，包括六天的辛苦劳动和一天的自由劳动，是对这种新的生物学需求的文化回应。在农业周期的某些阶段，无情的、不间断的田野劳动的受害者是古代近东社会中阶层日益分化的社会的底层人民——农民、仆人、农奴、奴隶，以及不得不将自己的劳动力卖给地主的无地劳工。一周七天制和休息日恰好出现在农业最早出现的地区，这并非人类学上的偶然。

　　《创世纪》第一章描述了七天工作制的框架，这是在一周七天制流传很久之后的事了。它的作用是赋予宗教理由，授权在第七天停止劳动，并让仆人、奴隶或雇佣劳工在那一天停止工作。作者通过创造性地安排上帝所有的创造工作为六天，让他在第七天休息，并将此插入现存的《创世纪》描述中。这些描述中没有什么新东西；许多经书学者一致认为第一章的作者是另一个人，并且写得晚一些。此外，这里提出的是这一过程与观察结果之间的明确联系，即一周七天的工作制最早出现在人类学家记录农业最早出现的那个世界地区。农业创造了一种新的生物紧迫感，对于那些必须从事田间劳动的社会阶层来说，除了夜间睡眠，还需要额外的休息。《创世纪》对七天工作制的叙述将这一人类的重要需求嵌入到宗教框架中。

2.7.5　月球上的时间

现在，让我们回到月球。一周七天制——六天工作，一天休息——是否适合月球？答案是暂时的肯定。在月球上，工作日和休息日之间的某些调整仍将是必要的。即使大多数人不再从事繁重的农业，甚至当工作六天已经减少到五天时，在地球上这仍然是必要的。七天一周把一个月分成四部分可行的、大致相等的劳动工作时段。

人体不需要一个七天的工作和休息周期，它可以很容易适应一周工作四天后第五天休息，甚至是一周工作八天后第九天休息。然而，坚持在月球上一周七天至少有三个很好的理由：（1）移居月球的人已经带着这种习俗来到了月球；（2）一些犹太和基督教定居者将继续他们的宗教活动，星期六或星期天是宗教规定的休息日（这将在第18章中讨论）；（3）月球基地将经常，也许是每天都与地面基地联系——休斯敦，以美国的月球基地为例。这样一来，不仅可以将月球上的时钟与地球上的休斯敦时间校准，而且可以保持与休斯敦同事们一样的每周七天的生活节律。同样的一周七天工作制也适用于中国、沙特或以色列的月球"定居点"。在关于地球上的时间安排时，有一条规则："如果它没坏，就不要修。"

通过对月球有关的不同文化信仰和实践的回顾，以快速的历史之旅开启了本书。接下来将转向讨论前往月球，在那里建立人类永久驻留基地面临的实际挑战。

参 考 文 献

［1］ Anderson，M. (n. d.). Hunting by the moon phase. Moon connection. Retrieved from https：// www. moonconnection. com/moon _ phase _ hunting. phtml.

［2］ Baring - Gold，S. (1876). Curious myths of the middle ages. Internet archive. Retrieved from https：//archive. org/details/curiousmythsofmi00bariuoft/page/190.

［3］ Cajochen，Ch. , Altanay - Ekici，S. , Münch，M. , Frey，S. , Knoblauch，V. , & Wirz - Justice，A. (2013). Evidence that the lunar cycle influences human sleep. Current Biology，23 (15)，1485 - 1488.

［4］ Clue. (2019). The myth of moon phases and menstruation. Retrieved from https：//helloclue. com/articles/cycle - a - z/myth - moon - phases - menstruation.

［5］ Farmers' Almanac. (n. d.). Wikipedia. Retrieved from https：//en. wikipedia. org/wiki/ Farmers%27 _ Almanac.

［6］ Hindu Creation. (2011). From the Satapatha Brahmana，first millenium B. C. , Rig Veda，The Big Myth，Distant Train，inc. Retrieved from http：//www. bigmyth. com/download/HINDU _ CREATION. pdf.

［7］ Index Mundi. (2020). China religions. Retrieved from https：//www. indexmundi. com/china/ religions. html (Excellent one page overview of world religions).

［8］ Keral. com. (2012). the three - legged money frog：Some dos and donts. Retrieved from https：// web. archive. org/web/20121128051445，http：//www. keral. com/Realestate/The - Three - Leg ged - Money - Frog - Some - Dos - and - Donts. html

［9］ Lee，J. J. (2014). Lunar eclipse myths from around the world. National geographic. Retrieved from https：//www. nationalgeographic. com/science/article/140413 - total - lunar - eclipsemyths - space - culture - science.

［10］ Lunar Farming. (n. d.). Moon made farms. Retrieved from https：//www. moonmadefarms. com/ lunarfarming.

［11］ McLeod，J. (2021). Why do we garden by the moon? Farmers' Almanac. Retrieved from https：//www. farmersalmanac. com/why - garden - by - the - moon - 20824.

［12］ Norrad，S. (2017). Howto celebrate the fullmoon like a Buddhist. Elephant Journal. Retrieved from https：//www. elephantjournal. com/2017/03/how - to - celebrate - the - full - moon - like - a - buddhist.

［13］ Pew Research Center. (2018). The global religious landscape. Retrieved from https：//www. pew forum. org/2012/12/18/global - religious - landscape - exec/.

［14］ Rathanasara，K. (2018). The significance of the full moon. Dhammakami Buddhist Society.

［15］ Retrieved from https：//dhammakami. org/2018/08/26/the - significance - of - the - full - moon/.

［16］ Royal Museums Greenwich. (2019). Can the moon really affect our health? Retrieved from https：//www. rmg. co. uk/stories/topics/can‐moon‐affect‐our‐health‐behaviour.

[17]　Squier，Ch. （2016）. This is what the moon actually does to your period. Grazia. Retrieved from https：//graziadaily. co. uk/life/real‐life/moon‐period‐cycle‐menstruation‐lunar/.

[18]　wwgschools. org. （n. d. ）. Retrieved from https：//www. wwgschools. org/ClassDocuments/Hindu ％t20Creation％20Story. pdf.

第 2 部分
工程、工业和农业前景

第 3 章 变化无常的月球表面环境：危险和资源

海迪·富卡·哈维兰

摘 要 本章回顾了不断变化的月球表面环境特征的研究现状，包括观测到的结果和模拟研究结论；讨论了月球表面环境对人类和机器的潜在危害和可能的缓解措施，包括近地表等离子体、尘埃和高能辐射；探讨了在正常和极端太阳条件下，这些环境因素对月球表面或在月球表面下人类居住的影响；探讨了造成动态环境和不断变化的月球表面环境的驱动因素，包括每月月球通过地球磁层的运动，以及在每个太阳周期内不同的太阳辐照；讨论了月球水循环和挥发物的位置。最后，还探讨了月球表面及附近的潜在资源，包括水、铁和钛，以及建立自给自足的月球定居点所面临的挑战。

3.1 前言

月球，是地球最近的天体邻居，在夜空中是一张熟悉的面孔。由于地球引力的潮汐作用，月球的近侧总是面向地球，远侧则背向地球。在月球中纬度地区，一个月球周期大约由 14 个 24 小时日照和 14 个 24 小时黑夜组成。由于月球缺乏磁场和大气层保护，月球表面会与太空环境因子直接相互作用。这些太空环境因子侵扰包括来自日冕的持续等离子体流侵袭、陨石撞击和高能辐射。在月球绕地球运行的过程中，月球在进出地球磁层时会遭受明显的等离子体侵袭，坑坑洼洼的月球表面经历了陨石的不断撞击以及极端温度的影响，尤其是在两极。由于月球表面纬度和局部风化层的热物理性质，白天地表温度可达 125 ℃（260 ℉，400 K），夜间温度低至 -220 ℃（370 ℉，50 K）以下（威廉姆斯，等，2017）。在永久阴暗的陨石坑内，预计温度会更低（塞夫顿-纳什，等，2019）。月球表面会出现定期小地震和周期性大震动（纳恩，等，2020），这需要在设计未来人类栖息地时加以考虑。在本章中，我们将描述月球表面自然状态下的尘埃、大气和等离子体，这包括了解太阳和地球驱动月球表面形成过程的作用机制。我们将讨论这种自然环境对人类和机器人作业的危害，以及可能的缓解方案。最后，我们回顾在月球表面发现的潜在资源，为未来人类定居提供应对以及总结性思路，以应对月球表面具有挑战性的环境并能蓬勃发展。

3.2 背景：动态的月球表面

月球的固体表面由高度断裂的硅酸盐物质组成，这种富氧物质由岩石、土壤和尘埃组成。我们在这里交替使用术语"风化层"和"土壤"。风化层是由岩石的机械性冲击，以及岩石、矿物颗粒或碎片与空隙泡状玻璃样物质熔合而形成，又被称为凝结物（海肯，等，1991）。这些风化层表面颗粒形状不规则，从球形到多角度不等。一般来说，高原地区的平均风化层厚度为 10～15 m，平原地区为 3～4 m。大约 20％的风化层颗粒（按质量计算）直径小于 20 μm（麦肯，1991），静电可以使直径小于 10 μm 的颗粒飞起或悬浮起来（科尔维尔，2007）。科考探测队员和阿波罗尘埃实验成员观察到在月球表面明暗界线上空悬浮带电尘埃颗粒（雷尼尔森和克利斯韦尔，1974），这可以解释月球地平线的浑浊现象（布利安和霍利克，2015）。有人提出，这是随着从明转暗而发生静电变化的结果。已观测到这些尘埃颗粒悬浮在地表以上 1～10 m 的空中，甚至认为其可以到达海拔 100 km 的高度（斯塔布斯，等，2007）。这个模型显示了在黎明明暗界线之后，悬浮和上升的尘埃颗粒能到达的最高高度与颗粒大小成反比。较小颗粒（≤0.01 μm）能到达海拔最高的空中。然而，最近航天器并没有观测在着陆地上方悬浮着的这种纳米颗粒（绍洛伊和霍拉尼，2015）。最近的室内实验结果表明，考虑到包含微泡时，在着陆地点上方，尘埃颗粒会漂浮上升到相当高的空中（法雷尔，等；王，等，2016）。

　　由于月球缺乏磁场和大气层保护，月球表面直接与一层薄薄的松散粒子层相互作用，这层粒子层位于一个无碰撞的大气层中，或其表面存在限制性外逸层。等离子体（具有聚集性中性行为的带电粒子）主要来自太阳风，存在于月球表面，并从月球表面重新散射。最近的研究发现，月球的尘埃、等离子体和大气层这三种现象都是紧密联系、相互作用的（法雷尔，等；哈勒卡斯，等，2012）。此外，月球被一种低密度尘埃、等离子体所覆盖，这是陨石和空间等离子体直接撞击月球表面的产物（图 3 - 1）。这些现象并不是月球所独有，在太阳系所有无大气的天体上都能观察到。

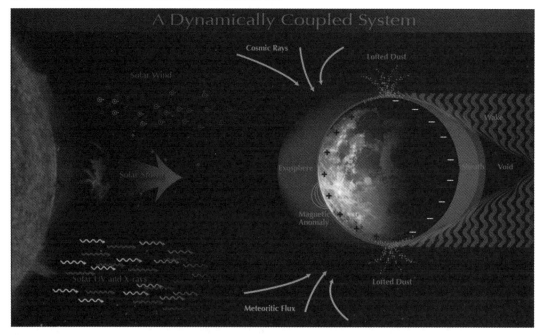

图 3 - 1　由太阳驱动的月球表面尘埃、大气和等离子体相互作用的环境概览（法雷尔，等，2012b）（见彩插）

这不是一个停滞不动的环境，而是一个在分子水平上非常丰富和动态的环境。不断塑造风化层的外部循环过程按照月球周期（28.5 天）、每年和太阳周期（11 年）形成了表面风化、溅射和外逸层。月球昼夜两侧存在不同的等离子体环境。昼侧光电子群增加了等离子体密度和电荷耗散。月球的尾部是一个等离子体尾迹空腔，其由等离子体电流系统平衡所形成，这种平衡由朝向太阳昼侧的太阳风等离子体吸收而形成，在夜侧留下了一个接近真空的区域。在经过狮子座、双子座和象限仪座流星雨之后，观测到流星体通过月球表面的通量增加（科拉普雷特，等，2016）。太阳周期的变化包括太阳通量的增加，以及与之相关的银河宇宙射线的减少。此外，高能太阳风暴（包括日冕物质抛射、太阳事件粒子和太阳耀斑）将袭击月球，增加表面辐射和等离子体，包括月球表面电场干扰。

除了月球空间环境的时间变化之外，还有一些其他因素影响着正在进行的过程。地壳磁化增强的局部区域远离太阳风等离子体而形成微型磁圈（哈勒卡斯，等，2008a），这也与保存下来的暗反照率和光反照率特征有关（德卡，等，2020）。人们认为，地壳磁场周围的空间风化作用是形成这些涡流特征的原因（克雷默，等，2011）。

人们观察到与月球纬度相关的现象，包括在两极永久暗区的火山口内探测到水冰（科拉普雷特，等，2012）。LCROSS 任务观测到水冰的质量浓度为 5.6%±2.9%，此外还存在其他挥发性物质，包括轻烃、含硫化合物和二氧化碳（科拉普雷特，等，2010）。最近，在昼侧风化层（霍尼博尔，2020）和非极地暗区也观察到了水分子，这表明水分子隐含在微冷阱中（海恩，等，2020）。此外，我们在月球表面看到氢和水循环每天都在变化（亨德里克斯，等，2019），表明太阳风中的氢与月球风化层的硅酸分子氢重组可以产生水分子，这些水分子可能会反过来溅落到这些挥发物集中的冷阱中。微流星体撞击被认为是流星风暴期间水运动及集中度增强的主要驱动因素（本纳，等，2019）。每个月球日期间，这种表面霜在风化层表层上部约 1 m 深度内集聚质量分数为 0.0125%±0.002 2% 的水，或每立方米表层月壤包含（190±30）mL 的水（利文古德，等，2015），这为月球定居点提供了一种较少但可再生的资源。

3.3 地球和太阳能驱动月球表面过程

固体表面与近地表空间环境的相互作用包含了将原子或尘埃颗粒从一种形式转变成另一种形式的过程。这包括：光子激发解吸、热解吸、冲击汽化、太阳风质子反射和太阳风的袭击（溅射、表面充电和表面化学）（法雷尔，等，待出版）。这些过程有三个主要的驱动因素：太阳辐射、流星体的撞击和太阳风等离子体粒子的撞击。热环境和空间风化过程受月球表面太阳辐射中可见光的影响（多明戈，2014）。月球表面不断受到高能流星体的撞击，因此风化层侵蚀变化等过程描述了月球表面物质的重新分布。流星体的撞击也会使大量中性原子移位，从而产生外逸层动力学。太阳风是一种来自太阳的质子和电子几乎持续不断的离子流。太阳风通常主要由氢质子（95%）、氦（2%~4%）和金属离子组成（法雷尔，等，待出版）。正常状态下在月球空间环境中，太阳风以大约 400 km/s 的速度传播，并携带着行星际磁场（约 5 nT）。它有一个与太阳周期相对应的 11 年周期，并且可以在快风和慢风条件之间变化。随着日冕物质抛射的传播，等离子体密度增加 5～10 倍，太阳风的速度可以翻倍（法雷尔，等，2012a）。在讨论月球表面动态变化过程时，重要的是要了解它们所处的环境，包括来自太阳和地球的驱动因素。

3.4　危险：严酷的月球表面自然环境对人类和机器人作业的挑战

人类和机器人在月球表面生存和作业存在一些已知的风险。在这里，我们关注与自然环境最相关的三类危害：月壤尘土颗粒的机械磨损、高能粒子的辐射，以及在近真空空间环境中表面充/放电干扰（电场干扰）。这些危险源继续向外延伸到在地月空间环境中运行的卫星、运载工具或平台上。然而，本章中我们只关注月球表面的危害。

3.4.1　月壤尘土

在阿波罗任务之后，我们知道，月球表面灰尘颗粒的磨蚀性给人类和机器人系统在这些灰尘颗粒中的作业带来了一些挑战。此外，系统工程师认识到粉尘的潜在危险性质，并正在设计控制要求，以减轻和消除人类栖息地的灰尘。直径小于 10 μm 的尘埃颗粒对宇航员的呼吸道构成威胁，小于 2.5 μm 的尘埃颗粒最有可能侵入人体深部呼吸道（美国国家航空航天局，2020）。此外，凝结颗粒不规则形状的机械特性也使得这些颗粒能够吸附于物体表面，这些尘埃颗粒可以阻碍漫游车的轮子和移动机械装置的运行。由于颗粒尺寸较小，月尘颗粒会受到静电荷和颗粒间作用力的影响（卡罗尔，等，2020），这可能导致其漂浮、悬浮和附着在物体表面。总而言之，月尘颗粒的存在及其转运和缓解对人体的影响将继续成为未来月球定居点关注的一部分。

3.4.2　辐射

月球的大部分轨道都在地球磁场之外。此外，地球大气层的保护性屏蔽在月球上是不存在的。因此，在月球表面作业的人类和电子系统需要考虑到空间辐射的影响。月球遭受的电离辐射来自与自由空间暴露相似的银河宇宙射线和太阳高能粒子，然而月球的球体阻挡了一半的自由空间辐射。这些数据提供了总电离剂量效应和单事件效应（NASA，2020）。此外，这些高能粒子与月球风化层相互作用，产生次级中子，太阳活动周期确实会影响月球遭受银河宇宙辐射的剂量（亚当斯，等，2007）。月球居民所遭受的辐射需要对月球定居场所持续进行监测，以及采取创造性的应对方案，以减少日常生活中遭受的辐射暴露。有些学者建议在月球风化层中挖洞，或者在洞穴和熔岩通道中建造驻留基地。无论具体的解决方案是什么，长期生活在地球大气层之外，为了人类健康和安全，将需要持续关注电离辐射，以及在经历高能粒子或中子袭击时可能容易退化的电子产品。

3.4.3　月球表面电场

人类和机器人在月球表面作业的主要问题之一是电场对航天器的影响，这涉及月球表面风化层、栖息地、飞行器或太空服上积聚的电荷。航天器加电维持空间环境与航天器之间电荷的平衡。这在很大程度上取决于等离子体、光辐射和二次辐射的能量和密度，表面等离子体相互作用会随着某些材料特性（如介质或类似于扩展臂的机械设计）的增加而增加。月球周围等离子体的低密度和高二次散射也有助于形成月球表面的高频率电场。月球昼侧表面的等离子体主要包括光子的聚集，从而增加了等离子体的密度。一般来说，在正常的太阳风中，在充分阳光下的物体将加电到一个低的正电电位（约为 5～10 V，斯塔布斯，等，2014）。这是由于光辐射在等离子体电流中占主导地位。然而，在没有光辐射的阴暗环境中，该物体将加电到较高的负电位（-100 V，等离子体片中高达-1 kV）（法雷尔，等，2008；哈勒卡斯，等，2008b）。观测到的最糟糕的情况是太阳高能粒子（SEP）事件，其导致月球夜侧表面在中央尾流腔内物体加电至-4.5 kV（哈勒卡斯，等，2007，2009）。

针对在月球表面运动的物体，如月球车轮或宇航员的靴子，充分了解和减轻摩擦电荷是很重要的。摩擦产电是电荷从表面风化层转移到移动物体上的过程（杰克逊，等，2015）。最近的模拟结果表明，阴影区域内电荷缺乏耗散可能导致电荷的大量累积，特别是对于移动系统（齐默尔曼，等，2012）。这种效应类似于地球上静电的积聚，在放电时，少量电荷可能会导致偶尔电击，但同样的现象会导致大量电荷的耗散，从而导致闪电从云层击向地面。这帮助我们充分理解月球上的摩擦产电和电荷积累的重要性。此外，月球表面风化层的高电阻性（>1e-9 S/m）增加了物体与表面之间的电荷积累。这可能会对材料和电子产品造成损害，在月球表面空间环境中消除电荷集聚涉及生活和作业的所有方面。

在包括两极在内的明暗界线处，太阳风流动与地表是水平的。大型地形包括凹陷的陨石坑壁或凸出的山脉，对流动的太阳风构成了阻碍，在其下风侧形成了等离子体空洞和尾迹结构，表明局部等离子体效应将改变表面加电状态（图 3-2；法雷尔，等，2010；齐默尔曼，等，2011，2012）。

3.5　月球表面的资源

月球表面有多种化学物质和矿物资源。最有价值的是水，既以水合风化层的形式存在，也以水冰的形式存在于永久的阴影区域和微冷封闭区域中。我们注意到月球上的水循环只有极少的自然补给，就像前面讨论过的那样。当水分解成氢和氧时，可以用于生命维持系统和推进剂。然而，正在研发提取技术，这将取决于水的精确组成，包括纯度、状态、可用性和整体分布（安纳德，2012）。除了水，月球冰还含有氢分子、汞和其他金属、碳和碳氢化合物、氨、甲烷和其他化学物质，所有这些都可以作为资源使用（卡拉普瑞特，等，2010）。

图 3 - 2　垂直障碍物对水平流动的太阳风产生了局部等离子体环境，这对漫游和钻探等作业构成了挑战（罗兹，等，2020）；图像来源：杰伊·弗里德兰德，NASA - GSFC）（见彩插）

月球地表风化层含有丰富的资源。风化土可用于建造水泥构筑物、栖息地和基础设施，包括道路和火箭着陆/发射台。此外，直接从丰富的月球风化层中提取氧气也是一种选择，钛铁矿还原产物包括 Fe 和 Ti，二者可含有氧或水（安纳德，等，2012）。像铁和钛这样的金属原材料可以用于 3D 打印航天器或栖息地建筑构件。钛铁矿主要存在于赤道附近地区的富含钾、稀土和磷的岩层体（PKT）中。与非 PKT 土壤相比，PKT 富含铀、钍和稀土元素。然而，与地球上的岩层体相比，月球上铀和钍的含量要低得多。高原风化层中富含铝，风化层中也富含硅。所有这些都可能在未来建设月球定居点时发挥作用。太阳风将挥发物吹入地表风化层，包括：H、N、C 和 He、F、Cl（安纳德，等，2012；克劳福德，2015）。虽然这些物质的数量很少（125 ppm），但人们认为这些物质很容易获取。此外，在非极地地区，被认为是火山玻璃沉积物的区域内也观测到了水分子（霍尼博尔，等，2020）。

在月球上太阳能很容易获得，可以利用其满足电力需求，然而长时间持续的月球黑夜和极端低温对目前的太阳能阵列和电池系统构成了挑战。在赤道地区，月夜可长达 14 天。而两极的情况则正好相反，那里的太阳光照可以达到月球轨道的 90% 左右。放射性同位素加热器及其电力系统的存在，可以为这些电力生产和热控制问题提供解决方案。

3.6　结论

　　月球表面承载着尘土颗粒、大气和等离子体之间的几个动态过程。太阳（包括太阳风和太阳辐射）、地球（包括磁场）和流星体的袭击驱动着月球表面的变化。人类和机器人系统在月球表面生活和作业时遭受的危害包括灰尘颗粒造成的机械磨损、电离辐射和表面电场干扰。在这个自然环境中有几种资源可以被月球居民利用，这些资源包括水、风化层、氧气、金属、硅、稀土元素和太阳能。人们需要这些资源来应对在月球夜晚极端寒冷中的生存和作业挑战。特别是在过去的半个世纪里，人们对月球表面已经了解了很多，但挑战依然存在。未来的月球移民将通过创造性的工程、勘探设计和研究，来克服目前存在的这些障碍。

参 考 文 献

［1］ Adams，J. H.，Bhattacharya，M.，Lin，Z. W.，Pendleton，G.，& Watts，J. W.（2007）. The ionizing radiation environment on the moon. Advances in Space Research，40（3），338 – 341. https：//doi. org/10. 1016/j. asr. 2007. 05. 032

［2］ Anand，M.，Crawford，I. A.，Balat – Pichelin，M.，Abanades，S.，Van Westrenen，W.，Péraudeau，G.，et al.（2012）. A brief review of chemical and mineralogical resources on the Moon and likely initial in situ resource utilization（ISRU）applications. Planetary and Space Science，74（1），42 – 48. https：//doi. org/10. 1016/j. pss. 2012. 08. 012

［3］ Benna，M.，Hurley，D. M.，Stubbs，T. J.，Mahaffy，P. R.，& Elphic，R. C.（2019）. Lunar soil hydration constrained by exospheric water liberated by meteoroid impacts. Nature Geoscience，12（5），333 – 338. https：//doi. org/10. 1038/s41561 – 019 – 0345 – 3 Carroll，A.，Hood，N.，Mike，R.，Wang，X.，Hsu，H. – W.，& Horányi，M.（2020）. Laboratorymeasurements of initial launch velocities of electrostatically lofted dust on airless planetary bodies. Icarus，352，113972. https：//doi. org/10. 1016/j. icarus. 2020. 113972.

［4］ Colaprete，A.，Schultz，P.，Heldmann，J.，Wooden，D.，Shirley，M.，Ennico，K.，et al.（2010）. Detection of water in the LCROSS ejecta plume. Science，330（6003），463 – 468. https：//doi. org/10. 1126/science. 1186986.

［5］ Colaprete，A.，Elphic，R. C.，Heldmann，J.，& Ennico，K.（2012）. An overview of the lunar crater observation and sensing satellite（LCROSS）. Space Science Reviews，167（1），3 – 22. https：//doi. org/10. 1007/s11214 – 012 – 9880 – 6.

［6］ Colaprete，A.，Sarantos，M.，Wooden，D. H.，Stubbs，T. J.，Cook，A. M.，& Shirley，M.（2016）. How surface composition and meteoroid impacts mediate sodium and potassium in the lunar exosphere. Science，351（6270），249 – 252. https：//doi. org/10. 1126/science. aad2380.

［7］ Colwell，J. E.，Batiste，S.，Horányi，M.，Robertson，S.，& Sture，S.（2007）. Lunar surface：Dust dynamics and regolith mechanics. Reviews of Geophysics，45（2），1 – 26. https：//doi. org/10. 1029/2005RG000184.

［8］ Crawford，I. A.（2015）. Lunar resources：Areview. Progress in Physical Geography，39（2），137 – 167. https：//doi. org/10. 1177/0309133314567585.

［9］ Deca，J.，Hemingway，D. J.，Divin，A.，Lue，C.，Poppe，A. R.，Garrick – Bethell，I.，et al.（2020）. Simulating the Reiner gamma swirl：The long – term effect of solar wind standoff. JGR – Planets，125，e2019JE006219. https：//doi. org/10. 1029/2019JE006219.

［10］ Domingue，D. L.，Chapman，C. R.，Killen，R. M.，Zurbuchen，T. H.，Gilbert，J. A.，Sarantos，M.，et al.（2014）. Mercury's weather – beaten surface：Understanding mercury in the context of lunar and asteroidal space weathering studies. Space Science Reviews，181（1 – 4），121 – 214. https：//doi. org/10. 1007/s11214 – 014 – 0039 – 5.

[11]　Farrell，W. M.，Halekas，J. S.，Horanyi，M.，Killen，R. M.，Grava，C.，Szalay，J. R.，et al. (in press). The dust，atmosphere，and plasma at the Moon. In New views of the Moon 2 (pp. 1 – 92).

[12]　Farrell，W. M.，Stubbs，T. J.，Delory，G. T.，Vondrak，R. R.，Collier，M. R.，Halekas，J. S.，& Lin，R. P. (2008). Concerning the dissipation of electrically charged objects in the shadowed lunar polar regions. Geophysical Research Letters，35 (19)，1 – 5. https：//doi. org/10. 1029/2008GL034785.

[13]　Farrell，W. M.，Stubbs，T. J.，Halekas，J. S.，Killen，R. M.，Delory，G. T.，Collier，M. R.，& Vondrak，R. R. (2010). Anticipated electrical environment within permanently shadowed lunar craters. Journal of Geophysical Research，115 (E3)，1 – 14. https：//doi. org/10. 1029/2009JE003464.

[14]　Farrell，W. M.，Halekas，J. S.，Killen，R. M.，Delory，G. T.，Gross，N.，Bleacher，L. V.，et al. (2012a). Solar – storm/lunar atmosphere model (SSLAM)：An overview of the effort and description of the driving storm environment. Journal of Geophysical Research E：Planets，117 (10)，1 – 11. https：//doi. org/10. 1029/2012JE004070.

[15]　Farrell，W. M.，et al. (2012b). Dynamic response of the environment at the Moon (DREAM) years 1 – 3 executive summary. NASA Lunar Science Institute. https：//lunarscience. nasa. gov/wp – content/uploads/2012/03/DREAM _ Summary. pdf .

[16]　Halekas，J. S.，Delory，G. T.，Brain，D. A.，Lin，R. P.，Fillingim，M. O.，Lee，C. O.，et al. (2007). Extreme lunar surface charging during solar energetic particle events. Geophysical Research Letters，34 (2)，1 – 5. https：//doi. org/10. 1029/2006GL028517.

[17]　Halekas，J. S.，Delory，G. T.，& Brain，D. A. (2008a). Density cavity observed over a strong lunar crustal magnetic anomaly in the solar wind：A mini – magnetosphere? Planetary and Space…，56，941 – 946. https：//doi. org/10. 1016/j. pss. 2008. 01. 008.

[18]　Halekas，J. S.，Delory，G. T.，Lin，R. P.，Stubbs，T. J.，& Farrell，W. M. (2008b). Lunar Prospector observations of the electrostatic potential of the lunar surface and its response to incident currents. Journal of Geophysical Research：Space Physics，113 (A9)，n/a – n/a. https：//doi. org/10. 1029/2008JA013194.

[19]　Halekas，J. S.，Delory，G. T.，Lin，R. P.，Stubbs，T. J.，& Farrell，W. M. (2009). Lunar surface charging during solar energetic particle events：Measurement and prediction. Journal of Geophysical Research：Space Physics，114 (A5)，n/a – n/a. https：//doi. org/10. 1029/2009JA014113.

[20]　Halekas，J. S.，Poppe，A. R.，Delory，G. T.，Sarantos，M.，Farrell，W. M.，Angelopoulos，V.，& McFadden，J. P. (2012). Lunar pickup ions observed by ARTEMIS：Spatial and temporal distribution and constraints on species and source locations. Journal of GeophysicalResearch，117 (E6)，E06006. https：//doi. org/10. 1029/2012JE004107.

[21]　Hayne，P. O.，Aharonson，O.，& Schörghofer，N. (2020). Micro cold traps on the Moon. Nature Astronomy. https：//doi. org/10. 1038/s41550 – 020 – 1198 – 9.

[22]　Heiken，G. H.，Vaniman，D. T.，& French，B. M. (Eds.). (1991). Lunar sourcebook，a user's guide to the Moon. Cambridge University Press.

[23]　Hendrix，A. R.，Hurley，D. M.，Farrell，W. M.，Greenhagen，B. T.，Hayne，P. O.，Retherford，K. D.，et al. (2019). Diurnally migrating lunar water：Evidence from ultraviolet data. Geophysical

Research Letters，46（5），2417－2424. https：//doi. org/10. 1029/2018GL081821.

[24]　Honniball，C. I.，Lucey，P. G.，Li，S.，Shenoy，S.，Orlando，T. M.，Hibbitts，C. A.，et al.（2020）. Molecular water detected on the sunlit Moon by SOFIA. Nature Astronomy. https：//doi. org/10. 1038/s41550－020－01222－x.

[25]　Jackson，T. L.，Farrell，W. M.，& Zimmerman，M. I.（2015）. Rover wheel charging on the lunar surface. Advances in Space Research，55（6），1710－1720. https：//doi. org/10. 1016/j. asr. 2014. 12. 027.

[26]　Kramer，G. Y.，Combe，J. P.，Harnett，E. M.，Hawke，B. R.，Noble，S. K.，Blewett，D. T.，et al.（2011）. Characterization of lunar swirls at Mare Ingenii：A model for space weathering at magnetic anomalies. Journal of Geophysical Research E：Planets，116（4），1－18. https：//doi. org/10. 1029/2010JE003669.

[27]　Livengood，T. A.，Chin，G.，Sagdeev，R. Z.，Mitrofanov，I. G.，Boynton，W. V.，Evans，L. G.，et al.（2015）. Moonshine：Diurnally varying hydration through natural distillation on the Moon，detected by the lunar exploration neutron detector（LEND）. Icarus，255，100－115. https：//doi. org/10. 1016/j. icarus. 2015. 04. 004.

[28]　McKay，D. S.，Heiken，G.，Basu，A.，Blanford，G.，Simon，S.，Reedy，R.，et al.（1991）. The lunar regolith. In Lunar sourcebook（Vol. 7，pp. 285－356）. Citeseer.

[29]　NASA.（2020）. SLS－SPEC－159 cross－program design specification for natural environments（DSNE）Rev H.

[30]　Nunn，C.，Garcia，R. F.，Nakamura，Y.，Marusiak，A. G.，Kawamura，T.，Sun，D.，et al.（2020）. Lunar seismology：A data and instrumentation review. Space Science Reviews，216（5）. https：//doi. org/10. 1007/s11214－020－00709－3.

[31]　O'Brien，B. J.，& Hollick，M.（2015）. Sunrise－driven movements of dust on the Moon：Apollo 12 Ground－truth measurements. Planetary and Space Science，119，194－199. https：//doi. org/10. 1016/j. pss. 2015. 09. 018.

[32]　Rennilson，J. J.，& Criswell，D. R.（1974）. Surveyor observations of lunar horizon－glow. The Moon，10，121－142.

[33]　Rhodes，D. J.，Farrell，W. M.，& McLain，J. L.（2020）. Tribocharging and electrical grounding of a drill in shadowed regions of the Moon. Advances in Space Research，66（4），753－759. https：//doi. org/10. 1016/j. asr. 2020. 05. 005.

[34]　Sefton－Nash，E.，Williams，J.－P.，Greenhagen，B. T.，Warren，T. J.，Bandfield，J. L.，Aye，K.－M.，et al.（2019）. Evidence for ultra－cold traps and surface water ice in the lunar south polar crater Amundsen. Icarus，332，1－13. https：//doi. org/10. 1016/j. icarus. 2019. 06. 002.

[35]　Stubbs，T. J.，Halekas，J. S.，Farrell，W. M.，& Vondrak，R. R.（2007）. Lunar surface charging－A global perspective using lunar prospector data. In Dust in planetary systems，ESA SP－643（pp. 1－4）.

[36]　Stubbs，T. J.，Farrell，W. M.，Halekas，J. S.，Burchill，J. K.，Collier，M. R.，Zimmerman，M. I.，et al.（2014）. Dependence of lunar surface charging on solar wind plasma conditions and solar irradiation. Planetary and Space Science，90，10－27. https：//doi. org/10. 1016/j. pss. 2013. 07. 008.

［37］ Szalay，J. R. ， & Horányi，M.（2015）. The search for electrostatically lofted grains above the Moon with the Lunar dust experiment. Geophysical Research Letters，42（13），5141 – 5146. https：//doi. org/10. 1002/2015GL064324.

［38］ Wang，X. ， Schwan，J. ，Hsu，H. W. ， Grün，E. ， & Horányi，M.（2016）. Dust charging and transport on airless planetary bodies. Geophysical Research Letters，43（12），6103 – 6110. https：//doi. org/10. 1002/2016GL069491.

［39］ Williams，J. – P. ， Paige，D. A. ， Greenhagen，B. T. ， & Sefton – Nash，E.（2017）. The global surface temperatures of the Moon as measured by the diviner lunar radiometer experiment. Icarus，283，300 – 325. https：//doi. org/10. 1016/j. icarus. 2016. 08. 012.

［40］ Zimmerman，M. I. ， Farrell，W. M. ， Stubbs，T. J. ， Halekas，J. S. ， & Jackson，T. L.（2011）. Solar wind access to lunar polar craters：Feedback between surface charging and plasma expansion. Geophysical Research Letters，38（19），3 – 7. https：//doi. org/10. 1029/2011GL048880.

［41］ Zimmerman，M. I. ， Jackson，T. L. ， Farrell，W. M. ， & Stubbs，T. J.（2012）. Plasma wake simulations and object charging in a shadowed lunar crater during a solar storm. Journal of Geophysical Research E：Planets，117（8），1 – 11. https：//doi. org/10. 1029/2012JE004094.

第 4 章　月球基地电力系统

S. 伦布雷拉斯　　丹尼尔·佩雷斯·格兰德

摘　要　月球基地电力系统的设计极富挑战性。该系统应包括用于发电、存储、分配能源的基础设施。所有这些系统都必须对重量进行优化，因为最大的成本组成部分是材料的运输。月球的特性意味着太阳能是最有吸引力的选择，要么在月球表面安装太阳能面板（目前是最便宜的选择），要么将它们设置在轨道上。鉴于核能的持续可用性，它将是太阳能的一种有吸引力的补充。利用微波或激光，可以实现在轨太阳能的远距离传输。然后，通过在月球地下铺设铝电缆，构建直流电分配网络，最终实现电能分配。月球基地的建设不仅能够推动地球和深空探测关键技术的发展，还可以开创太空探索的新时代，为人类登陆火星开辟新的道路。本章对该主题进行了介绍性的讨论，并对参考文献进行了深入的分析。

4.1　建设月球电力系统的益处、挑战与机遇

4.1.1　月球电力系统：月球基地必不可少的基础设施

自太空探索任务开始以来，由于空间站条件与"地面基地"存在巨大差异，发电与电力分配传输系统被认为是一个重要的基础设施。随着科技的发展，电力系统建设在技术上的可行性和经济上的效率发生了快速变化。随着地球电力系统技术的进步，探索太空中能源生产和传输的需求和机会的相关工作也得到发展（科汉，等，2006；理奥，2001；奈德，1961）。然而，有些技术由于率先应用于空间站而得到了快速的发展，如天基太阳能技术（SBSP）、远距离微波传输技术（MDPT）等。我们可以优先在月球基地中启动这些项目，进行技术研发，使其在地球获得更广泛的应用，上述内容我们会在后续章节详细讨论。在太空领域可以预期的技术突破（如正在进行的空间环境探索中，努力付出而出现的技术进步或成本降低）确实很有价值（伦敦经济学，2018），尤其是在能源领域，在遥远的未来，它们可能对满足人类的电力需求至关重要。

4.1.2　运送物资到月球：现状

将原材料运往月球或地月空间（围绕月球运行的轨道空间）是建设月球电力系统最大的挑战，成本极其昂贵。目前还没有针对月球的商业航天载荷运送服务，但 NASA 在 2018 年制定了"商业月球载荷服务"（CLPS）计划，能够为各类公司在将来几十年开展相应的服务业务提供很好的参考价值。小型月面着陆器的任务是运送不超过 100 kg 的载荷（Astrobotic 公司的月面漫游机器人，莫哈维公司的 Masten Space Systems XL1，Intuitive Machines 公司的 NOVA - C，Draper Labs 公司的阿尔忒弥斯 - 7），而完成载荷的发射和交付

任务的固定合同需要耗费大约 1 亿美元，相当于每运送 1 千克载荷花费 100 万美元。事实上，Astrobotic 此前曾表示，统筹、通信和运送货物到月球表面的费用为 120 万美元/kg（Astrobotic，2013）。未来如果登月任务确有需求，类似蓝色起源公司的"蓝月亮"和 SpaceX 的星舰月球型这种更大型的着陆器或许可以运送几吨到数百吨的有效载荷，进而大幅度降低运输成本。目前还没有针对这些大型着陆器有效载荷成本的估计数据。

　　将生产太阳能的基础设施直接建设在月球轨道上，而不是直接建在月球表面，可能是一种更经济有效的替代方案。这个基础设施将通过提供地面接收器实现电力无线传输；这个概念在 1941 年艾萨克·阿西莫夫的短篇小说《理由》中首次提出，今天被称为天基太阳能技术——SBSP（格拉泽，1992）。SBSP 第一次演示是在美国空军的 X-37B 航天飞机飞行中进行的，在 2020 年成功完成了测试（罗登贝克，等，2020），这为该技术大规模应用提供了可能。仅从运输成本来看，截至 2020 年，为地月轨道运送有效载荷的主要运载工具为重型运载火箭，如中国的长征 5 号（9 400 kg 有效载荷，平琪，等，2019），ULA 的重型德尔它Ⅳ火箭（11 290 kg 有效载荷，哈特，1998），以及 Space X 的重型猎鹰火箭（有效载荷：火星轨道 16 800 kg；地月轨道 26 700 kg，尚未公开）。据公布的消息，这些运载工具发射成本为 1 万~3 万美元/kg，公司希望能提供以最多 10 万美元/kg 的价格将有效载荷运送到地月空间的全套方案。这些数据表明，与运载有效载荷到月球表面的成本相比，SBSP 的成本最高可降低九成以上，这使得 SBSP 成为在成本受限的情况下为月球基地提供电力的一种极具吸引力的选择。然而，SBSP 并没有完全消除建立地面基础设施的需求，例如电力接收器和分配元件以及存储元件（尽管如此，与地面基础设施相比，这些基础设施将会减少）。这些因素必须与风险和复杂性分析一起纳入最终的成本比较。

　　尽管 SBSP 极具吸引力，但要确定这种太空基础设施的最佳位置将是错综复杂的。在地球上，由于地球静止轨道能最大限度地扩大覆盖窗口，限制了轨道平台和地面接收器件之间的对准和指向要求，因此有人提出将地球静止轨道用于该项技术。然而在月球上，稳定的月球静止轨道是不存在的，因为其半径大于月球的希尔半径（月球引力影响范围）：月球引力的影响范围约为 58 000 km（契波塔列夫，1964），而根据开普勒定律，如果轨道周期等于月球的自转周期，那么月球到轨道距离约为 88 000 km。因此，SBSP 站与月球基地的距离成为本次分析的关键参数：较大的轨道增加了传输窗口，降低了对轨道和地面上存储元件的需求，但通常会增加轨道采集器和接收器元件的尺寸，而较小轨道恰恰相反。分析特定轨道和系统的配置和规模超出了本章的讨论范围，但文献中已提出解决方案——"固定轨道"（在这些轨道上，可以抵消月球-地球-卫星三体问题、太阳辐射压力和月球的非球形重力场的影响，从而消除或在很大程度上减少维持空间站运行的需要），可以最大限度地覆盖月球两极地区和接受太阳辐照的近太阳同步极轨道或近直线环形轨道（NRHO，图 4-1；吉莱斯皮，等，2020；克里斯威尔，2000）。对于位于两极地区以外的基地，位于稳定的 L4、L5 拉格朗日点（在太空中两个物体，如地球和月球，引力相互抵消的区域，图 4-2）的 SBSP 基础设施能对月球基地和月球的大片区域提供几乎连续覆盖，大距离等同于地月分离的 NRHO 围绕不稳定的 L1 和 L2 拉格朗日点旋转。如果考虑到 SBSP，上述所有提及的位点都可能是有吸引力的，我们将在下面讨论。同样值得注意的是，向月球附近的拉格朗日点运送器材的成本可以比运送到月球轨道成本低得多（哈梅拉，等，2018），尤其是使用低能的运载工具时（库恩，等，2001）。

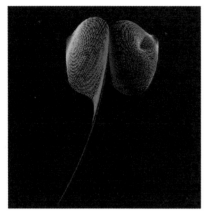 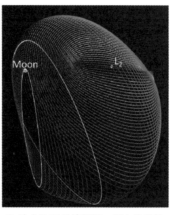 

(a) 构型空间中 L1和L2南晕轨道家族　　(b) 放大的L2晕族视图，用白色描绘　　(c) L1和L2 NRHO放大的视图
　　　　　　　　　　　　　　　　　　　了NRHO的边界

图 4-1　地月 NRHO（来源：齐莫万，等，2017，经作者允许）（见彩插）

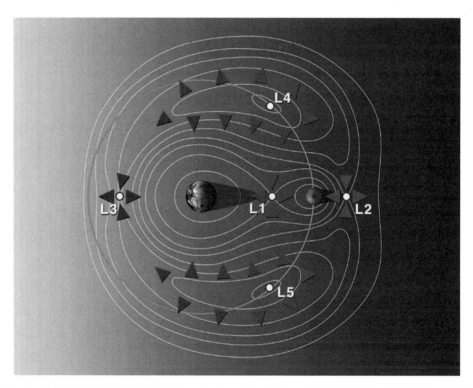

图 4-2　地月系统的拉格朗日点（致谢：大卫·克林，LPI-JSC月球科学与探索中心）（见彩插）

月球基地有几种可供选择的能源，包括太阳能和核能等。它的相对适宜性取决于一些因素，如基地的规模（我们假设此基地有几十名宇航员）以及将进行的活动，从研究到采矿。

当处理发电问题时，在地球上不会出现的问题是月球上的散热差异。热力发电循环通过传递热量（例如来自核反应堆），来在温度和压力变化的系统中做功（可以用来发电）。有许多不同类型的发电循环（如第一台蒸汽机中的兰金循环，汽车中的奥托循环，柴油机中的柴油循环等等。与电力生产最相关的循环是埃里克森、斯特林和兰金循环）。这些循环的不同之处在于温度和压力的变化，但它们的共同之处是必须有一个热源和一个冷源才能使发电循环工作。温差越大，它们之间交换热量就越多，循环效率就越高。燃料燃烧产生热能。在地球上，冷源通常来自冷却水。太空的温度远低于地球（约3 K），但由于太空存在真空，所以热量无法有效散逸。因为太空中没有传导（接触物体之间的传热）或对流（物体周围流体的传热），所以唯一可采用的散热物理机制是辐射（通过电磁辐射进行传热）。这是最低效的传热方式，且传热效率取决于散热器的表面积，这意味着当在太空中使用热力学循环时，需要大型散热器，这进一步挑战了其适用性，这些解决方案受到严重的质量限制，比如那些需要运送到月球表面的器件；然而，如果我们能够建造出这样的散热器，我们就能获得比地球上更高的能量转换效率，例如在兰金循环中能量转换效率增加了 44%（塔勒克基，等，2007；托罗和理奥，2017）。月球表面大气层太薄，无法起到降温的效果，并且土壤导电性也大大降低，所以在月球上要找到一个冷源是一个挑战。然而，如果月球基地建设在靠近水或冰沉积的地方，就有可能利用它们来实现这一目标，在人类居住地将冰融化成水，因为水可以作为饮用水、氧气的来源，或用来制造火箭推进剂。

这是我们在月球电力系统设计中最相关的考虑之一。前哨站的位置是关键：决定了可以获得哪些资源，即辐照时间与是否可以获得水或冰。尽可能实现长时间的连续辐照，因为这可以使用太阳能电池板，以减少电池或其他存储的需要。这在很大程度上取决于前哨站的位置，月球上有些区域几乎有持续的阳光（夏季的两极）或黑暗（某些陨石坑或冬季的两极地区）或 15 个地球日的昼夜交替周期（温度从 −127 ℃ 到 +173 ℃）。在拉格朗日点中的 L4 和 L5 这两个点，有持续的太阳照射，所以安装在那里的 SBSP 可以忽略存储需求。尽管如此，这可能会被其他不可忽略的系统需求所抵消，距离较大也会造成损失，这可能行不通。另一方面，NRHO 等其他轨道可以在离地面较近的距离上最大限度地暴露在太阳照射下，但缺点是覆盖窗口变小；这两种影响都将导致对在轨电力储存的需求增加。此外，位置靠近两极，特别是在南极的沙克尔顿陨坑，几乎具有持续阳光照射和水冰资源的双重优势，所以这里是特别具有优势的基地建设位置（科汉，等，2006）。此外，类似于地球进入洞穴的入口，坑洞可以保证更凉爽、稳定的温度，同时保持持续的阳光照射。接下来，我们假设月球基地要么是建立在靠近沙克尔顿陨石坑的地方，要么是一个能提供类似水平的太阳照射和水冰的地方。极地地区在极地冬季变得阴暗，那么如果选择极地地区可能会将任务时间限制在特定的几个月之内，或者相反地，增加对 SBSP 或非太阳能发电（如核能）的需求。

本章的其余部分介绍了月球上能源生产、储存和分配的基本原理，以及月球表面通信的一些基本概念。尽管人们关注的是替代方案在经济方面的可行性，但应该指出的是，月球基地不应仅仅受到过于关注成本的驱动甚至限制，因为人们期望这个前所未有的项目能带来新技术的发展。

4.2　月球上发电

发电是月球电力系统设计的第一步。假设月球基地的最低电力需求约为 100 千瓦（克里斯韦尔，2000；索托和萨姆梅尔，2008；杜克，等，1989），这个数字应该推动任何关于发电的初步概念设计。

有三种主要的选择来满足这一需求：太阳能光伏（在月球表面或在轨道上）、核电以及太阳热能。由于太阳热能普遍的低效率以及对集热器和散热器的要求，已经被放弃了。根据任务的参数，可能需要选择至少两种同时进行。如上所述，尽管地球上的设计是基于 LCOE，但设计的主要指标是比功率，即基础设施每千克质量所能产生的功率。

4.2.1　月面太阳能电池板

地表安装的太阳能电池板是最直接的发电替代方案（图 4-3），并已被用于大规模的空间项目，如国际空间站（ISS），其平均功率为 84～120 kW，峰值功率为 240 kW（赖特，2017）。地球同步商业卫星已经证明，在 ViaSat、波音的 702HP、Echostar 或 Maxar 的 SSL1300 等平台上，太阳能电池板阵列发电量可以高达 20～30 kW。太阳能发电也已经在许多历史性的月面探测任务中得到了证明：NASA 的勘测者号着陆器都由太阳能供电，阿波罗 11 号早期阿波罗科学实验包（EASEP）也由太阳能电池供电（尽管着陆器本身由燃料电池供电），苏联的月球 17、21 和 24 号任务也应用太阳能供电。最近，中国的嫦娥 3 号和嫦娥 5 号探月任务都是由太阳能电池板提供电能。传统上，光伏电池的理论效率上限为 34%，该上限表示的是实际转化为电能的太阳辐射能量的百分比，这是光电效应的物理学基础。然而，最近的新技术说明我们可以生产多联光伏电池，其使用不同的半导体材料（磷化镓锗、砷化镓锗）组合，从太阳光谱中获取更多的能量，并突破这个极限，目前超过 47.1%（沃斯勒，等，2017）。

此外，月球上没有大气层，意味着月球上的太阳能电池板要比地球上的效率高得多。在地球上，大约有 55%～60% 的太阳能在穿过云层、气体和灰尘到达电池板之前被反射或吸收了。这意味着月球上电池板产生的总能量将是地球上的两倍。值得注意的是，这种情况与火星有很大的不同，火星与太阳的距离意味着太阳辐照强度约为地球（或月球表面）的一半，因此，为了获得相同的电能，需要在火星上安装两倍的太阳能电池板。此外，每 35～70 个火星日就有一次巨大的沙尘暴覆盖火星，因此太阳辐照强度原始值减少 60% 以上。这就意味着必须安装更大的备用容量或存储空间，而且到火星的运载成本更高，这就

图 4-3 月面太阳能电池板发电，用于食品生产的温室和被风化层保护的栖息地(致谢:ESA—P. 卡里尔)(见彩插)

意味着太阳能在月球上比在火星上更具吸引力。事实上，如果我们看到月球和火星基地上电力系统的最终设计，我们可以通过查看对太阳能的依赖来区分：月球基地太阳能的利用更具潜力，这应该反映在其装机容量上。另一个优势是，在过去的几年里，麻省理工学院的一个团队已经设计出了更薄的电池，最近他们宣布已经生产出一个 1 nm 的太阳能电池，薄到可以放在肥皂泡上而不会破裂（蔡，2016）。

上述情况意味着，现成的能源替代方案可以提供超过 5 kW/kg 的特定功率（沃尔曼，等，2020），这超过了我们认为的月球绝对最小功率需求 1 kW/kg。因此，如果选择一个具有恒定或几乎恒定辐照的地点，月面太阳能电池板供电将是月球基地一个可行的替代能源。这将是首选，主要是因为存储需要，这将需要越来越大的电池（或其他存储手段），以适应越来越长的黑暗时期。由于这个原因，如果基地不在南极，而是建立在一个有 14 个地球日的光照和 14 个黑暗日交替的地区，太阳能电池板可能无法使用。解决这个问题的办法是在地月空间生产太阳能，使用 SBSP 将电能输送到月球上。

4.2.2 在轨太阳能电池板

SBSP 是在外层空间收集太阳能并将其送回地球（月球）供其使用。天基太阳能发电得益于较高的太阳辐照强度和无大气层阻挡而获得更高的产能效率，尽管这些优势可能被接收站与轨道基础设施的覆盖范围和与能源传输有关的损失所抵消。

4.2.3　在太空生产电能

自 20 世纪 70 年代以来，SBSP 一直被认为是未来全球大规模可再生能源消耗的解决方案（格拉泽，等，1974）。然而，目前从经济上来看，在地球上没有任何建议是可行的：为了达到足够的效率，估计成本需要下降两个数量级以上（沃尔曼，等，2020），尽管 NASA 和其他机构已经开展了许多与该概念有关的研究（图 4-4），然而，如果太阳能电池板可以在太空或月球上建造安装，这种情况可能会得以改变。事实上，此项目被标记为 NASA（郑，等，2018；赫里克，2019）或太空制造（Made-In-Space）等公司（帕坦，等，2017）目前正在研究的太空制造技术的第一个潜在"佳作"。目前中国在 SBSP 方面正在进行积极的研究，且已经委托了一个项目，在未来十年内积极开展相关工作。

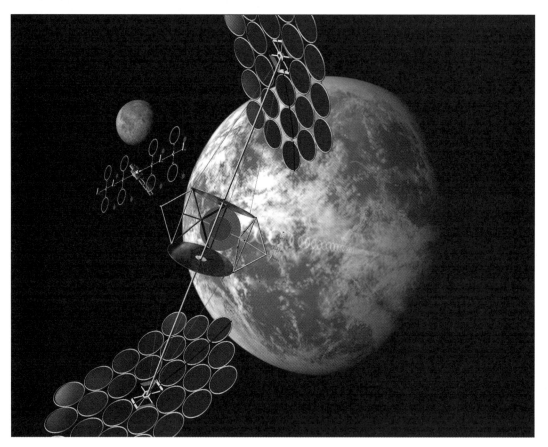

图 4-4　NASA 集成的对称集中器 SPS 概念，月球任务中一个极具吸引力的发电尝试（致谢：NASA）（见彩插）

在地月空间安装天基太阳能电池板为半连续太阳辐照提供了可能，如果覆盖一个以上的拉格朗日点或接近拉格朗日的轨道，则可能实现连续辐照。然而，由于安装天基太阳能电池板平台的工程项目规模较大，成本较高，这可能与其他引人注目的轨道飞行任务的成本相当，如 NISAR-ISRO 卫星（15 亿美元），甚至接近詹姆斯·韦伯望远镜等科学研究项目的成本（约 100 亿美元），这意味着只有在计划建立永久月面基地或未来向月球表面进行长期探测任务时，这才更具吸引力。

4.2.4　将电能输送到基地

除了成本巨大外，安装天基太阳能电池板还将面临相当大的技术挑战，即部署大型天基太阳能电池板阵列，其大小与国际空间站中的太阳能电池板阵列相似（约为一个美式橄榄球场或足球场的大小），这将涉及某种形式的无线传输，将电能传输到月球（图4-4）。激光束技术和微波远距离功率传输成为最有希望的候选方案。

早在 20 世纪 60 年代已经证实了无线能量传输技术（布朗，1984），当时的实验是用微波为一架小型直升机提供电力。在这个实验中，已经有了微波远距离电力传输的主要要素：辐射源和一个带有整流器的接收器（我们称之为整流天线）。从那时起，在提高传输能力、效率和传输距离方面已经取得了相当大的进步。例如，20 年前，一个日本团队建立了一个系统，该系统由一组太阳能电池板与一个微波发射器和一个整流天线相连组成，该系统能够以 75% 的效率发送 300 W 电能（松本，2002）。从那时起，美国就一直积极开展这项技术的研发。由于该系统通常需要 1 个以上的接收器，最近的研究主要集中在生产较高效的整流天线和整流天线阵列上，现在传输电能的效率通常在 80% 以上，频率在 6GHz 左右，在平均大气条件下可以将损耗降到最低，并且仅需要相对较小的天线——这就是它们是 WiFi 通信的第二常用频率（斯特拉斯纳和张，2013）的原因。然而，月球上设备不必考虑大气层损耗，因此频率更高，这可以使发射设备和接收设备的尺寸更小，从而降低系统的成本。整流天线可能需要安装在靠近月球基地的阵列上，这是月球采用 SBSP 的另一个优势，因为地球上接收站占用土地是一个问题，这在月球上不会出现。需要注意的是，大多数设计建议尽可能降低光束能量密度，即使无意识地暴露在辐射中，也不会对人体或整个基地造成伤害。这意味着 SBSP 的安全性并不比地面太阳能电池板的低。

激光传输是将激光束发送到光伏接收器或热转换系统。这涉及跟踪接收器位置的挑战，以便使光束能够准确地定位其上。此外，多种能量转换意味着使用目前设计的效率只有约 28%（罗布尔，等，2011）。这意味着微波传输似乎是将 SBSP 产生的主要电能传输到月球基地的最可行选择；然而，由于拉格朗日点和月球表面之间的距离很大，射频系统的传输损失可能会令人望而却步，这使激光传输成为唯一的选择，尽管激光传输效率有限。可以在文献中找到对比两种系统利弊的分析（索托和萨姆梅尔，2008）。

因此，太阳能似乎是最有希望为月球基地提供能源的选择。由于开发天基太阳能平台需要巨大的成本，即使考虑到在月球表面着陆有效载荷的高昂成本，部署在月球表面的太阳能技术也可能比 SBSP 更具成本效益。如果部署可以由宇航员自己实现，而不产生额外的成本费用，例如在前期任务通过机器人部署基础设施，则尤其正确。尽管如此，SBSP 在某些条件下可能有吸引力，它可以为永久基地提供持续的电能，并使其成为未来在地球上开发应用技术的一个良好的候选项目。

4.3　核电

如果没有太阳辐照产能，则还有其他技术可用。也就是说，核裂变产能的优势在于能够用非常有限的燃料持续发电。特别是放射性同位素热电发生器（RTG，RITEG）是月球基地最具吸引力的发电技术。RTG 是一种核电池，它使用一组热电偶阵列（热电偶是一对由不同金属制成的导线，利用热电效应连接起来），将放射性材料衰变释放的热量转换成电能。这种转换通过塞贝克效应实现，当有温度梯度时，电势出现。这种类型的发电机最有吸引力的是其没有活动部件，所以其比其他类型的裂变反应堆更容易维护。因此，RTG 已经在从阿波罗号、旅行者号、维京号到伽利略号、卡西尼号和新视野号所有探索外行星的航天飞行任务中得到验证。在地面上，它们已被应用于好奇号和毅力号火星探测器，甚至建造在一些偏远陆地上，如苏联在北极地区建造的灯塔（美国国家技术评估办公室和美国国会技术评估办公室，1995）。当没有太阳能可用，或者其维护困难或不可能时，RTG 是一个方便实施的解决方案。为了能够保持温度梯度，需要消散多余的热量，因此必须按照必要的比例建造散热器；从工程的角度来看，在太空的真空中实现温度梯度可能面临一个巨大的挑战。如果需要，可以将多余的热量用于基地的供暖。

核能的唯一不足是与其使用有关的环境问题：即使在核燃料使用寿命结束后很久，仍会带来严重的放射性危害，必须加以管理。最常见的燃料 Pu - 238 的半衰期为 88 年。此外，俄罗斯是 Pu - 238 的主要供给方，出于政治原因，NASA 更鼓励使用太阳能而不是RTG（克雷默，2011）。尽管如此，在 2016 年，NASA 的空间技术任务部公布的Kilopower 项目（图 4 - 5）表明："这是一项近期旨在开发用于可负担的裂变核动力系统的初步概念和技术，使其能够长期部署在行星表面"（斯凯利和威特里，2019；吉布森，等，2017）。

RTG 的主要优势是稳定持续可用，这可能是有价值的，虽然大部分电能可以由太阳能产生，但是对人类定居点来说，电力短缺是非常危险的，以至于备份替代能源（如电池和核能）是必不可少的。RTG 在极端温度变化和高辐射场环境中也非常稳定，这对月球应用大有裨益。

此外，RTG 具有良好的比容量，在现有小型应用中已经有 4～5 W/kg。2006 年，NASA 的一项研究中发现，搭载少数宇航员的载人任务需要 21 kW 电能，需要 18 000 kg的太阳能系统或 9 000 kg 的核反应堆来提供能源（拉克，等，2016）。值得注意的是，这些数字不应该与大型应用的具体容量相比较，如上所述，太阳能在超薄设计中可以超过5 kW/kg。RTG 本质上是用于模块化设计的小单元，因此有理由期待，针对较大容量，其特定容量将保持相对稳定。这意味着太阳能比 RTG 的功率高几个数量级，因此，如果基地的位置允许，它将构成月球电力系统的基石。选择两种太阳能（地面或轨道）中的哪一种，不仅取决于位置，还取决于设计的其他整体考虑，如冗余度、最大表面质量等。

图 4 - 5　NASA 月球和火星人类探索任务的 Kilopower 概念（致谢：NASA）

4.4　能量储存

储能有两个主要目的。首先，在发电系统发生事故的情况下，要保证能源供应的连续性。储能的需求将根据月球基地的紧急消耗量来计算，并估计出使发电系统重新安全工作所需的天数。此外，储能可以平衡发电与消耗。这在月球基地尤为重要。关键的能源需求之一将是加热和冷却。如上所述，月球温度在 $-157 \sim 127$ ℃范围内变化，因此稳定温度所需的能量将随着月球日的变化而变化。如上所述，如果基地位于靠近南极的洞穴中，温度波动将更加温和，对能源的峰值需求（最大值）相对于基地（最小值）来说将更低。在评估月球基地的存储方案时，主要需要考虑两个参数：比能量（每千克重量的设备可以存储多少电能）和比功率（提取这些能量的速度）。

4.4.1　常规电池储能

有几种存储技术可供选择，最直接的选择是传统电池存储。在现有众多技术中，镍氢（$Ni - H_2$）和锂离子（$Li - Ion$）在比能量和比功率方面尤为突出。国际空间站最近用锂离子电池替换了镍氢电池。相同容量的锂离子电池可以存储两倍的电量，因此在更换时只需要一半的锂离子电池。此外，虽然锂离子电池的寿命比镍氢电池短，但安装在国际空间站中的特定设计的电池比以前安装的电池使用寿命长得多。目前针对国际空间站中的电池参数，可以根据月球基地的具体容量进行改进，比能量可以达到 265 W·h/kg，比容量可以达到 340 W/kg。关于其特性的完整说明可以在参考文献中找到（哈丁，2017）。

4.4.2　燃料电池储能

如果可以在月球表面建造存储电能的系统，而不是从地球上运输过来，那么重量就不那么重要了。这就为不以电能形式而是以化学形式储存能量提供了可能性，可以通过使用月球表面现有材料制造燃料电池来实现。燃料电池是一种电化学电池，其通过氧化还原化学反应将燃料（通常是氢）和氧化剂（通常是氧）的化学能转化为电能。如果月球基地靠近南极，只要通过火箭运载其他必要的组件材质（催化剂和电池结构），就可以在月球表面用水建造电池。虽然常规电池的储能效率是燃料电池的三倍，但燃料电池作为常规电池的补充，仍然很有必要。

4.4.3　其他选择

可以在月球表面建造的其他存储能源形式有机械存储，如飞轮。飞轮可以储存旋转能量，然后在需要时将其转换为电能。这些设备的最大特点是可以比任何其他存储方式更快地提取能量。NASA用于航天器储能的G2飞轮，并不是为了在太空中使用，而是为了在实验室环境中测试设备。鉴于飞轮可以使用地表的材料来建造，如果未来出现在月球基地研究或采矿等活动中，其可能会成为一个有益的替代方法，以满足非常高、时间短的峰值能源负荷需求。

4.5　能源输送与分配

能源传输和分配系统可确保来自发电系统的电能达到需求。传统上，我们将能源传输定义为距离长、功率大，而分配则是距离短、功率低。

4.5.1　无线传输

如果使用SBSP，传输系统的一个最重要功能是传输轨道上产生的能量，这包括微波远距离功率传输系统及其发射器和必要的地面整流天线。如果使用SBSP，那么可以在每个需要电能供应的设施附近安装整流天线。这意味着没有必要建立一个输电网络来连接不同设备。即使不使用SBSP，当没有持续的太阳辐射或不希望使用核电时，或者为了预防可能的安全隐患以及减少辐射对基地的影响，核电设施建造在距离基地较远的位置时，可以使用微波远距离电能传输系统作为替代方案，为基地提供电力保障。

如果不使用SBSP，考虑到传输线路的重量，基于电缆的远程传输系统可能不现实。如果月球基地有几个较远的地点，那么每个地点都需要独立供电。

4.5.2　通过电缆分配电能

在每个主要站点，能源分配系统将电力输送到所需部位。该系统可以设计成为可使用交流电（AC）或直流电（DC）。交流电是地球上最主要的供电方式，因为其易于通过变压器改变电压，或通过发动机和发电机转换为机械能，从而实现能量转换。在直流电方面，技术上已经取得了巨大的进步，只是高电流断路器除外，由于不存在零电流，这在技术上是非常具有挑战性的。这意味着以目前的技术，在直流电中建立大型网络非常困难。然而，月球基地的规模较小，总功率在 100 kW～1 MW 范围内。此外，该网络的架构可能是放射状的或以放射状方式运行：可能只有一个单一发电节点，电能可从该节点发送到有电能需求的位置。虽然为了可靠性，可以建立其他链接，但除非有突发事件，其电路将是开放的，因此电力网络将以放射状方式运行。

此外，当存在重量限制时，将使用更高频率的交流电系统。例如，航电设备的交流电标准不是普通的 50～60 Hz，而是 400 Hz。这增加了由于"趋肤效应"造成的损耗，即交流电更密集地分布在导体表面，并且这种密度向中心呈指数级衰减。此外，在更高频率下，电压下降幅度更大（因为电抗增加）。因为距离非常小，这在航电设备中不是问题，但在月球基地的较长距离下可能是一个问题。由于这些原因，对于月球的电力网络来说，直流电是一个非常有吸引力的供电方式。

就材料而言，我们选择尽可能轻的电缆。铝的密度是同等铜导体的一半，在地球上使用较为广泛。此外，月球上有大量的铝，以钙长石的形式存在，建议将其作为原位资源利用的主要候选材料（桑德斯，2018；埃勒里，2020；费尔索和洛根，2010）。NASA 和其他机构正在开发这些未来空间项目所需的首批技术样本（图 4-6）。在地球上，最经济的输电线路设计是悬空线路，电缆主要架设在塔上，与地面保持一定距离。然而在月球上建塔是不可行的，所以电缆需要绝缘并可以直接铺设在月面上。此外，月球上极端温度变化意味着需要将电缆埋在月球地面下，以避免使用时间长导致线路老化。

如果使用燃料电池供能，有可能使用氢气和氧气而不是电力网路进行能量分配，这是一种可行的电力分配补充方式。

4.5.3　月球上的通信

由于拉格朗日点或接近拉格朗日的轨道将为月球基地和地球提供几乎恒定的覆盖，因此文献推荐将 SBSP 基础设施作为通信平台的主要候选者（索托和萨姆梅勒，2008）。如果有必要，可以采用较小的卫星来形成通信中继网络（巴布西亚，2016；欧洲空间局，2020）；欧洲空间局是这方面最领先的机构，提出将"月光项目"作为月球的通信基础设施（图 4-7）。

4.6　结论

月球基地的建设充满机遇与挑战。基地的位置也许是其电力系统设计中的最重要因素。假设建设在靠近南极的地方，那里的温度比较稳定，而且可以获得水与冰，太阳辐照度将相对稳定。在极地夏季太阳辐照相对稳定，可以安装太阳能电池板。SBSP 可以弥补极地冬季阳光直射的不足。如果选择一个没有稳定持续辐照的地点，SBSP 的作用将比月

图 4-6 NASA 风化层高级表面系统作业机器人（RASSOR）正在挖掘模拟的地外土壤，
原位资源利用策略可能对在月球表面的长期居住至关重要（致谢：NASA）（见彩插）

图 4-7　通过欧洲空间局的月光项目连接地球和月球：月球通信和导航服务（致谢：欧洲空间局）（见彩插）

面太阳能电池板更大。太空基础设施可以安装在地月拉格朗日点周围或拉格朗日点周围的轨道上，如果选择超过一个点，可以提供几乎稳定的辐照覆盖。与月球轨道相比，甚至与月球轨道和拉格朗日轨道交会点相比，向月球表面运送有效载荷的成本减少，但是天基太阳能基础设施的开发、部署和运行的成本可能会令人望而却步。在任何情况下，鉴于理想的辐照强度和缺乏大气阻挡，月球上核心发电系统都将是太阳能供电系统。RTG 可作为月球基地的一个补充或备份。

如果使用 SBSP，则利用微波远距离功率传输将电能辐射回月面整流天线阵列，就可以为多个较远的地点提供电能。然而，在微波传输可能受到太空基础设施和月球表面之间巨大距离限制的情况下，激光传输可能是唯一可用的输电方式。在基地内较短的距离内，通过原位资源利用策略采用铝电缆建立地下直流输电网络，似乎是最合理的选择。

月球基地的建设可以推动地球和深空探测关键技术的发展，还可以开拓太空探索的新时代，成为我们探索火星的垫脚石。在电力系统方面更是如此，这可能是朝着诸如 SBSP 或微波远距离电能传输等重大创新技术迈出的第一步，可能会在不远的未来为地球提供能源。

参 考 文 献

［1］ Appelbaum，J.，& Flood，D. J.（1990）. Solar radiation on mars. Solar Energy，45（6），353 – 363.

［2］ Astrobotic.（2013）. Astrobotic unveils lower lunar delivery pricing. https：//www. astrobotic. com/2013/07/08/astrobotic – unveils – lower – lunar – delivery – pricing/.

［3］ Babuscia，A.，Divsalar，D.，Cheung，K. M.，& Lee，C.（2016，March）. CDMA communication system performance for a constellation of CubeSats around the Moon. In 2016 IEEE Aerospace Conference（pp. 1 – 15）. IEEE.

［4］ Brown，W. C.（1984）. The history of power transmission by radio waves. IEEE Transactions on Microwave Theory and Techniques，32（9），1230 – 1242.

［5］ Chebotarev，G. A.（1964）. Gravitational spheres of the major planets，moon and sun. Soviet Astronomy，7，618.

［6］ Choi，C.（2016）. New ultrathin solar cells are light enough to sit on a soap bubble. Live Science.

［7］ Criswell，D. R.（2000）. Lunar solar power system：Review of the technology base of an operational LSP system. Acta Astronautica，46（8），531 – 540.

［8］ Duke，M. B.，Mendell，W. W.，&Roberts，B. B.（1989）. Strategies for a permanent lunar base. Lunar Base Agriculture：Soils for Plant Growth，23 – 35.

［9］ Ellery，A.（2020）. Sustainable in – situ resource utilization on the moon. Planetary and Space Science，184，104870.

［10］ ESA.（2020）. Lunar satellites. https：//www. esa. int/Applications/Telecommunications _ Integr ated _ Applications/Lunar _ satellites.

［11］ Faierson，E. J.，& Logan，K. V.（2010）. Geothermite reactions for in situ resource utilization on the moon and beyond. In Earth and space 2010：Engineering，science，construction，and operations in challenging environments（pp. 1152 – 1161）.

［12］ Glaser，P. E.，Maynard，O.，Mackovciak，J.，& Ralph，E.（1974）. Feasibility study of a satellite solar power station.

［13］ Glaser，P. E.（1992）. An overview of the solar power satellite option. IEEE Transactions on Microwave Theory and Techniques，40（6），1230 – 1238.

［14］ Gibson，M. A.，Oleson，S. R.，Poston，D. I.，& McClure，P.（2017，March）. NASA's kilopower reactor development and the path to higher power missions. In 2017 IEEE Aerospace Conference（pp. 1 – 14）. IEEE.

［15］ Gillespie，D.，Wilson，A. R.，Martin，D.，Mitchell，G.，Filippi，G.，& Vasile，M.（2020，October）. Comparative analysis of solar power satellite systems to support a moon base. In 71st International Astronautical Congress，IAC 2020.

［16］ Hamera，K.，Mosher，T.，Gefreh，M.，Paul，R.，Slavkin，L.，& Trojan，J.（2008，March）. An evolvable lunar communication and navigation constellation concept. In 2008 IEEE

Aerospace Conference（pp. 1 - 20）. IEEE.

[17]　Harding，P.（2017）. EVA - 39：Spacewalkers complete the upgrading of ISS batteries. https：// www. nasaspaceflight. com/2017/01/spacewalkers - upgrading - iss - batteries/.

[18]　Hart，D.（1998）. The Boeing company eelv/delta IV family. In AIAA Defense and Civil Space Programs Conference and Exhibit（p. 5166）.

[19]　Herrik，K.（2019）. Building solar panels in space might be as easy as clicking print. https：// www. nasa. gov/feature/glenn/2019/building - solar - panels - in - space - might - be - as - easy - as - clicking - print.

[20]　Hong，I.，Yi，Y.，& Kim，E.（2014）. Lunar pit craters presumed to be the entrances of lava caves by analogy to the earth lava tube pits. Journal of Astronomy and Space Sciences，31（2），131 - 140.

[21]　Khan，Z.，Vranis，A.，Zavoico，A.，Freid，S.，& Manners，B.（2006）. Power system concepts for the lunar outpost：A review of the power generation，energy storage，power management and distribution（PMAD）system requirements and potential technologies for development of the lunar outpost. AIP Conference Proceedings，813（1），1083 - 1092.

[22]　Koon，W. S.，Lo，M. W.，Marsden，J. E.，& Ross，S. D.（2001）. Low energy transfer to the Moon. Celestial Mechanics and Dynamical Astronomy，81（1 - 2），63 - 73.

[23]　Kramer，D.（2011）. Shortage of plutonium - 238 jeopardizes NASA's planetary science missions. PhT，64（1），24.

[24]　Lior，N.（2001）. Power from space. Energy Conversion and Management，42（15 - 17），1769 - 1805.

[25]　London Economics.（2018）. Spillovers in the space sector.

[26]　Matsumoto，H.（2002）. Research on solar power satellites and microwave power transmission in Japan. IEEE Microwave Magazine，3（4），36 - 45.

[27]　Office of Technology Assessment Congress of The United States & United States Congress Office of Technology Assessment.（1995）. Nuclear wastes in the arctic：An analysis of arctic and other regional impacts from soviet nuclear contamination.

[28]　Patane，S.，Joyce，E. R.，Snyder，M. P.，& Shestople，P.（2017）. Archinaut：In - space manufacturing and assembly for next - generation space habitats. In AIAA SPACE and astronautics forum and exposition（p. 5227）.

[29]　Peng，B.，&Chen，J.（2009）. Functionalmaterials with high - efficiency energy storage and conversion for batteries and fuel cells. Coordination Chemistry Reviews，253（23 - 24），2805 - 2813.

[30]　Pingqi，L. I.，Wei，H. E.，Haosu，W. A. N. G.，Yu，M. O. U.，Dong，L.，& Jue，W. A. N. G.（2019）. Technical feature analysis of the LM - 5 overall plan. 中国航天（英文版），18（1），21 - 26.

[31]　Potter，S.（2018）. NASA announces new partnerships for commercial lunar payload delivery services. https：//www. nasa. gov/press - release/nasa - announces - new - partnerships - forcommercial - lunar - payload - delivery - services.

[32]　Raible，D. E.，Dinca，D.，& Nayfeh，T. H.（2011）. Optical frequency optimization of a high intensity laser power beaming system utilizing VMJ photovoltaic cells. 2011 International Conference on Space Optical Systems and Applications（ICSOS）（pp. 232 - 238）.

[33]　Rodenbeck，C. T.，Jaffe，P. I.，Strassner，B. H.，II.，Hausgen，P. E.，McSpadden，J. O.，Kazemi，H.，&Self，A. P.（2020）. Microwave and millimeterwave power beaming. IEEE Journal

of Microwaves，1 (1)，229 – 259.

[34] Rossenbaum，E.，&.Susso，D.（2019）. China plans a solar power play in space thatNASA abandoned decades ago. https：//www. cnbc. com/2019/03/15/china – plans – a – solar – power – play –in – space – thatnasa – abandoned – long – ago. html.

[35] Rucker，M. A.，Oleson，S. R.，George，P.，Landis，G.，Fincannon，J.，Bogner，A.，et al.（2016）. Solar vs. fission surface power for mars. In AIAA SPACE 2016（pp. 5452）

[36] Sanders，G. B.（2018）. Overview of past lunar in situ resource utilization（ISRU）development by NASA.

[37] Skelly，C.，Wittry，J.（2019）. Kilopower. https：//www. nasa. gov/directorates/spacetech/kilopower.

[38] Snyder，N. W.（1961）. Energy conversion for space power. American Institute of Aeronautics and Astronautics.

[39] Soto，L. T.，&. Summerer，L.（2008）. Power to survive the lunar night：An SPS application? In 59th International Astronautical Congress.

[40] Strassner，B.，&.Chang，K.（2013）. Microwave power transmission：Historical milestones and system components. Proceedings of the IEEE，101（6），1379 – 1396.

[41] Surampudi，S.（2011）. Overview of the space power conversion and energy storage technologies. NASA – jet propulsion laboratory.

[42] Tarlecki，J.，Lior，N.，&. Zhang，N.（2007）. Analysis of thermal cycles and working fluids for power generation in space. Energy Conversion and Management，48（11），2864 – 2878.

[43] Toro，C.，&. Lior，N.（2017）. Analysis and comparison of solar – heat driven stirling，brayton and rankine cycles for space power generation. Energy，120，549 – 564.

[44] Vossier，A.，Riverola，A.，Chemisana，D.，Dollet，A.，&. Gueymard，C. A.（2017）. Is conversion efficiency still relevant to qualify advanced multi – junction solar cells? Progress in Photovoltaics：Research and Applications，25（3），242 – 254.

[45] Warmann，E. C.，Espinet – Gonzalez，P.，Vaidya，N.，Loke，S.，Naqavi，A.，Vinogradova，T.，et al.（2020）. An ultralight concentrator photovoltaic system for space solar power harvesting. Acta Astronautica，170，443 – 451.

[46] Wright，J.（2017）. About the space station solar arrays. https：//www. nasa. gov/mission _ pages/station/structure/elements/solar _ arrays – about. html.

[47] Zheng，Y.，Kong，J.，Huang，D.，Shi，W.，McMillon – Brown，L.，Katz，H. E.，&. Taylor，A. D.（2018）. Spray coating of the PCBM electron transport layer significantly improves the efficiency of pin planar perovskite solar cells. Nanoscale，10（24），11342 – 11348.

[48] Zimovan，E.，Howell，K.，&. Davis，D.（2017）. Near rectilinear halo orbits and their application in cis – lunar space. https：//www. researchgate. net/publication/319531960 _ NEAR _ RECTILI NEAR _ HALO _ ORBITS _ AND _ THEIR _ APPLICATION _ IN _ CIS – LUNAR _ SPACE.

第 5 章　月光下的植物：月球定居点的生物学及植物栽培装置

罗兰·卡萨利斯

　　摘　要　NASA 阿尔忒弥斯计划认为，食物安全是未来人类在月球和火星上定居的关键问题。国际空间站目前的再补给方法对于永久居住任务来说是不可行的。月球/火星驻留至关重要的一点是在定居点建立一个生态系统，实现食物、水、氧气的生产，二氧化碳的去除和废物的回收，确保航天员能够以较低的消耗实现自我供给。植物将在这个生态系统中扮演至关重要的角色，因为植物参与生态系统的各个环节。本章中，我们认为人类会首先研究在月球上的生活和工作，然后是火星，这是人类旅程的自然延续，就像很久以前开始在非洲的生活和工作。据此，为实现月球乘员的食物安全供给，提出了一个四步方案：制定膳食保障计划、确定所选植物、验证候选植物的方法、生物质生产与食物制作。在这一策略中，植物对机组人员的心理调节具有非常重要的作用，进一步凸显了生态系统概念对人类世界的深刻意义。

5.1　前言

　　自苏联/俄罗斯空间站礼炮 1 号任务以来，在轨种植植物一直是太空探索中的一部分。其目标很明确：植物是人类在地球生物圈之外建立中长期生存所必需生态系统的首要条件。顾名思义，生态系统是一个完整的、能自给自足的整体，不需要从地球携带额外的元素，原位利用能源，便可实现系统中生物降解物质的再生循环（梅迪纳，2020）。换句话说，它是一个生物再生生命支持系统（BLSS）。高等植物作为生态系统的重要组成部分，发挥着 5 个方面的主要作用：生产食物与生物活性分子、生产氧气、降低二氧化碳含量、水管理和回收代谢废物。只要有光照，植物便可通过光合作用将二氧化碳（CO_2）转化为食物和氧气（O_2），机组人员吸入氧气并排出二氧化碳。植物通过根部吸收水分，并通过叶片上的气孔释放水蒸气，这样，受污染的水可以通过植物蒸腾作用将其转化为饮用水。在生态系统中，利用植物的光合作用和蒸腾作用生产出乘员需要的食物和水。植物的这些自然特性有助于在外太空建立生态系统，并提高系统闭合度。

　　外太空农业项目计划让宇航员在月球、火星和其他行星，以及航天器等长期空间飞行任务中具备种植植物的能力。为了在未来的月球和火星任务中复制地球植物的种植方式，在海拔 200～450 km 的外层空间开展了太空植物研究，其目标是在未来 30 年的太空探险中完成这些任务（达林和奥利里，2009）。为此，通过植物生物学的最新研究发现，开发一种 BLSS，可以使植物发挥其预期的作用。首先，关注辐射和微重力对植物行为特性的影响（辐射和微重力一般同时存在）；其次，关注膳食计划、植物选择和生物质生产。最后，考虑植物在生态系统中的辅助作用，即心理调节。最终，提出建造月球基地的建议。

5.2 外层空间的植物生长和发育

5.2.1 电离辐射对植物特性影响

植物在外太空区域受辐射影响的生存能力是首先要考虑的因素。通过 X 射线和 γ 射线的原位照射和空间辐射模拟，评估植物在电离辐射下的行为，科学家使用不同剂量完成基因组、蛋白质组和形态发生变化的分析（德西德里奥，等，2019）。这两种实验验证了辐射损伤，并考虑了辐射防护措施。这方面，强大的地球地磁场及厚实的大气层保护地球免受辐射照射，确保每年的辐射剂量只有 2.5 Sv（内藤，等，2020）。相比之下，月球只有弱磁场和稀薄的大气层，这使得辐射甚至微陨石都能够到达月壤（内藤，等，2020）。通常，月球表面会经历两种辐射［即长期银河宇宙线（GCR）和零星的太阳高能粒子事件（SPE）］以及第三种辐射。第三种辐射来自月球土壤的相互作用场，导致中子释放和伽马辐射（内藤，等，2020）。

最近，中国的嫦娥四号着陆器首次测量了月球表面的辐射暴露，月球表面辐射平均剂量当量为每天 1 369 μSv，而同期国际空间站的机载剂量当量为每天 731 μSv（张，等，2020）。通过对月球表面 GCR 粒子的有效剂量当量模拟，认为每年辐射剂量可达到416 mSv，每次 SPE 事件剂量为 2 190 mSv（内藤，等，2020）。通过与地球表面实际情况比较，有助于重新评估地球的地磁和大气保护效果，以及保护月球上植物的必要性。

针对月球上的辐射数据，必须考虑安装防护系统。我们知道电离辐射会在活体组织内沉积并对机体造成功能损害。然而，植物比动物更能耐受电离辐射（阿里纳，等，2014）。辐射对生物体的影响因辐射类型、辐射剂量、生物种类及其发育阶段和遗传特征而显著不同（德米科，等，2011；霍尔斯特和纳格尔，1997）。如高 LET（线性能量转移）辐射（如质子和重离子）比低 LET 辐射（如 X 射线和 γ 射线）更危险，它们会导致更多的细胞死亡。高达10 Gy的 X 射线剂量会使人在几天或几周内死亡，主要是由于白细胞耗尽导致感染。而同样剂量应用于成熟豆类植物组织，不会引起对植物叶片解剖特征突变（德米科，等，2014）产生任何有害影响（德米科，等，2011；杜兰特和库西诺塔，2008；魏，等，2006）。

科学家们提出了各种假说来解释植物对辐射的耐受性，切尔诺贝利禁区内植物的耐受性证明了这一点。实际上，该区域的辐射还是影响了植物的生长（穆索，等，2014；桑托斯，等，2019）。这些假说涉及细胞学、遗传学和生理学层面的特征。如，植物的抗辐射性包括厚实的特殊细胞壁（查尔斯，1955：107）和具有抗氧化特性的酚类化合物的积累（阿加蒂，等，2009；格雷汉姆，等，2004）。多倍体的存在是另一个防止突变的保护因素（科麦，2005；远藤和吉尔，1996）。增加细胞中抗氧化剂和酚类化合物的数量，激活清除酶的能力可能很重要，能清除辐射应激产生的自由基（阿里纳，等，2013；德米科，等，2014；范，等，2014）。此外，植物是模块化系统，在受损器官或部分器官脱落后可以继续生长（德米科和阿隆，2012）。

　　然而，抗辐射特性并不意味着植物对高剂量辐照不敏感。事实上，尤其是 DNA 等大分子，是辐射的关键目标。辐射和细胞的相互作用可以通过辐射和细胞成分的直接相互作用来实现，也可以通过辐射和活性氧（ROS）产生所造成的间接损害而实现。在受影响的不同生理过程中，重离子、X 射线和 γ 射线会严重影响光合作用，损伤的主要靶点是光系统 Ⅱ 反应中心的 D1 蛋白。在这方面，高剂量的 γ 辐射（37.5 Gy 或 112.5 Gy）会降低大豆和大豆植株的光合作用、叶绿素含量，以及光合电子传递速率（斯托瓦和比涅瓦，2001；乌尔西诺，等，1977）。

　　植物的种子具有角质层，与其地上部分相比，更能抵御辐射损害。但情况并非总是如此。例如，2017 年史密斯和索瓦（史密斯和索瓦，2017）通过科学气球将拟南芥种子暴露在南极平流层上部，模拟了电离辐射的深空暴露（卡利法，等，2018）。这个实验模拟了对电离辐射的深度空间暴露，植物材料的平均辐射暴露剂量为每小时 5 047 Gy（阿韦，等，2011；本顿，2012）。结果表明，种子发芽率显著降低。全基因组测序显示，体细胞突变率升高与大量结构基因组变异相关。然而，如果电离辐射对细胞造成严重损伤，会激活不同的反应机制来修复这种损伤。

　　将植物暴露在极高剂量的电离辐射下，有时与太空的自然条件的相关性有限，可通过缓慢的、低剂量的辐照对多代植物进行电离处理（穆索和穆勒，2020）。这更符合植物在地球之外的种植情况。这种试验可在切尔诺贝利和福岛等核事故现场、原子弹试验场以及世界上其他自然辐射水平较高的地区进行，有助于调查长期暴露于电离辐射源的植物生长情况。这对理解宇宙辐射如何影响植物行为，以及植物在外太空的适应时间等具有很高的参考价值。一般来说，在指定地点经过几代培育的植物显示出较高的遗传损伤，降低了花粉和种子的生存能力，植物生长速度缓慢，发育明显异常。电离辐射效应发生在母体传给后代的过程中（德米科，等，2011）。

　　植物通常对极低剂量辐射暴露或刺激表现出良好的生物反应（阿里纳，等，2014），低剂量 γ 射线（1 Gy 或 2 Gy）刺激拟南芥幼苗生长（科瓦奇和凯雷斯特斯，2002），并促进植物光合作用、呼吸作用和电子传输速率（金姆，等，2004；科瑞穆托，等，2010）。用高达 30 Gy 的伽马射线辐照生菜种子，可以提高叶绿素 a、叶绿素 b 和类胡萝卜素的含量（马尔库，等，2013）。

　　这些少量的数据表明，辐射种类、剂量和特性不同，植物的反应也不相同。建立结合植物类型、辐射特性和剂量，以及其影响程度的关系，还需开展大量工作。

　　基于实用原则，由于月球和流星体上普遍存在极端温度变化和电离辐射，为使具有异质能力的植物免受这些不利因素影响，有必要将月球农场建立在月球表土层下面。这样的结构可以从欧洲空间局月球基地项目看到（图 5 - 1）。下面详细描述这种建造结构的内部组织，选择一些区域提供自然屏蔽，以尽量减少暴露时间，最大限度地提高屏蔽效果。如在 2009 年，在月球斯马里乌斯山附近的 Mare Tranquillitatis 和 Mare Ingenii 区域发现具有垂直和水平的熔岩管道（内藤，等，2020）。由于月球探测活动中人和植物的共存关系，我们可以从这项研究中得出有益的经验法则，即必须直接应用掩体环境，确保月球驻留中人和植物不受损害。

图 5-1　月球村庄模型的示意图（来源：ESA/Foster＋Partners）。由于月面有一层风化层，覆盖风化层的环穹顶结构使植物免受辐射、温度变化和陨石的影响。室外光线可以经过特殊的窗户通过以风化层为基础的保护层采集，该村庄是一个由隧道管道联通的模块网络（见彩插）

5.2.2　微重力条件下植物的行为特征

第二个要考虑的因素是微重力对植物生长发育的影响。植物生长在地球无处不在的 $1g$ 重力环境中，这种微弱的力量对我们所知世界的形成具有相当大影响，从植物的分子到植物整体层面，重力影响植物的生长和发育（范登布林克，等，2014）。因此，微重力对植物来说是一种新的环境，而基因组可能缺乏一个特定的基因片段来响应微重力环境。然而，植物对环境的适应性特征，可以控制不寻常的环境因素（玛蒂娜，2020）。为理解重力对植物生理的实际影响，可通过改变这种力的大小来进行，如通过回转器、随机定位机（RPM）和磁悬浮装置等设备模拟微重力，这些平台通常在不降低重力的情况下改变重力方向（基什，等，2019）。真正的失重只能在空间飞行和轨道航天器上实现，如礼炮号、和平号或国际空间站。此外，在飞行器上使用离心机有助于模拟月球（$0.17g$）和火星（$0.38g$）上的低重力环境，这有助于研究植物在这种低重力条件下的行为。

航天飞行器植物培育装置的持续改进为植物进入太空、获取植物做出了重要贡献（斯坦科维奇，2018）。1980 年，在礼炮 6 号上通过 Phyton-3 装置进行拟南芥的培养，实现了拟南芥开花。1982 年，首次在太空中完成了拟南芥从种子到生长发育的全过程（哈兰，2004）。国际空间站上种植植物新技术的研究表明，在太空中完成植物从种子到生长发育的整个循环是可能的。前面提到的在 2001—2002 年先后完成的两项成功的植物培育实验，即"高级天体种植"（Advanced AstroCulture，ADVASC），从第一个实验中获得的拟南芥种子在第二个实验中成功发芽。与对照组相比，尽管发生了一些表型变化，但发芽率相当（林克，等，2014）。在 ADVASC 系统中获得了大豆等植物作物，种子正常，发芽率与地面对照植物相似（周，2005）。

微重力环境获得健康植物意味着微重力对植物的影响至少在一定程度上可以得到缓解。实验表明，当重力向性较低时，其他向性可能会引导植物生长，如光可以通过根的避光性和茎的向光性影响植物生长方向（怀亚特和基什，2013）。在有关空间光照研究中，报道了植物根系对红光（米勒，等，2010）和蓝光（范登布林克，等，2016）的正向光致反应；在这方面，维利卡帕等（2021）利用欧洲模块化栽培系统（布林克曼，2005）开展了相关研究，该系统于 2008 年到 2018 年安装在国际空间站。首先，他们将不同的重力水平（微重力，$0.1g$；月球，火星重力；近地球重力水平，$1g$）应用于蓝光刺激野生型的、兰兹伯格生态型拟南芥幼苗。研究发现，在微重力水平下，向重力性被蓝光诱导的向光信号所取代（范登布林克，等，2019），他们还发现在 $0.1g$ 时，这种应激反应更为显著；同时，他们还在国际空间站（瓦尔布埃纳，等，2018）上，利用 6 天龄的拟南芥幼苗（Col-0）开展了 3 个重力水平（微重力、火星重力和 $1g$ 地面重力水平）和红光光刺激下植物生长变化试验。在实验最后两天，研究小组在黑暗中处理幼苗，所得结果与之前的报告一致；结果表明，红光刺激了细胞增殖（赖克勒，等，2001；瓦尔布埃纳，等，2018）。他们得出结论，认为红光刺激可能有助于植物克服空间飞行光线环境的一些不利因素。其他科学家在蓝光光刺激实验中也发现了类似的结果（赫兰兹，等，2019）。

这些有意义的发现不应忽视重力降低对植物生长和发育的影响。这些变化在植物解剖学和转录组学水平上表达。此外，重力的降低尤其会导致拟南芥光合作用相关基因表达的失调（维利卡帕，等，2021）。在太空环境生长的油菜植株（焦，等，2004）和模拟微重力环境生长的水稻植株（陈，等，2013）中也观察到了类似变化。这些变化可能会影响到植物营养价值。为此，对国际空间站上生长的红生菜进行了化学分析，结果表明，其基本成分和抗氧化剂含量发生了显著变化，这可能会影响生菜的营养价值（霍达达德，等，2020）。

从上面的实验中，可以得出以下结论，植物在太空中表现出自动形态的发生，这是地球引力掩盖下的一个重要特性（斯坦科维奇，2018）。然而，这种自动形态发生的表达还需要其他条件，如在没有重力情况下红光和蓝光的刺激。对于这一点，有必要开展对生物质生产的候选植物减重力补偿系统进行测试。此外，针对观察到的国际空间站上生长的红生菜的元素和抗氧化剂含量变化，还需要进一步研究，以评估重力补偿措施和植物营养价值之间的相关性。这项工作可能已在国际空间站上的高级植物培养设施（一种新型植物培养设施，用于开展植物生长发育研究的设施，APH）等设备上进行。后者是最广泛应用的植物生长发育研究设施，提供了微重力下研究植物行为的重要工具。利用该装置，成功实现了拟南芥和矮秆小麦从种子开始生长发育，也进一步验证了该装置的功能（蒙耶，等，2020）。越来越多的数据表明，食用型植物可以在外层空间生长，三名宇航员在国际空间站食用最近收获的沙拉叶片就是证据（海尼，2017）。在国际空间站，这些情况在阿尔忒弥斯项目中的月球轨道门户站上、飞往火星途中，甚至更大范围如月球和火星驻留等的太空飞行任务中，均能实现。月球和火星都有比轨道空间站更有利的条件。

5.3　膳食保障计划、植物选择和生物质生产

从月球上植物设施角度来看，空间植物生物学的目的是食用生物质的生产，以实现宇航员的食物自主供给，解决植物如何能在生态系统中发挥关键作用的问题。Veggie 是2014 年初装配在国际空间站上的最新一代植物生产系统，第一个目的是明确用于生物量生产，而不是用于微重力下研究植物生物学的系统（扎贝尔，等，2016）。为了实现食物生物质生产，并满足食物安全性、风味、品种多样性，避免菜品乏味（味觉疲劳），从四个方面提出建议方案：膳食保障计划、植物选择、生产模式和膳食制作。

5.3.1　膳食保障计划

在建议方案中，首先是膳食保障计划，即必须确保人对碳水化合物、蛋白质和脂质、纤维和微量元素以及膳食能量之间的平衡。乘员的膳食能量摄入量约为 2 800 kcal（科瓦廖夫，等，2020），来源可能仅仅是一种植物或植物和动物的混合物。从这个角度来看，从礼炮号到国际空间站进行的研究，以及其他闭环和地基实验，研究人员制定了各种优化的膳食计划，以满足长期载人任务中乘员的基本营养需求。膳食菜单包括用 BLSS 再生系统就地生产的生物质（库珀，等，2012；付，等，2016）。然而，由于这些是在不知道地面生物再生式生保系统中可用的材料是否也在太空中可用的情况下提出的，因此这些菜单仍然是假定的。

均衡的膳食营养素至关重要，因为它不仅仅是能量的摄入。它还可以全面调节人体健康，对肠道微生物群也至关重要，更广泛地说，是对免疫和肠道健康至关重要（何，等，2017；马，等，2017）。尽管如此，在太空饮食和营养需求方面仍缺乏共识（付，等，2019）。饮食习惯可能会对一种饮食模式构成障碍。这种饮食模式认为，饮食首先是一种文化行为，食材及其呈现属于这种行为的一个阶段。然而，从任务规模来看，月球上的第一次装配将是真正挑战。从阿尔忒弥斯项目来看，国际合作对于分工是必要的。饮食模式也应该如此，在当前和未来的任务中，必须以某种实用主义为主导。事实上，在空间环境中，并非所有关于太空农业的事情都是可能的。为了加强实用主义，当某人被派去执行一项超越自我的任务，同时把他置于聚光灯下时，他将知道如何弥补太空生活的不适。

5.3.2　植物的选择

第二个层次关注的是将第一个层次的候选植物列表最大化。饮食是这一选择的指导原则，即所吃食物的营养价值，包括空间环境所需的特殊需求。然而，还必须考虑其他标准，如植物的形状和矮秆化。此外，还必须考虑到植物对月球的适应性、短生命周期、多倍性，这将为植物适应提供了更多的可塑性储备（玛蒂娜，2020）、高收获指数、烹饪加

工、储存等（春晓，洪，2008；惠勒，2017；卡里洛等，2020）。完整的食物链观念，形成了一个相对广泛的选择范围，即最初大量的候选植物。此外，为避免菜单单一，还需考虑具有相同营养品质的可互换植物（道格拉斯，等，2020）。

　　尼尔-纳赫等（2019）描述了一个基于有利于人类生命支持系统的标准选择植物的案例，比较了封闭无土栽培系统中生产的两种不同着色的球形生菜品种（红色或绿色球形生菜）。从形态、矿物质含量、生物活性和生理参数等方面对其进行评估。作者发现，红色球形生菜具有较高的新鲜生物量、水分利用效率、亲脂性抗氧化活性、总酚和总抗坏血酸。红色球形生菜的硝酸盐含量比绿色球形生菜低 37.2%。作者对该红色球形生菜的空气再生和水循环能力进行了评估，认为其可以作为 BLSSs 的候选植物品种。

　　考虑到膳食计划，必须对最初的候选植物进行空间栽培测试，以跟踪作物的空间测试进展情况。这有利于增加候选植物的适用性，进一步明确候选植物列表。未来评估作物成熟度，罗梅因等（2019）提出了一种工具，用于追踪空间环境下对某种作物的准备情况和测试。其装置包括基本园艺测试、品种试验、生长和产量特性、空间环境适应、硬件要求，以及作物的营养价值、可接受性和安全方面。建议采用 1 - 9 分制，基本等级"1"指潜在作物识别；最高一个等级"9"指的是准备好供宇航员在太空食用的作物。国际空间站的工作人员吃了红生菜意味着这种沙拉达到了 9 级，并加入了最终名单。在相互竞争的国家之间达成共识并不容易。尽管如此，一旦确定了实现结果的有效流程，就可以避免浪费时间和精力来重新设计下一步的投资项目。罗梅因的工具是可以改进的，它是一个接受候选植物的协议，只批准 9 级的植物。

　　为了发展在封闭环境可持续性粮食生产理念，许多作物已经在空间站上进行了测试，并开展了对宇航员的影响研究。另一些地面实验正在封闭的植物生长单元中进行。如在1988 — 1999 年期间，NASA 利用生物质生产舱，成功种植了生菜、土豆、萝卜、大米、大豆和小麦等作物（斯图特，2016）。还有些包含了机组人员生活和工作环境的植物生产系统，如：苏联/俄罗斯在西伯利亚克拉斯诺亚尔斯克建立的生物圈 2 号（BIOS - 2），北京航空航天大学的月宫 1 号，他们对生物再生式生保系统的闭合度进行了测试。所有这些实验都提供了一个完整闭环系统中植物行为的大量数据。这有助于验证地基人造生态系统中植物原位生产能力。换句话说，植物生产能提供均衡的饮食供给，释放足够的氧气和吸收二氧化碳，支撑完整的水循环。此外，植物生产系统还能有效地去除空气中的大气污染物。简言之，生态系统已经建立，并充分运行。

　　不同植物生产项目中使用的作物通常是相同的，反映了人们的饮食习惯。然而，还需要知道这些植物的选择是否符合膳食计划的所有要求。欧洲空间局的微生态生命支持系统（MELiSSA）项目（来自高等植物室）结合当前作物进行了分析。候选作物包括硬质小麦和面包小麦、水稻、马铃薯、大豆、生菜和甜菜。生菜是巴塞罗那奥托诺马大学MELiSSA 试验工厂试验中最受欢迎的作物（佩罗，等，2020），这种偏好主要由于在许多品种上收集了大量数据，且其生长周期短、容易栽种和快速成熟。这就是为什么生菜达到了罗梅因 9 级。因此，剩下的候选作物必须进入与红球生菜相同的过程，才能在国际空间站上获得 9 级认可。

截至目前，尚未将果树候选品种引入测试和生产计划，主要是由于这些植物形状高、生长周期长（格雷厄姆，2016）。最近，美国农业部（USDA）获得了一种矮化李子树，其形状大小与其他空间飞行候选草本作物，如甜椒（辣椒）相当（格雷厄姆，等，2015）。这些李子树过度表达了取自毛果杨（一种杨树）的开花位点 T1（FT1）基因（斯里尼瓦桑，等，2012，2014）。除了破坏顶端优势外，FT1 基因还有其他作用，它加速了开花和结果周期，扰乱了结果期间所需的冷休眠期。这样，李子树不断开花和结果。除了向乘组人员提供新鲜水果外，李子还可以防止地面啮齿动物和人体（施瑞尔斯，等，2016；华莱士，2017）在长期太空飞行期间因微重力和电离辐射而导致的骨密度下降。矮李树可能是第一个在国际空间站测试的果树品种，以确定其是否可以达到 9 级。也许，其他旨在平衡乘员饮食或防止微重力附带影响的果树也可以纳入育种计划，期待产生有希望的相似结果。这项研究工作属于该战略的第一个领域。

5.3.3　生物质生产

该战略的第三个层次是空间农业实践。正在进行一些实验试图模拟密闭系统中作物生物质的生产。例如，在南极洲建立的伊甸园国际空间站设施将有助于分析一些关键点。伊甸园国际空间站设施主要是在受控条件下培养植物，从硬件、微生物学、食品质量和安全、能源利用以及机组人员操作时间进行考察；科学家们使用了最新的技术，如 LED 照明（扎贝尔，等，2020）。为避免乘组人员花很多时间维护作物，伊甸园国际空间站（EDEN ISS）项目的基本原理是假设在地面专家后台的支持下进行作物监测。该系统拥有一个比较先进的表型照相系统，以便地面农学专家可以指导在轨工作人员（蔡德勒，等，2019）。这种双重监测对目前国际空间站、未来空间飞行器、月球门户空间站，甚至月球和火星定居点等飞行任务来说，具有积极的指导作用。在不久的将来，表型实验数据库将包含足够多的范例，以便通过训练深度学习算法，诊断作物健康状况，通过遥测监测植物的生长发育，指导现场操作员。

在这项实验中，科学家们的目标是将选定的作物培育成新鲜的、即摘即吃的蔬菜。这个实验的一个关键点是在同样空间和条件下同时种植所有作物，适中的气候条件更多地与短期空间温室状态有关。由于这种优化系统的成本和复杂性，个别作物不能在最佳条件下生产（扎贝尔，等，2020）。国际空间站 APH 中用于科学研究目的的植物和在实际航天飞行条件下为乘员提供食物的生物质生产之间存在差异。

由于月球的独特特性，必须提高植物生产力以维持人类居住，这与光质直接相关。在这方面，量子点技术已被用于多种应用领域（卡尔戈扎尔，等，2020），它似乎是一种提高光合效率的替代方法。NASA 资助的一项农业研究表明，掺入薄膜中的顺式/硫化锌量子点通过将紫外线和蓝色光子向下转换为橙色和红色光子，被动地改变了太阳光谱。在半封闭的植物生长系统中，将该技术应用于生菜（红色生菜）上，可增加可食用部分的干、鲜生物量和总叶面积（帕里什，等，2021）。在荧光农业薄膜中加入量子点，有助于提高月球农业的光合效率和生产力。

　　植物的养分供应是生物质生产的另一个影响因素，在将来的月球驻留任务需要关注这一点。在微重力环境中与在月球基地的植物养分供应装置是不同的；在飞往火星的太空飞行中，在维持舱内生态系统稳定运行下，根据作物的周转率，可以采用蔬菜生产设备或更大体积的设施。

　　对于月球农业来说，最有趣的系统是垂直农业。主要包括在垂直堆叠的灌溉系统中种植植物，进行养分回收和再循环利用。该设计最大限度地降低了运营成本，最大化地提高了生产率（本克和汤姆金斯，2017）。可以应用伊甸园国际空间站项目中使用的水培/气培概念，尤其是营养膜技术。水培/气培技术主要应用于植物培养营养液传输系统中，其中在生长托盘盖内用小木石棉塞子支撑植物（扎贝尔，等，2017 年）。

　　水培法或气培法可以作为空间飞行条件下进行植物培养的一种替代方式。然而，用于包括行星任务中适宜外层太空植物生长系统目前尚未开发出来。设计这样的系统可参考星球花园气培植物生长系统（莫法特，等，2019）。通过 Zero - G 公司的抛物线飞行试验可以解决微重力条件下的气培技术挑战。然而，还需要通过在国际空间站上进行持续时间更长的测试来解决其他挑战。莫法特等（2019）通过与 Zero - G 公司的抛物线飞行，测试了他们研制的植物生产系统在微重力条件下气动喷雾输送的物理特性。这回答了两个重要问题：（1）不管重力条件如何，喷雾都能到达根系，气培法作为植物培养的营养物质输送在航天器环境中应用是可行的；（2）强制空气用于与根部结构完整性兼容的气流中去除自由液滴，也是一种有效的方法，但仍需要修改设计，以控制根部区域表面上的溶液。

　　由于抛物线飞行过程中自由落体期（～15 s）的时间限制，无法在另一个试验箱中验证水培营养系统。在没有重力的情况下，营养液会通过毛细作用沿着根系结构移动。因此，这种实验必须在国际空间站进行。

　　利用抛物线飞行验证能否控制营养输送到种子盒中的液体的稳定性。养分通过沿灯芯结构的毛细管和带有毛毡背衬的多孔板输送到种子。通过对多孔材料的背压可以精确控制养分流动。通过这些实验，他们测试了从种子萌发到植物成熟的所有植物养分供应。

　　水培/气培方案不需要使用土壤和传统农业园艺措施。在传统农业园艺中，需要大量生长基质，并产生大量废物。理想的营养液是气雾，它不需要土壤，而且用水极其有限，养分使用很少，不需要杀虫剂，产生食物废物也较少。与其他方法相比，气培栽培的植物产量更高，并根据物种的不同而有所不同（埃尔德里奇，等，2020）。

　　此外，包括 LED 照明和余热评估的垂直种植研究，已成为改善都市农业研究的热点（沙拉瑟库马尔，等，2020）。月球农业可以从中受益，这一战略需要解决月球土壤中的水资源问题，以及足够的能源来支持垂直农业。另外，我们可以考虑使用月壤作为植物栽培基质（参见本卷第 6 章）。然而，越来越多的试验表明，如果不添加有机物，月壤和火星风化层模拟物用作植物栽培基质，并不能满足植物生长（杜里，等，2020；艾克勒，等，2021；瓦米林克，等，2019）。

　　基于这些数据，我们设计了可食生物质生产设施示意图（图 5 - 1）。模块化网络图像有助于将月球村可视化（参见本卷第 20 章）。根据膳食计划和满足生态系统要求的标准选择植物品种，选定的植物首先要经过一定周期的培养，确保不含任何可能危害农场的病原体。使用 LED 灯或更好的顺式/硫化锌量子点灯作为光照，采用水培/气培方式进行种植。将每个模块按生态系统单独设计，具有自治特性。这样，每个垂直培养面均有自己的微型农场（图 5 - 2）。针对中长期任务的农场设施，每个微型农场可以专门种植一系列作物，以优化每个月球村（居住点）植物的生产。

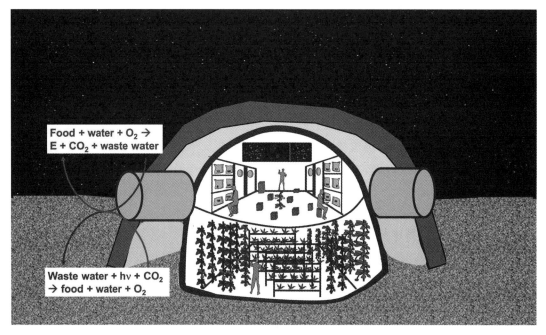

图 5 - 2　月球村模块的内部结构图。每个圆顶结构都被认为是一个自治的生态系统，乘员和植物共处于一个相互依赖的环境中，由左边的两个方程表示二者的关系（E＝代谢能；$h\nu$＝光能）。根据植物/人类的比例，栖息地被分为两个区域，即乘员驻留区域和植物区域区域。内部照明（LED/量子点）可以像月球/火星栖息地原型一样利用室外照明进行补充（贾科梅利，等，2012），或通过光纤系统输入（见彩插）

5.3.4　食物加工

该战略的最后一个层次是食物加工。如前所述，饮食不仅仅是食材摄入，食材的形状、外观和来源，尤其如果它是可识别的，在产品作为食品的可接受性中占有重要地位。口味也是一个决定因素。如果植物是唯一的营养来源，那么菜单将是素食的，需要特别注意营养平衡。然而，生物圈 3 号或月亮宫 1 号等闭环生态系统研究结果显示，机组人员需要适量的动物蛋白（马努科夫斯基，等，2005）。中国人的饮食习惯可以把昆虫作为蛋白质的来源。家蚕和黄粉虫可能是生物再生生保系统中宇航员的动物蛋白的来源，月宫 1 号闭环生态系统采取了这种方式。此外，蚯蚓可以食用植物不可食生物部分，这有助于物质原位循环（付，等，2016）。时至今日，科学家们仍没有得到有关蠕虫在太空中生长和可持续性行为的数据，这有利于将蠕虫纳入蛋白质饮食中。尽管如此，如果这些不是饮食习惯的一部分，那么食用蠕虫不需要立即确定。将这些"外来食材"磨成粉，与其他成分混合，可能是一种提高饮食营养价值和确保食品安全的解决方法。

可以选择完全素食，但这不会被普遍接受，以植物或植物与昆虫的混合物为原料，通过 3D 生物打印技术制作形状和味道类似鱼或肉的食品，这对非素食者机组人员来说，是很有意义的。人是复杂的，为适应新环境往往自我暗示，如适应新的食物。此外，通过 3D 打印技术制作素食鱼、素食肉，与提供现摘现吃新鲜的蔬菜一样，乘员都会感到愉悦。

同样地，蓝藻——一种钝顶螺旋藻（俗称螺旋藻），已在南美洲和非洲采集了几百年。可以添加到植物与昆虫的混合物中，制作成 3D 食物。事实上，螺旋藻易于生长、繁殖速度很快，可以提供蛋白质、维生素 A 和铁等。螺旋藻还能将二氧化碳转化为氧气，具有很强的抗辐射能力。在 MELiSSA 项目中，螺旋藻是生物再生生保系统中的组成成分。每天在食物中添加 10 克螺旋藻干粉就可满足大多数人的膳食需求（拉索，等，2010）。

从后勤保障角度来说，无论是在月球轨道站、长期宇宙飞船上，还是在第一个行星定居点，都必须将农作物和厨房管理关联起来，实现农业生产和食物加工合理化。

5.4　植物调节情绪

室内植物对人类健康和舒适性的影响，研究认为主要基于以下四个方面：光合作用、蒸腾作用、心理效应和空气净化（邓，等，2018）。在家里或办公室里，植物通过光合作用和呼吸作用，清除二氧化碳并产生氧气，有益于净化室内气体环境，在一定程度上调节室内温湿度（邓，等，2018）。植物是月球基地和长期飞行任务飞船内生态系统中的组成部分。

植物调节是植物的另一种特性，植物具备净化室内设备和人活动释放的颗粒物、气体污染物和挥发性有机物（VOCs）的能力（邓和邓，2018）。在宇宙飞船内部、国际空间站和月球门户空间站等星际探索驻留环境内也可能产生这些污染物。

植物调节可以改善室内空气质量，如植物在一定条件下可以释放出空气负离子（NAI），对空气质量产生积极影响，一定浓度的负氧离子有利于人体健康（岳，等，2020）。可以通过增加脉冲电场下的植物数量来提高负氧离子浓度（朱，等，2016），更安全的室内空气质量有助于改善乘员情绪，提高工作效率，这也解释了为什么室内植物可以减少人们的紧张和焦虑。但有些研究者认为这种影响不仅仅是空气质量的改善，还可能由于工作场所房间内的植物布设等起到了积极作用（金姆，等，2018）。

尽管如此，植物对人们情绪的积极影响的缘由还并不明确。最近，有研究表明了微重力下植物改善空气质量的可能性。在实验中，与正常重力条件相比，在微重力条件下吊兰（高苯去除率的植物绿藻）的苯去除率有所提高，这可能是由于植物生长素激素在茎部的积累，植物气孔开放，提高了苯植物调节效率（特雷苏布桑顿，等，2020）。苏联载人航天机构 Energia 的科学家开展了植物对宇航员心理支持研究，发现太空园艺对宇航员心理具有积极的促进作用（齐默曼，2003）。同样，在礼炮 6 号，第一次利用兰花开展了飞行乘员与植物交互作用的研究（扎贝尔，等，2016）。

　　事实上，无论是航天器封闭环境还是在月球居住地，植物可以通过两种方式促进机组人员的心理健康。首先，通过应用太空农业园艺，照料植物表达情感是一种积极的方式。其次，植物可以净化室内环境空气，在 1979 年的飞行任务中，宇航员瓦莱里·柳明和弗拉基米尔·利亚霍讲述了如何通过成熟的卡兰乔植物来帮助克服孤独和抑郁。在 1982 年，瓦伦丁·列别捷夫在礼炮 7 号上指出，农业园艺可以缓解他的焦虑（齐默曼，2003 年）。

　　针对行星定居任务，植物另一个重要作用可以通过建立室内公园形式来体现。创造一个宁静美丽的环境，有绿色的墙壁、带喷泉的花园、不同类型的小径以及室内树林（受新加坡海湾花园启发的设计理念）。将植物置于建筑物旁，来模拟一棵树及其枝叶（图 5 - 3）。这种环境的自然美对人的心理和精神有显著的作用。此外，这个公园可以是机组人员进行园艺操作并确保树木成活，也是乘员逗留、散步和呼吸新鲜空气的地方。

图 5 - 3　月球村概念公园的内部视图。这是一个实施农业园艺和放松之处，
有助于村民的心理调适（见彩插）

5.5　总结和建议

　　国际空间站 Veggie 和 APH 装置实验结果表明了植物在低微重力下具有生存能力，更具体地说我们的研究显示，在月球和火星环境中植物也具备生存能力。为给轨道站机组或月球首批居民提供食物，提出了四步法进行可食物质生产，这些经验也有助于建设未来的火星设施。

　　第一步是设计膳食计划，然后制定其他行动。首先，我们必须为宇航员在微重力条件下提供必要的均衡饮食，然后找到能提供膳食成分的植物。除植物外，还有其他食物来源，尤其是蛋白质供应方面，如螺旋藻或食用昆虫。矮果树如李子树也是候选植物，其果实可以用来对抗空间骨质疏松症。

第二步是验证候选植物。对此，可以按照罗梅因等人 2019 年提出的方案进行。由于国际空间站的宇航员生活在微重力和封闭环境中，是验证植物有效性的最后一步，这也将是月球基地任务验证的规则。

第三步是利用筛选的植物和其他组分进行生物质生产。由于月球居住地建造在月球地下，植物也是在这样的条件下生长，生态系统要求人和植物相互融合。植物培养建议采用垂直方式培养，采用 LED/量子点照明，通过水培/气培法种植，这也是目前农业大力发展的一种种植园艺模式，这种方式可以避免使用土壤，同时可以减少水的消耗，并能增加作物产量。为确保乘组食物安全，太空农业经营者必须在地球农学专家团队的监督下进行太空种植，实现天为地用、地为天用、天地间互相学习。

采用伊甸园国际空间站的策略是，为简化生产方式，尤其是首次月球建造阶段，可以将不同的物种种植在同一条件下。

最后一个阶段是食物的加工。建议采用 3D 食品打印技术对在农场中获得的各种原材料食材来生产不同类型的食品，使之具有不同的形状、风味和呈现形式，符合我们的饮食习惯，最终目标是实现均衡饮食。

食品制备必须符合机组人员的饮食心理，这就意味着，至少部分食物制备必须集中进行，并且与植物产量相符，这样可确保食物安全。由于植物对人的心理具有积极调节作用，因此在航天器内或地外定居点建造太空微型景观花园，可以调节任务机组人员心理，发挥植物在团队心理健康中的重要作用。

生物质生产是生态系的一个重要功能。由于植物能生产氧气、吸收二氧化碳并促进水的循环利用，因此植物的数量和乘员的需求应维持一定的比例关系。此外，植物的光合作用速率会随植物的生长期变化而变化，为了确保生态系统稳定运行，必须确保农场中幼龄植物的比例维持不变。所有这些细节都有助于维持微型生态系统的活力。

为使微型生态系统正常运行，必须解决原位水的可用性问题。事实上，月球下层土壤中的水和飞行器容器中的水是有区别的。如果在水资源勘探过程中发现了生物痕迹，可能决定了获取水的技术路线。水的问题是人类驻留项目可行性的首要问题，其次是生产足够的能源。

外层空间定居是人类太空探索的新阶段，对此我们必须持开放态度。月球农场中的植物终将进化以更好地适应环境。机组人员至少在心理上也会得到发展，未来比以往任何时候都更加开放。

参 考 文 献

［1］ Agati，A.，Stefano，G.，Biricolti，S.，& Tattini，M.（2009）. Mesophyll distribution of
'antioxidant' flavonoid glycosides in Ligustrum vulgare leaves under contrasting sunlight
irradiance. Annals of Botany，104，853 - 861.

［2］ Arena，C.，De Micco，V.，Aronne，G.，Pugliese，M. G.，Virzo，A.，& De Maio，A.
（2013）. Response of Phaseolus vulgaris L. plants to low - LET ionizing radiation：Growth and
oxidative stress. Acta Astronautica，91，107 - 114.

［3］ Arena，C.，De Micco，V.，Macaeva，E.，& Quintens，R.（2014）. Space radiation effects on
plant and mammalian cells. Acta Astronautica，104，419 - 431.

［4］ Ave，M.，Boyle，P.，Brannon，E.，Gahbauer，F.，Hermann，G.，Höppner，C.，Hörandel，J.，
Ichimura，M.，Müller，D.，& Obermeier，A.（2011）. The TRACER instrument：A balloon - borne
cosmicray detector. Nuclear Instruments and Methods in Physics Research Section A：Accelerators，
Spectrometers，Detectors and Associated Equipment，654，140 - 156.

［5］ Benke，K.，& Tomkins，B.（2017）. Future food - production systems：Vertical farming and
controlledenvironment agriculture. Sustainability：Science. Practice and Policy，13，13 - 26.

［6］ Benton，E.（2012）. Space radiation passive dosimetry. The Health Risks of Extraterrestrial
Environments. https：//three. jsc. nasa. gov/articles/BentonPasssiveDosimetry. pdf   Brinckmann，
E.（2005）. ESAhardware for plant research on the international space station. Advances in Space
Research，36，1162 - 1166. https：//doi. org/10. 1016/j. asr. 2005. 02. 019.

［7］ Califar，B.，Tucker，R.，Cromie，J.，Sng，N.，Schmitz，R. A.，Callaham，J. A.，
Barbazuk，B.，Paul，A. - L.，& Ferl，R. J.（2018）. Approaches for surveying cosmic radiation
damage in large populations of arabidopsis Thaliana seeds—Antarctic balloons and particle
beams. Gravitational and Space Research，6（2），54 - 73.

［8］ Carillo，P.，Morrone，B.，Fusco，G. M.，De Pascale，S.，& Rouphael，Y.（2020）.
Challenges for a sustainable food production system on board of the international space station：
Atechnical review. Agronomy，10，687.

［9］ Charlesby，A.（1955）. The degradation of cellulose by ionizing radiation. Journal of Polymer
Science，15，263 - 270.

［10］ Chen，B.，Zhang，A.，& Lu，Q.（2013）. Characterization of photosystem I in rice（Oryza
sativa L.）seedlings upon exposure to random positioning machine. Photosynthesis Research，116，
93 - 105.

［11］ Chunxiao，X.，& Hong，L.（2008）. Crop candidates for the bioregenerative life support systems
in China. Acta Astronautica，63，1076 - 1080.

［12］ Comai，L.（2005）. The advantages and disadvantages of being polyploid. Nature Reviews
Genetics，6，836 - 846.

［13］　Cooper, M. R., Catauro, P., & Perchonok, M. (2012). Development and evaluation of bioregenerative menus for Mars habitat missions. Acta Astronautica, 81 (2), 555 – 562. https：// doi. org/10. 1016/j. actaastro. 2012. 08. 035.

［14］　Darrin, A., & O'Leary, B. L. (Eds.). (2009). Handbook of space engineering, archaeology, and heritage. CRC Press.

［15］　De Micco, V., Arena, C., Pignalosa, D., & Durante, M. (2011). Effects of sparsely and densely ionizing radiation on plants. Radiation and Environmental Biophysics, 50, 1 – 19.

［16］　De Micco, V., & Aronne, G. (2012). Morpho – anatomical traits for plant adaptation to drought. In R. Aroca (Ed.), Plant responses to drought stress：From morphological to molecular features (pp. 37 – 62). Springer – Verlag, Berlin Heidelberg.

［17］　De Micco, V., Arena, C., & Aronne, G. (2014). Anatomical alterations of Phaseolus vulgaris L. mature leaves irradiated with X – rays. Plant Biology, 16, 187 – 193.

［18］　Deng, L., & Deng, Q. (2018). The basic roles of indoor plants in human health and comfort. Environmental Science and Pollution Research, 25, 36087 – 36101. https：//doi. org/ 10. 1007/s11356 – 018 – 3554 – 1.

［19］　Desiderio, A., Salzano, A. M., Scaloni, A., Massa, S., Pimpinella, M., De Coste, V., Pioli, C., Nardi, L., Benvenuto, E., & Villani, M. E. (2019). Effects of simulated space radiations on the tomato root proteome. Frontiers in Plant Science, 10, 1334. https：//doi. org/ 10. 3389/fpls. 2019. 01334.

［20］　Douglas, G. L., Zwart, S. R., & Smith, S. M. (2020). Space food for thought：Challenges and considerations for food and nutrition on exploration missions. The Journal of Nutrition, 150 (9), 2242 – 2244. https：//doi. org/10. 1093/jn/nxaa188.

［21］　Durante, M., & Cucinotta, F. A. (2008). Heavy ion carcinogenesis and human space exploration. Nature Reviews Cancer, 8, 465 – 472.

［22］　Duri, L. G., El – Nakhel, C., Caporale, A. G., Ciriello, M., Graziani, G., Pannico, A., Palladino, M., Ritieni, A., De Pascale, S., Vingiani, S., Adamo, P., & Rouphael, Y. (2020). Mars regolith simulant ameliorated by compost as in situ cultivation substrate improves lettuce growth and nutritional aspects. Plants, 9, 628.

［23］　Eichler, A., Hadland, N., Pickett, D., Masaitis, D., Handy, D., Perez, A., Batcheldor, D., Wheeler, B., & Palmer, A. (2021). Challenging the agricultural viability of martian regolith simulants. Icarus, 354. https：//doi. org/10. 1016/j. icarus. 2020. 114022.

［24］　El – Nakhel, C., Giordano, M., Pannico, A., Carillo, P., Fusco, G. M., De Pascale, S., & Rouphael, Y. (2019). Cultivar – specific performance and qualitative descriptors for butterhead Salanova lettuce produced in closed soilless cultivation as a candidate salad crop for human life support in space. Life, 9, 61. https：//doi. org/10. 3390/life9030061.

［25］　Eldridge, B. M., Manzoni, L. R., Graham, C. A., Rodgers, B., Farmer, J. R., & Dodd, A. N. (2020). Getting to the roots of aeroponic indoor farming. New Phytologist, 228, 1183 – 1192.

［26］　Endo, T. R., & Gill, B. S. (1996). The deletion stocks of common wheat. Journal of Heredity, 87, 295 – 307.

[27]　Fan, J., Shi, M., Huang, J. - Z., Xu, J., Wang, Z. - D., & Guo, D. - P. (2014). Regulation of photosynthetic performance and antioxidant capacity by 60Co γ - irradiation in Zizania latifolia plants. Journal of Environmental Radioactivity, 129, 33 - 42.

[28]　Fu, Y., Li, L., Xie, B., Dong, C., Wang, M., Jia, B., et al. (2016). How to establish a bioregenerative life support system for long - term crewed missions to the Moon or Mars. Astrobiology, 16, 925 - 936.

[29]　Fu, Y., Guo, R., & Liu, H. (2019). An optimized 4 - day diet meal plan for 'Lunar Palace 1.' Journal of the Science of Food and Agriculture, 99, 696 - 702. https://doi.org/10. 1002/jsfa. 9234.

[30]　Giacomelli, G. A., Furfaro, R., Kacira, M., Patterson, L., Story, D., Boscheri, G., Lobascio, C., Sadler, P., Pirolli, M., Remiddi, R., Thangavelu, M., & Catalina, M. (2012). Bio - regenerative life support system development for Lunar/Mars habitats. In 42nd International Conference on Environmental Systems 2012, ICES 2012.

[31]　Graham, L. E., Kodner, R. B., Fisher, M. M., Graham, J. M., Wilcox, L. W., Hackney, J. M., Obst, J., Bilkey, P. C., Hanson, D. T., & Cook, M. E. (2004). Early land plant adaptations to terrestrial stress: Afocus on phenolics. In A. R. Hemsley & I. Poole (Eds.), The evolution of plant physiology (pp. 165 - 168). Elsevier.

[32]　Graham, T., Scorza, R., Wheeler, R., Smith, B., Dardick, C., Dixit, A., Raines, D., Callahan, A., Srinivasan, C., Spencer, L., Richards, J., & Stutte, G. (2015). Over - expression of FT1 in plum (prunus domestica) results in phenotypes compatible with spaceflight: A potential new candidate crop for bio - regenerative life - support systems. Gravitational and Space Research, 3 (1), 39 - 50.

[33]　Graham, T. (2016). Trees in space: No longer the forbidden fruit. Environmental Scientist, 25 (1), 44 - 47.

[34]　Harland, D. (2004). The story of the MIR space station. Springer.

[35]　He, L., Han, M., Farrar, S., & Ma, X. (2017). Editorial: Impacts and regulation of dietary nutrients on gut microbiome and immunity. Protein and Peptide Letters, 24, 380 - 381.

[36]　Heiney, A. (2017). Space gardener Shane Kimbrough enjoys first of multiple harvests. NASA Kennedy Space Center. https://www. nasa. gov/feature/space - gardener - shane - kimbrough - enjoysfirst - of - multiple - harvests.

[37]　Herranz, R., Vandenbrink, J. P., Villacampa, A., Manzano, A., Poehlman, W. L., Feltus, F. A., Kiss, J. Z., & Medina, F. J. (2019). RNAseq analysis of the response of Arabidopsis thaliana to fractional gravity under blue - light stimulation during spaceflight. Frontiers in Plant Science, 10, 1 - 11.

[38]　Holst, R. W., & Nagel, D. J. (1997). (1997). Radiation effects on plants. InW. Wang, J. W. Gorsuch, & J. S. Hughes (Eds.), Plants for environmental studies (pp. 37 - 81). Lewis Publishers.

[39]　ICRP, (2012). Compendium of dose coefficients based on ICRP publication 60. ICRP Publication 119. Annals of the ICRP, 41 (Suppl.).

[40]　Jiao, S., Hilaire, E., Paulsen, A. Q., & Guikema, J. A. (2004). Brassica rapa plants

adapted to microgravity with reduced photosystem I and its photochemical activity. Physiologia Plantarum，281 – 290.

[41]　Kargozar，S.，Hoseini，S. J.，Milan，P. B.，Hooshmand，S.，Kim，H. – W.，& Mozafari，M. （2020）. Quantum dots：A review from concept to clinic. Biotechnology Journal，15，2000117. https：//doi. org/10. 1002/biot. 202000117.

[42]　Khodadad，C. L. M.，Hummerick，M. E.，Spencer，L. E.，Dixit，A. R.，Richards，J. T.，Romeyn，M. W.，Smith，T. M.，Wheeler，R. M.，& Massa，G. D. （2020）. Microbiological and nutritional analysis of lettuce crops grown on the international space station. Frontiers in Plant Science，11，199. https：//doi. org/10. 3389/fpls. 2020. 00199.

[43]　Kim，J. H.，Baek，M. H.，Chung，B. Y.，Wi，S. G.，& Kim，J. S. （2004）. Alterations in the photosynthetic pigments and antioxidant machineries of red pepper （Capsicum annuum L. ） seedlings from gamma – irradiated seeds. Journal of Plant Biology，47，314 – 321.

[44]　Kim，J.，Cha，S. H.，Koo，C.，& Tang，S. – K. （2018）. The effects of indoor plants and artificial windows in an underground environment. Building and Environment，138，53 – 62.

[45]　Kiss，J. Z.，Wolverton，C.，Wyatt，S. E.，Hasenstein，K. H.，& van Loon，J. J. W. A. （2019）. Comparison of microgravity analogs to spaceflight in studies of plant growth and development. Frontiers in Plant Science，10，1577. https：//doi. org/10. 3389/fpls. 2019. 01577.

[46]　Kovalev，V. S.，Manukovsky，N. S.，& Tikhomirov，A. A. （2020）. Bioregenerative life support space diet and nutrition requirements：Still seeking accord. Life Sciences in Space Research，27，99 – 104.

[47]　Kovács，E.，& Keresztes，A. （2002）. Effect of gamma and UV – B/C radiation on plant cell. Micron，33，199 – 210.

[48]　Kurimoto，T.，Constable，J. V. H.，& Huda，A. （2010）. Effects of ionizing radiation exposure on Arabidopsis thaliana. Health Physics，99，49 – 57.

[49]　Lasseur，C.，Brunet，J.，de Weever，H.，Dixon，M.，Dussap，G.，Godia，F.，Leys，N.，Mergeay，M.，& Van Der Straeten，D. （2010）. MELiSSA：The European project of closed life support system. Gravitational and Space Biology，23 （2），3 – 12.

[50]　Link，B. M.，Busse，J. S.，& Stankovic，B. （2014）. Seed – to – seed – to – seed growth and development of Arabidopsis in microgravity. Astrobiology，14 （10），866 – 875.

[51]　Ma，N.，Tian，Y.，Wu，Y.，& Ma，X. （2017）. Contributions of the interaction between dietary protein and gut microbiota to intestinal health. Current Protein and Peptide Science，18，795 – 808.

[52]　Manukovsky，N. S.，Kovalev，V. S.，Somova，L. A.，Gurevich，Y. L.，& Sadovsky，M. G. （2005）.

[53]　Material balance and diet in bioregenerative life support systems：Connection with coefficient of closure. Advances in Space Research，35，1563 – 1569.

[54]　Marcu，D.，Cristea，V.，& Daraban，L. （2013）. Dose – dependent effects of gamma radiation on lettuce （Lactuca sativa var. capitata） seedlings. International Journal of Radiation Biology，89，219 – 223.

[55]　Medina，F. J. （2020）. Growing plants in human space exploration enterprises. Acta Futura，12，

51 - 163.

[56] Millar, K. D. L., Kumar, P., Correll, M. J., Mullen, J. L., Hangarter, R. P., Edelmann, R. E., & Kiss, J. Z. (2010). A novel phototropic response to red light is revealed in microgravity. New Phytologist, 186, 648 - 656.

[57] Moffatt, S. A., Morrow, R. C., & Wetzel, J. P. (2019). Astro GardenTM aeroponic plant growth system design evolution. ICES, 195, 1 - 13.

[58] Monje, O., Richards, J. T., Carver, J. A., Dimapilis, D. I., Levine, H. G., Dufour, N. F., & Onate, B. G. (2020). Hardware validation of the advanced plant habitat on ISS: Canopy photosynthesis in reduced gravity. Frontiers in Plant Science, 11, 673. https: //doi. org/ 10. 3389/fpls. 2020. 00673.

[59] Mousseau, T. A., & Möller, A. P. (2020). Plants in the light of ionizing radiation: What have we learned from Chernobyl, Fukushima, and other "Hot" places? Frontiers in Plant Science, 11, 552. https: //doi. org/10. 3389/fpls. 2020. 00552.

[60] Mousseau, T. A., Milinevsky, G., Kenney - Hunt, J., & Möller, A. P. (2014). Highly reduced mass loss rates and increased litter layer in radioactively contaminated areas. Oecologia, 175, 429 - 437.

[61] Naito, M., Hasebe, N., Shikishima, M., Amano, Y., Haruyama, J., Matias - Lopes, J. A., Kim, K. J., & Kodaira, S. (2020). Radiation dose and its protection in the Moon from galactic cosmic rays and solar energetic particles: At the lunar surface and in a lava tube. Journal of Radiological Protection, 40 (4), 947 - 961.

[62] Parrish, C. H., Hebert, D., Jackson, A., Ramasamy, K., McDaniel, H., Giacomelli, G. A., & Bergren, M. R. (2021). Optimizing spectral quality with quantum dots to enhance crop yield in controlled environments. Communications Biology, 4, 124. https: //doi. org/10. 1038/ s42003 - 020 - 01646 - 1.

[63] Peiro, E., Pannico, A., Colleoni, S. G., Bucchieri, L., Rouphael, Y., De Pascale, S., Paradiso, R., & Gòdia, F. (2020). Air distribution in a fully - closed higher plant growth chamber impacts crop performance of hydroponically - grown lettuce. Frontiers in Plant Science, 11, 537. https: //doi. org/10. 3389/fpls. 2020. 00537.

[64] Reichler, S. A., Balk, J., Brown, M. E., Woodruff, K., Clark, G. B., & Roux, S. J. (2001). Light differentially regulates cell division and the mRNA abundance of pea nucleolin during de - etiolation. Plant Physiology, 125, 339 - 350.

[65] Romeyn, M. W., Spencer, L. E., Massa, G. D., & Wheeler, R. M. (2019). Crop readiness level (CRL): A scale to track progression of crop testing for space. In Proceedings of the 49th International Conference on Environmental Systems, Amsterdam.

[66] Santos, P. P., Sillero, N., Boratyński, Z., & Teodoro, A. C. (2019). Landscape changes at Chernobyl. In Remote sensing for agriculture, ecosystems, and hydrology (XXI, Vol. 11149). International Society for Optics and Photonics, 111491X.

[67] Schreurs, A. S., Shirazi - Fard, Y., Shahnazari, M., et al. (2016). Dried plum diet protects from bone loss caused by ionizing radiation. Science and Reports, 6, 21343. https: //doi. org/ 10. 1038/sre p21343.

[68]　SharathKumar, M., Heuvelink, E., & Marcelis, L. F. M. （2020）. Trends in plant science forum vertical farming: Moving from genetic to environmental modification trends in plant science. Trends in Plant Science, 25, 1 – 4. https: //doi. org/10. 1016/j. tplants. 2020. 05. 012.

[69]　Smith, D. J., & Sowa, M. B. （2017）. Ballooning for biologists: Mission essentials for flying life science experiments to near space on NASA large scientific balloons. Gravitational and Space Research, 5, 52 – 73.

[70]　Srinivasan, C., Dardick, C., Callahan, A., & Scorza, R. （2012）. Plum （Prunus domestica） trees transformedwith poplar FT1 result in altered architecture, dormancy requirement, and continuous flowering. PLoS ONE, 7 （e40715）, 5.

[71]　Srinivasan, C., Scorza, R., Callahan, A., &Dardick, C. （2014）. Development of very early flowering and normal fruiting plum with fertile seeds. Patent #: US8633354B2.

[72]　Stankovic, B. （2018）. Plants in space. In T. Russomano&L. Rehnberg （Eds. ）, Into space: A journey of how humans adapt and live in microgravity （pp. 153 – 170）. InTech Open.

[73]　Stutte, G. W. （2016）. Controlled environment production of medicinal and aromatic plants. In V. D. Jeliazkov & C. L. Cantrell （ Eds. ）, Medicinal and aromatic crops: Production, phytochemistry, and utilization （pp. 49 – 63）. ACS Publications.

[74]　Stoeva, N., & Bineva, T. Z. （2001）. Physiological response of beans （Phaseolus vulgaris L. ） to gamma – irradiation treatment. I. Growth, photosynthesis rate and contents of plastid pigments. Journal of Environmental Protection and Ecology, 2, 299 – 303.

[75]　Treesubsuntorn, C., Lakaew, K., Autarmat, S., &Thiravetyan, P. （2020）. Enhancing benzene removal by Chlorophytum comosum under simulationmicrogravity system: Effect of light – dark conditions and indole – 3 – acetic acid. Acta Astronautica, 175, 396 – 404.

[76]　Ursino, D. J., Schefski, H., & McCabe, J. （1977）. Radiation – induced changes in photosynthetic CO_2 uptake in soybean plants. Environmental and Experimental Botany, 17, 27 – 34.

[77]　Valbuena, M. A., Manzano, A., Vandenbrink, J. P., Pereda – Loth, V., Carnero – Diaz, E., Edelmann, R. E., Kiss, J. Z., Herranz, R., & Medina, F. J. （2018）. The combined effects of real or simulated microgravity and red – light photoactivation on plant root meristematic cells. Planta, 248, 691 – 704.

[78]　Vandenbrink, J. P., Kiss, J. Z., Herranz, R., & Medina, F. J. （2014）. Light and gravity signals synergize in modulating plant development. Frontiers in Plant Science, 5, 563. https: // doi. org/10. 3389/fpls. 2014. 00563.

[79]　Vandenbrink, J. P., Herranz, R., Medina, F. J., Edelmann, R. E., & Kiss, J. Z. （2016）. A novel bluelight phototropic response is revealed in roots of Arabidopsis thaliana in microgravity. Planta, 244, 1201 – 1215.

[80]　Vandenbrink, J. P., Herranz, R., Poehlman, W. L., Feltus, F. A., Villacampa, A., Ciska, M., Medina, F. J., & Kiss, J. Z. （2019）. RNA – seq analyses of Arabidopsis thaliana seedlings after exposure to blue – light phototropic stimuli in microgravity. American Journal of Botany, 106, 1466 – 1476.

[81]　Villacampa, A., Ciska, M., Manzano, A., Vandenbrink, J. P., Kiss, J. Z., Herranz, R., & Medina, F. J. （2021）. From spaceflight to Mars g – levels: Adaptive response of A. Thaliana

seedlings in a reduced gravity environment is enhanced by red – light photostimulation. International Journal of Molecular Sciences，22，899. https：//doi. org/10. 3390/ijms22020899.

[82]　　Wallace，T. C.（2017）. Dried plums，prunes and bone health：A comprehensive review. Nutrients，19，9（4），401. https：//doi. org/10. 3390/nu9040401.

[83]　Wamelink，G. W. W.，Frissel，J. Y.，Krijnen，W. H. J.，& Verwoert，M. R.（2019）. Crop growth and viability of seeds on Mars and Moon soil simulants. Open Agriculture，4（1），509 – 516.

[84]　Wei，L. J.，Yang，Q.，Xia，H. M.，Furusawa，Y.，Guan，S. H.，Xin，P.，& Sun，Y. Q.（2006）. Analysis of cytogenetic damage in rice seeds induced by energetic heavy ions on – ground and after spaceflight. Journal of Radiation Research，47，273 – 278.

[85]　　Wheeler，R. M.（2017）. Agriculture for space：People and places paving the way. Open Agriculture，2，14 – 32.

[86]　Wyatt，S. E.，& Kiss，J. Z.（2013）. Plant tropisms：From Darwin to the international space station. American Journal of Botany，100，1 – 3.

[87]　Yue，C.，Yuxin，Z.，Nan，Z.，Dongyou，Z.，& Jiangning，Y.（2020）. An inversion model for estimating the negative air ion concentration using MODIS images of the Daxing'anling region. PLoS ONE，15（11）. https：//doi. org/10. 1371/journal. pone. 0242554.

[88]　Zabel，P.，Bamsey，M.，Schubert，D.，& Tajmar，M.（2016）. Review and analysis of over 40 years of space plant growth systems. Life Sciences in Space Research，10，1 – 16.

[89]　Zabel，P.，Bamsey，M.，Zeidler，C.，Vrakking，V.，Schubert，D.，& Romberg，O.（2017）. Future exploration greenhouse design of the EDEN ISS project. In Proceedings of the 47th International Conference on Environmental Systems，Charleston.

[90]　　Zabel，P.，Zeidler，C.，Vrakking，V.，Dorn，M.，& Schubert，D.（2020）. Biomass production of the EDEN ISS space greenhouse in Antarctica during the 2018 experiment phase. Frontiers in Plant Science，11，656. https：//doi. org/10. 3389/fpls. 2020. 00656.

[91]　　Zeidler，C.，Zabel，P.，Vrakking，V.，Dorn，M.，Bamsey，M.，Schubert，D.，Ceriello，A.，Fortezza，R.，De Simone，D.，Stanghellini，C.，Kempkes，F.，Meinen，E.，Mencarelli，A.，Swinkels，G. – J.，Paul，A. – L.，& Ferl，R. J.（2019）. The plant health monitoring system of the EDEN ISS space greenhouse in Antarctica during the 2018 experiment phase. Frontiers in Plant Science，10，1457. https：//doi. org/10. 3389/fpls. 2019. 01457

[92]　Zhang，S.，Wimmer – Schweingruber，R. F.，Yu，J.，Wang，C.，Fu，Q.，Zou，Y.，Sun，Y.，Wang，C.，Hou，D.，Böttcher，S. L.，et al.（2020）. First measurements of the radiation dose on the lunar surface. Science Advances，6，eaaz1334. https：//doi. org/10. 1126/sciadv. aaz1334

[93]　Zhou，W.（2005）. Advanced ASTROCULTURE™ eplant growth unit：Capabilities and performances. SAE Technical Paper 2005 – 01 – 2840. https：//doi. org/10. 4271/2005 – 01 – 2840

[94]　Zhu，M.，Zhang，J.，You，Q. L.，Banuelos，G. S.，Yu，Z. L.，Li，M.，et al.（2016）. Bio – generation of negative air ions by grass upon electrical stimulation applied to lawn. Fresenius Environmental Bulletin，25（6），2071 – 2078.

[95]　　Zimmerman，R.（2003）. Growing pains. Air & Space Magazine. https：//www. airspacemag. com/space/growing – pains – 4148507.

第6章　了解和管理温室农业中月壤的危害和机遇

马丁·布拉多克

摘　要　月球居住地将包括工业化农业，人造农业环境将成为早期定居点景观和工作空间的一部分。生产能力的预备和新能力的开发将给工程师、科学家和项目经理带来机遇和挑战。月球风化层是月球表面的颗粒层，由微陨石撞击产生，类似于火山灰。最细的颗粒直径小于 $100 \ \mu m$，通常称为灰尘。粒径小至 $0.01 \ \mu m$ 的月尘，显示出大量的粘结玻璃和金属铁，低导电性允许颗粒保留静电电荷。月球风化层似乎含有支持农业的所有必需矿物质。通过使用月球土壤模拟物，研究表明，某些植物可以在不添加养分的情况下生长长达 50 天，通过添加有机物进行播种后，植物能发芽，并有收获。

6.1　前言

在月球和火星上建立半永久性或永久性驻留地的概念受到广泛关注，日益成为可能。航天机构和私营企业都计划在 21 世纪 20 年代末和 21 世纪 30 年代分别在月球上和火星上建立一个可持续的驻留地。在接下来的几年里，我们将从过去和未来的无人飞行任务中，以及从限制和自给自足的地面模拟研究中学到很多东西。为确保月球上定居者的生活质量，设计和建造一个安全的栖息地存在许多挑战，其中最大的挑战之一是确保稳定的食物供应链，为定居者提供质量高、数量和种类足够丰富的食物。

确保人类在月球上持续生活，需提供食物和水，除短期飞行外，这将是一个重大挑战，即使对半永久性的驻留任务也是如此。在国际空间站，宇航员每人每天消耗大约 $1.8 \ kg$ 的含包装在内的食物（库珀，等，2011）。按此推算，月球上 6 名乘员在为期两年的半永久性基地驻留任务期间，总共需要大约 $8 \ 000 \ kg$ 的食物。地球和月球之间最近的距离有 $363 \ 104 \ km$，如果使用目前技术，运输大量食物在后勤保障方面面临巨大挑战。建立完全依赖地球获取食物的月球驻留地，需要建立一个供应链。这个供应链由大量昂贵的航天器组成，而且确保每次飞行发射任务成功都有风险，更不用说扩张月球驻留地了。此外，从地球轨道发射 $1 \ kg$ 材料估计要花费大约 $4 \ 000$ 美元，更不用说将其运输到月球了，而且单是发射每千克货物就需要大约 9 倍重量的推进剂。因此，将如此大重量的物资在如此长的距离定期运送到月球，在经济上是不可行的。这为科学家和工程师提供了技术挑战和机遇，并推动了当前的一系列规划假设，即人类在月球上能永久生存之前，应尽快在月球开发和建立可持续性农业，为人类在月球建造基地并成功居住，这至关重要。

6.2　月球表土和陆地土壤的性质、月球表土的形成和粒度

在本章和后续章节中，有必要了解月球表土（风化层）的起源以及与月球陆地土壤的异同。月球表面有两种地形：高地地区有大量的陨石坑，低凹区域包括光滑的阴暗部、充满熔岩的陈旧陨石坑。月球表面几乎所有的岩石都是火成岩，是由熔岩冷却形成的（海肯，等，1991）。相比之下，地表最丰富的岩石是沉积岩，它们的形成需要水或风的作用。月球上最常见的两种岩石是玄武岩和斜长岩。月球玄武岩相对富含铁和钛，常见于月海区域。而在高地，岩石主要为斜长岩，相对富含铝、钙和硅。月球表面大部分覆盖着风化层，是一种细粉尘和岩石碎屑的混合物，颗粒直径大多小于 $20~\mu m$。由于月球上几乎没有大气，月球表面被各种大小的陨石撞击，包括被微陨石破坏暴露的月球基岩，并在数十亿年期间被太阳和星际带电原子粒子袭击（麦凯，等，1991）。这就产生了松散的风化覆盖层，风化层由结晶岩的碎屑组成，岩石碎屑的成分取决于位置、矿物碎屑以及在角砾岩、凝集物和玻璃颗粒冲击作用下形成的其他成分。覆盖整个月球表面的风化层平均厚度从月球低凹区域的 $4{\sim}5~m$ 到高地区域的 $10{\sim}15~m$ 不等（（麦凯，1974；麦凯和明，1990；泰勒，等，2005；斯里尤塔，2014）。月球土壤通常只指较细的风化层，由直径小于或等于 $1~cm$ 的颗粒组成。月尘一般指的是比风化层更细的粉尘，颗粒直径为 $1{\sim}100~\mu m$，具有低导电性和静电电荷，加上低月球重力的影响，当受到扰动时，更强的滞空持久性，导致尘埃容易附着在物体表面（克鲁泽尔基，等，2012；斯塔布斯，等，2007；泰勒，等，2005）。

6.3　组成

适合作物生长的地球土壤由四个主要成分组成，最大的部分由风蚀和水蚀形成的沉积岩颗粒组成。土壤中还含有水和空气，以及重要的有机物质，包括维持腐殖质养分转化的有机体和微生物生态系统。腐殖质是由腐烂的动植物转化的深色土壤中的物质，是一种天然肥料。腐殖质可以保持水分和空气，它提供了一种缓释成分，可以改善土壤质量，最大限度地提高作物的生长潜力。土壤质地是指影响土壤保持空气和释放水的能力的沙子、淤泥和黏土含量，商业农业和整个园艺休闲产业为土壤质量与不同作物生长和产量之间的关系以及补充物的需求提供了广泛的数据基础。图 6-1 显示了地球、月球低地和月球高地主要元素的相对浓度，其元素组成有明显的相似性。

然而，对元素氧化状态的详细分析表明，与地球上发现的元素相比，月球上不同元素的氧化物比例存在显著差异（科罗特夫，2020）。同时，之前的研究发现，模拟风化层土的 pH 高达 9.6（瓦米林克，等，2005），这可能对植物原位生长带来挑战。显然，月球上既没有现存的生物，也没有活的生物，也就排除了腐殖质的存在，以及其他可能认为是肥料物质的来源，这将在下一节中讨论。为了解月球表层土壤的密度、孔隙度、黏聚力、黏

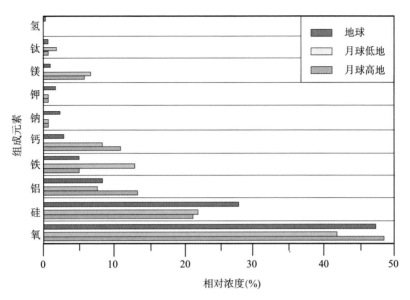

图 6-1　地球和月球的基本元素组成对比（见彩插）

附力和形状变化特性等参数，基于多次太空任务获得的数据，对月球风化层的物理力学特性进行了详细的综述（斯里尤塔，2014），表 6-1 显示了月球表面和次表面样品与地球上各种类型土壤的密度和孔隙率的比较（休斯顿，等，1974；多诺霍，等，1977；卡里尔，等，1991；斯里尤塔，2014）。

表 6-1　地球土壤与月球表土的密度和孔隙度值的比较

来源	样品	深度/cm	体积密度/(g/cm³)	颗粒密度/(g/cm³)	孔隙率(%)	参考文献
地球	分解的泥炭	0	0.55	2.6~2.75	—	多诺霍等,1977
	黏土	0	1.1~1.3		51~58	
	耕作壤土	0	1.1~1.4		—	
	耕地	0	1.3		50	
	砂土	0	1.5~1.7		36~43	
	车压硬土层	25	1.7		—	
月球	表面风化层	0	1.12~1.93	2.3~3.2	—	卡里尔等,1991 斯里尤塔,2014
	次表面风化层	0~15	1.5		52	卡里尔等,1991 休斯顿等,1974 斯里尤塔,2014
	次表面风化层	30~60	1.74		44	卡里尔等,1991 休斯顿等,1974 斯里尤塔,2014

有机质含量高的土壤颗粒密度往往较低（布兰科-坎库，等，2006）。土壤容重是土壤

的干质量除以其所占体积（包括空气空间和有机物质），因此容重始终小于土壤颗粒密度，是土壤压实的良好指标。尽管较低容重是一个有参考价值的指标，但由于土壤质地、孔隙度和渗透性的影响，较低容重的隔离土壤不一定适合植物生长（兰帕佐，等，1998）。较高的容重表明土壤的压实或不同类别土壤质地的混合物，其中小颗粒填充在较粗颗粒之间的空隙。从表 6-1 所示的测量结果来看，月球表面和次表面风化层的容重看起来相似，尽管略大于或相当于地球土壤，而月球风化层的颗粒密度更大，地球和月球样品的孔隙度值是相似的。

6.4　月壤模拟物

在 1969—1972 年期间，美国国家航空航天局的六次阿波罗载人登月任务，从月球表面带回了 383 kg 的月球岩石、核心样本、鹅卵石、沙子和月尘。在 1970—1976 年期间，三艘苏联自动航天器从三个月球着陆点带回了总计 301 克的样本（拉斯克，2018）。目前，许多样品已经并将继续少量用于多个全球研究项目，以确定其地球化学和物理特性（斯里尤塔，2014）。对于开展月壤对多种植物生长特性影响的研究来说，这些月壤的数量还不够。这促成了一项广泛的计划，即在地球上寻找可能用作月球表土模拟物的样本。表 6-2 列出了一些选定的候选物，其他文献也公布了更详细的结果（韦布伦，等，1988；麦凯，等，1994；巴特勒尔，等，2006；迈卓海恩，等，2003；希尔，等，2007；郑，等，2009；斯里尤塔，2014；泰勒，等，2016；托克鲁，等，2017；李，等，2009；苏斯昆-弗洛雷斯，等，2014；张，等，2019；恩格拉斯秦，等，2020）。读者还可以访问 www.simulantdb.com，该网站提供了月球、火星、彗星、小行星和火卫一模拟物的综合数据库。所示的所有 LRS（源自科罗斯顿深成岩体的 MLS1/1、CAS-1、NAO-1、BP-1 和 EAC-1 模拟物）都是可信的，其物理性质与月球表土相似。在 20 世纪 90 年代，月壤模拟物-JSC-1 被设计为具有适合工程目的的月海特性土壤；21 世纪初，月壤模拟物的生产似乎更多的是一种工程实践，而不是用于月球科学研究（泰勒，等，2016）。月壤模拟物 JSC-1A 被认为是世界各地实验室广泛使用的一种合适的模拟物。一种月壤模拟物 LRS 不会满足每一个科学学科的实验要求，且不存在再现风化层或细尘组分的体积特性的模拟物（海厄特和费厄利，2007），目前尚不清楚哪种模拟物最适合农业种植模型研究，下一节将说明各项研究都使用了哪种月壤模拟物。

表 6-2　所选月壤模拟物（LRS）的来源、类型和模拟因子

时间	风化层	地点	资源种类	模拟月球位置	参考文献
1988	MLS1/2	美国明尼苏达州德卢斯辉长岩中心	辉长岩	高地	维布伦,等,1998
1993	JSC-1	美国旧金山火山场弗拉格斯塔夫梅里亚姆陨石坑	玄武质熔岩	月海	麦凯,等,1994
2007	JSC-1A	美国旧金山火山场弗拉格斯塔夫梅里亚姆陨石坑	玄武质熔岩	月海	希尔,等,2007

续表

时间	风化层	地点	资源种类	模拟月球位置	参考文献
2003	Korosten Pluto	乌克兰	斜长岩	高地	米特拉科恩,等,2003
2009	CAS-1	吉林省金龙顶子火山 四海火山碎屑岩	玄武质熔岩	月海	郑,等,2009
2009	NAO-1	西藏雅鲁藏布江	辉长岩	高地	李,等,2009
2014	BP-1	美国旧金山火山场 弗拉格斯塔夫的一个采石场	玄武质熔岩	月海	苏斯科恩-弗洛雷兹,等,2014
2020	EAC-1	德国七岭山火山场	玄武质熔岩	月海	英格尔思琪,等,2020

注:JSC—约翰逊航天中心,CAS—中国科学院,MLS—明尼苏达州月球模拟中心,NAO—国家天文台,BP—黑色颗粒,EAC—欧洲航天员中心。

6.5　月球风化层表土——作为植物培养基质的可行性

在熟悉了月球表土的特性,并理解了 LRS 作为月球表土模拟物存在的局限性后,下面将讨论其对农业作物生长的适用性。

6.5.1　早期研究

图 6-2 显示从 20 世纪 70 年代到现在,月球农业发展的主要里程碑。表 6-3 总结了部分较为详细的研究事件。

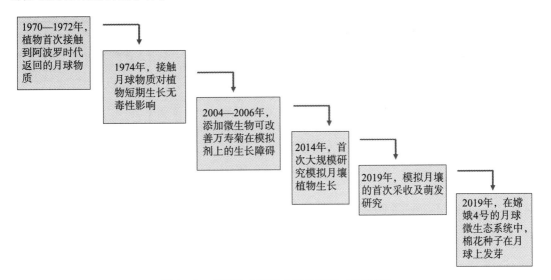

图 6-2　月球农业研究主要里程碑(见彩插)

表 6-4 和下一节总结了部分关键因素,包括除风化层土壤质量外,需要考虑月球环境对作物生存力、可持续性以及建立可支持群落发展的供应链的依赖性等。

表 6-3　月球农业发展的关键研究概要

时间	材料来源	研究内容	参考文献
1970	月球（阿波罗 11/12 号样品补充）	萌发种子与苔类植物检疫研究	沃金肖，等，1970
1971	月球（阿波罗 14 号月球表面尘土补充）	生菜幼苗生长分析	沃金肖和约翰逊，1971
1974	月球（阿波罗 11 号）	生菜幼苗中元素的吸收和转运	鲍尔，等，1974
2004	Korosten Pluton 斜长石	含硅菌、生防剂和菌根真菌的万寿菊生长研究	科津洛夫斯佳，等，2004
2010	JSC-1A	拟南芥在地球土壤的生长比较	弗洛和保罗，2010
2014	JSC-1A	3 组 14 种植物的生长研究	维姆林克，等，2014
2019	JSC-1A（有机质补充）	10 种作物的栽培和种子收获研究	维姆林克，等，2014
2019	地球土壤	马铃薯、油菜和棉花种子的生长研究	未出版

注：JSC—约翰逊航天中心。

表 6-4　月球农业开发的主要挑战、减缓措施和机遇

因素	挑战	应对措施	机遇
风化层质量	复制地球上作物的生长	开发具有生物增强功能的月球模拟模型，并更好地了解哪种作物产量最高	应用地球上沙漠绿化经验
风化层质量	供应链的可持续性	采用水培法，提供分级的表层土或从表层土中提取的岩棉作为生长介质	应用地球上沙漠绿化经验
可用的水	缺少液态水	从极地深处的冰中提取水，开发超高效的回收能力	
肥料	缺乏天然肥料	回收人类废物中的营养物质	技术的开发和应用为人类应对气候变化和探索其他新世界做好准备
重力	月球重力为 0.16g	利用选择性育种和基因工程技术	
14 天的光照周期	植物需要光来进行光合作用和生长	定制 LED 照明、持续时间、颜色和强度，以协调个别物种	
暴露于离子、宇宙辐射、太阳耀斑	缺乏大气层的保护，生命受到严重威胁	地下温室或埋在风化土保护层之下的生长管道；预测不太容易受到陨石撞击的地点	进一步建立生物对辐射耐受性的知识库
微流星体影响	流星物质以 10 km/s 的速度撞击		改进对各种影响因素的监测，建立和更新影响最小的地点和地图，方便选址
极端温度	一天之中的温度在 127～173 ℃之间		开发耐热作物

在 1970—1974 年间，利用阿波罗 11 号、12 号和 14 号任务带回的材料进行了大量研究（鲍尔，等，1974，沃金肖和加利亚诺，1990；费尔，等，2002；费尔和保罗，2010）。在 1970 年进行了第一次植物研究，作为检疫研究内容的一部分。研究表明，用月球石摩擦植物或向地球土壤添加月球灰尘，用月球土壤为发芽的种子和苔类植物提供矿质养分，

没有发现对植物生长产生任何疾病影响（沃金肖，等，1970）。1971 年，在地球土壤中添加阿波罗 14 号带回的月尘，未观察到对植物任何不良影响（沃金肖和约翰逊，1971）。直到 1974 年，人们才首次在月壤上对植物生长进行了研究，研究了生菜幼苗对营养物质养分的吸收和转移（鲍尔，等，1974），结果表明它对植物生长没有毒性影响（可访问 www. hos. ifas. ufl. edu/public/lunarplant biology/Apollo11and12；https：//ntrs. nasa. gov/search. jsp? R＝20090028745）。

6.6 微重力下的植物生长

这些年来，在组织培养系统中对植物细胞的生长进行了许多研究，而不是开展整体植物的培育生长研究（费尔和保罗，2010）；后来研究重点转移到了在国际空间站上，进一步了解微重力对植物生长的影响（费尔，等，2002；约斯特，等，2015；基什，2014；怀亚特和基什，2013）。在 2004 年、2006 年和 2011 年之间，研究 "Korosten Pluton" 月壤模拟物（科泽罗夫克萨，等，2004，2006；莱特维年科，等，2006；扎伊茨，等，2011）和月壤模拟物－JSC－1A（费尔和保罗，2010）对植物生长的影响。这些研究很重要，主要基于以下几个方面原因。首先，模拟物成分由斜长岩组成，该岩石更具月球高地的特征，与其他的月壤模拟物相比，元素组成中的某些氧化物更丰富（迈卓海恩，等，2003）。第二，研究人员对法国万寿菊进行了研究，万寿菊除了对地球上不同条件的土壤具有耐受性外，还具有药用和营养价值，开的花对乘员心理起到积极的调节作用，尤其对生活在封闭空间的乘员。第三，由于斜长石缺乏营养，导致万寿菊生长异常（科泽罗夫斯卡，2004），这是首次利用硅质植物细菌和菌根真菌联合接种改善了植物的生长（科泽罗夫斯卡，2004，2006；莱特维年科，等，2006），研究了生物增强作用效果。此外，研究了月壤模拟物JSC－1A 对拟南芥生长的影响，并与在常规陆地土壤中的生长进行了比较（费尔和保罗，2010）。综合这些研究结果表明，利用月壤模拟物能进行植物培养，但与地球土壤比较，植物的生长和发育能力降低。这一发现很重要，可能意味着最初的植物生长功能将是作为建立闭环生物再生生命支持系统的作物生产的引物或开拓者，这些先锋植物的主要作用是提供适宜肥力的土壤，并支持未来农作物生产。

6.7 月壤模拟物研究重要节点

以下两项研究具有里程碑意义。研究一（沃米林克，等，2014）是首次在不添加营养物质的情况下，对月壤模拟物和火星风化层模拟物进行了为期 50 天的大规模研究。在该研究中，利用 JSC－1A 月壤模拟物对农作物、固氮植物和天然野生植物三个代表性植物类群的 14 种植物进行了研究，并使用固氮植物来确定它们是否可以弥补月球或火星风化层中活性氮不足的问题。结果表明，作物能够生长。然而，与地球土壤或模拟火壤 JSC－1A 的植物生长相比，模拟月壤的植物生长最差。具体而言，固氮植物野豌豆不能在模拟月壤上生长，与模拟火壤相比，在模拟月壤上所有植物物种的叶形态最差。研究二也采用模拟月壤模拟物-JSC-1A进行试验（沃米林克，等，2019），评价了10种不同作物生产可食用生物量的能力和种子的发芽能力，模拟前面描述的相似植物收获的添加物（有机质）（科泽罗夫斯卡，等，2006），添加有机质提高月壤（火壤）模拟物的养分。研究了水芹、芝麻菜、西红柿、萝卜、黑麦、藜麦、菠菜、韭菜、豌豆和韭菜等10种不同作物。在试验的10作物中，只有菠菜未能长好。模拟月壤、模拟火壤和地球土壤都能收获到萝卜和萝卜种子、芹菜和芹菜种子、黑麦种子、芝麻菜、西红柿和豌豆。模拟月壤与模拟火壤和地球土壤比较，果实产量和种子发芽率较低或接近。研究表明，通过添加有机物有利于促进模拟月壤中的植物生长。然而，与模拟火壤和土壤相比，在模拟月壤上所有植物的总生物量产量显著降低，这可能是由于模拟月壤缺乏养分和其pH值较高等因素造成（沃米林克，等，2005）。补充养分有利于模拟月壤中的作物生长结果与艾克勒等人2020年完成的一项研究结果一致，艾克勒等人对三种模拟火壤开展了试验研究。结果显示：在没有外来添加剂的情况下，模拟火壤能够支持农业发展，但这一假设受到质疑。该项研究以JSC-火星-1A、火星莫哈韦沙漠模拟物（MMS）和火星整体模拟物（MGS-1）为研究对象，在没有添加养分的情况下，这些模拟火壤都不能支持植物生长；在添加养分的情况下，JSC-火星-1A和MMS能支持拟南芥和亚麻的生长，而MGS-1由于pH较高，不能支持植物的生长。

6.8　模拟月壤上植物生长的优化

为了促进模拟月壤上植物的生长，需要进一步开展试验研究，包括开发作物生命周期的先驱阶段，确定需要多少次迭代才能产生最佳数量的有机物质与月球风化层混合，以便获得适合大规模农业的土壤，进而可以获得可持续的收成。这是一种原位的生物再生式生命保障系统，其作物产量与投入到月球土壤的养分直接相关。还需要研究来确定是否可以建立氮循环，氮是植物生长的重要元素，可以由固氮细菌提供。此外，在低重力环境下，有效的水供应和水输送，对建立农业系统也至关重要，需要进一步研究。利用月壤作为植物生长基质，采用营养液培养的水培法也值得考虑。关于这方面主题的超出了本章范围（格里克，等，1938；巴雷特，等，2016）。岩棉和其他生长基质的使用（萨尔代尔，2013）说明了如何利用水培法在月球风化层培育植物，还需要进一步的研究。

最后一个例子是2019年，降落在月球背面冯·卡门陨石坑中的中国嫦娥四号探测器搭载了月球微生态系统，观察了其中不同作物的生存能力（琼斯，2019）。该研究尚未公开发表，但据报道，在气温下降到-190℃，棉花幼苗被冻死之前，棉花种子长出了2片嫩芽（琼斯，2019）。马铃薯和油菜的种子没有发芽。尽管生长基质特性尚不清楚，但月球微生态系统旨在提供类地球环境，这项早期研究是一个里程碑，它为21世纪20年代初嫦娥六号返回月球时开展更详细的研究铺平了道路。

6.9   月球农场和绝对共生要求

本节主要目的是回顾利用月球土壤进行农业生产带来的挑战和机遇，回顾了几个相互关联的主题，认为通过预先了解项目风险，提出解决方案，建立闭环生物再生生保系统的需求是可以实现的。

6.9.1   沙漠绿化

可以将地球陆地沙漠绿化原则用在月球地面的绿化上，简单地说，沙漠绿化是通过灌溉复垦沙漠植树造林，可用于冷热气候下月球景观的建设。这取决于水的供给，可能包括对填海造陆的陆地进行海水淡化。目前为止，研究的热点主要集中在月球风化土壤上，同时表 6-4 中列出的因素也应引起注意。水是维持生命的必要物质。然而，极端温度环境下，液态水无法在月球表面持续存在，任何水蒸气都会发生光解离，水会很快消失到太空中。前期有报道称月球斜长岩中含水，提出早期月球可能存在水（惠，等，2013）。通过月球 I 号轨道飞行器上月球矿物学测绘仪获取的布利亚尔杜斯陨石坑的中央峰和康普顿-贝尔科维奇非月海火山地形的近红外反射光谱，与月球内部和通风口区域火山碎屑岩浆中存在水的迹象一致，表明从月球地幔到地表可能存在水的自然流通途径（米利肯和李，2017）。最近研究表明，月球高纬度地区的月球表面有水存在（霍尼博尔，等，2020）；NASA 和德国航空航天中心（DLR）联合的平流层红外天文台探测到了独特的 6 μm 水振动光谱发射特性。有人提出，为了让水出现在月球表面，必须确保它免受月球环境的影响，并将其储存在玻璃内或风化层颗粒之间的空隙中。此外，正在努力确定水形成背后的化学成分以及从月球土壤中提取水的可行性（朱，等，2019）。这样，有可能获得可持续的液态水来源，这将是一个重大进步。

6.9.2   其他农业的需求

月球农作物生长需要的物质，如肥料和二氧化碳，是月球驻留者产生的副产品。和地球上一样，作物生长时利用二氧化碳生产氧气和食物，这进一步证实了生物再生式生保系统及其对作物供需平衡的依赖，也许是非常精准的平衡。水的循环利用在国际空间站得到很好的发展，最近的研究表明了利用 3D 打印技术将尿素（尿液的一种成分）循环用于风化层衍生物质的潜力（皮勒瓦尔，等，2020）。此外，从对土壤动力学（希瑞和基塔亚，2009；马吉和帕卢德，2010a）、需要有氧或厌氧的必要细菌种群的持久性和维持性（博雷尔，等，2020）的影响结果来看，作物在适应部分重力之前会表现出不同的生长和蒸腾能力，这一点也很清楚。除了识别、供应和利用液态水之外，关键还要了解低重力的情况下，水是如何转运、营养是如何循环的。研究表明，在月球（$0.17g$）和火星重力（$0.37g$）环境中，土壤的持水力增加，水分含量和养分浓度均增加，有利于其中各种功能微生物的新陈代谢。据此，可以预测，与地球相比，火星作物灌溉所需的水量减少

90%（马吉和帕卢德，2010a，b）。

6.9.3　光照

　　地球上，作物生长受光-暗期的持续时间影响。由于月球上的光-暗周期为 14 天，农作物不太可能耐受持续性的自然光缺乏。发光二极管（LED）是一种替代光源，需要了解作物是否需要接收全光谱光强度，或者是否需要根据植物的光致反应定制特殊波长的照明，例如，去除紫外线，有些植物可以生长得更好。紫光可以增强植物的颜色、味道和香气；蓝色和红色波长的光会提高生长速度；远红色光可能会提高作物产量（基什，2014；梅能，2018）。就像在地球上一样，随着对月球农场模型系统和原位条件下作物种植了解的深入，将有很多机会利用选择性育种和基因工程，培育出更能耐受极端环境植物品种。

6.9.4　极端环境耐受度

　　最后，暴露于电离/宇宙辐射、微陨石撞击和极端温度这三个混杂因素可能在一定程度上为开发能够更好地耐受极端环境的作物提供了机会。然而，尽管基于地面模拟模型的地表设计也已被建议采用（迈瓦尔德，等，2020），但面对如此恶劣的条件，农业种植设施建设选址很可能远离月球地表，例如在熔岩洞中（颇威乐斯等，2020）。NASA 还在继续研究月球撞击位置模式（2018），这些研究结果可用于选择受到陨石撞击影响很小的驻留建设地址。不管何时，都需要建立适当的航天卫生保健控制措施，保护宇航员免受极端环境条件的影响（卡因，2016，2020）。

6.10　结论

　　总之，一个成功的农业种植设施是农作物和驻留者生活在一个非常平衡的环境中，这也代表地球的一个缩影。用于月球和火星任务研究的地面隔离模拟设施，有成功的经验（欧利希，2017），也有失败教训（纳尔逊，2018），我们可以从中学习经验。生物再生生保系统必须有一定的系统耐受性，因为即使在地球上，农作物也可能会停止生长，不能获得生物收成。已有许多研究开始进行，并模拟了这一概念（付，等，2016；胡，等，2010），在月宫 1 号试验中，21 种植物 105 天的试验结果表明，在满足水和氧气的再循环条件下，植物具有 55% 的食物再循环能力（付，等，2016）。在正确条件下，如果系统在迈向月球农业的第一步中失败并且已经报告了参数的风险评估，则 BLSS 可能会支持少数驻留者紧急撤离（卡因，2018）。后一点尤其重要，在第 9 章中，就将介绍在了解月球风化层的主要危害和风险减缓措施方面取得的进展，这些措施应严格应用宇航员卫生防护技术，以最大限度地减少颗粒物暴露。

6.11　总结

　　本章讨论了月球风化层的性质和月壤模拟物的作用，为月球农业奠定了基础。迄今为止，利用模拟月壤进行植物种植的研究较少，利用真正月壤（月球表土）进行植物种植的研究更少。这在许多出版物中被强调为直接的挑战，即模拟月壤能否完全模拟月球表土。如果不能呢？所有模型系统都存在局限性，应该承认模拟月壤可以支持植物生长，作物生产建立在每株植物的基础上，利用先导作物或初级作物建立质量可接受的月球土壤是必须的。这就意味着，为了提供足够的有机物以实现可接受的作物产量，需要至少牺牲部分第一次作物收成。与陆地农业一样，需要规划水源的识别、灌溉和作物轮作；与地球不同的是，需要在可以按比例计算的模型中研究月球重力下水的行为。最后，因为月球基地需要有农作物生产设施，所以月球基地的选址需要认真考虑。与科学插图或科幻小说中描绘的月球表面温室结构不同，恶劣的月球环境（主要由可忽略不计的大气所致）可能有必要使月球地下农业设施从成功的测试和试点研究，发展到大规模生物量生产，满足乘员或驻留者食物需求。尽管面临这些挑战，但在过去 50 年里人类已经取得了实质性的进展，推动了科学创新以支持月球移民，同时更好地促进人类对地球资源的利用和了解。

参 考 文 献

［ 1 ］ Barrett, G. E., Alexander, P. D., Robinson, J. S., & Bragg, N. C. (2016). Achieving environmentally sustainable growing media for soilless plant cultivation systems – a review. Scientia Horticulturae, 212, 220 – 234.

［ 2 ］ Battler, M., Richard, J., Boucher, D., & Spray, J. (2006). Developing an anorthositic lunar regolith simulant. In 37th Annual Lunar and Planetary Science Conference, abstract 1622.

［ 3 ］ Baur, P. S., Clark, R. S., Walkinshaw, C. H., & Scholes, V. E. (1974). Uptake and translocation of elements from Apollo 11 lunar material by lettuce seedlings. Phyton, 32, 133 – 142.

［ 4 ］ Blanco – Canqui, H., Lal, R., Post, W. M., Izaurralde, R. C., & Shipitalo, M. J. (2006). Organic carbon influences on soil particle density and rheological properties. Soil Science Society of America Journal, 70, 1407 – 1414.

［ 5 ］ Borer, B., Jimenez – Martinez, J., Stocker, R., & Or, D. (2020). Reduced gravity promotes bacterially mediated anoxic hotspots in unsaturated porous media. Scientific Reports, 10, 8614.

［ 6 ］ Cain, J. R. (2016). Humans in space and chemical risks to health. Spaceflight, 58, 336 – 341.

［ 7 ］ Cain, J. R. (2018). Mars colonisation: The hazards and exposure control. Journal of the British Interplanetary Society, 71, 178 – 185.

［ 8 ］ Cain, J. R. (2020). Astronaut eye exposure to microgravity, to radiation and to lighting. Journal of the British Interplanetary Society, 73, 390 – 396.

［ 9 ］ Carrier, W. D., III., Olhoeft, G. R., & Mendell, W. (1991). Physical properties of the lunar surface. In G. Heiken, D. Vaniman, & B. M. French (Eds.), Lunar Sourcebook (pp. 475 – 594). Cambridge University Press.

［10］ Cooper, M., Douglas, D., & Perchonok, M. (2011). Developing the NASA food system for longduration missions. Journal of Food Science, 76, R40 – R48.

［11］ Donahue, R. L., Miller, R. W., & Shickluna, J. C. (1977). Soils: An introduction to soils and plant growth. Prentice – Hall. ISBN 978 – 0 – 13 – 821918 – 5.

［12］ Dubinskii, A. Y., & Popel, S. I. (2019). Water formation in the lunar regolith. Cosmic Research, 57, 79 – 94.

［13］ Ehrlich, J. W., Massa, G., Wheeler, R., Gill, T. R., Quincy, C., Roberson, L., Binsted, K., & Morrow, R. (2017). Plant growth optimization by vegetable production system in HI – SEAS analog habitat. AIAA Space and astronautics forum and exposition (p. 5143).

［14］ Eichler, A., Hadland, N., Pickett, D., Masaitis, D., Handy, D., Perez, A., Batcheldor, D., Wheeler, B., & Palmer, A. (2020). Challenging the agricultural viability of Martian regolith simulants. Icarus, 114022.

［15］ Engelschiøn, V. S., Eriksson, S. R., Cowley, A., Fateri, M., Meurisse, A., Kueppers, U., & Sperl, M. (2020). EAC – 1A: A novel large – volume lunar regolith simulant. Scientific

Reports，10，5473.

[16] Ferl，R.，Wheeler，R.，Levine，H. G.，& Paul，A. L. (2002). Plants in space. Current Opinion in Plant Biology, 5, 258 – 263.

[17] Ferl，R. J.，& Paul，A. - L. (2010). Lunar plant biology – a review of the Apollo era. Astrobiology, 10, 261 – 274.

[18] Fu，Y.，Li，L.，Xie，B.，Dong，C.，Wang，M.，Jia，B.，Shao，L.，Dong，Y.，Liu，H.，Liu，G.，Liu，B.，Hu，D.，& Liu，H. (2016). How to establish a bioregenerative life support system for long – term crewed missions to the moon or mars. Astrobiology, 16, 925 – 936.

[19] Gericke，W. F. (1938). Crop production without soil. Nature, 141, 536 – 540. Heiken，G. H.，Vaniman，D. T.，French，B. M.，et al. (Eds.). (1991). The lunar sourcebook: A user's guide to the moon. Cambridge University Press.

[20] Hill，E.，Mellin，M. J.，Deane，B.，Liu，Y.，& Taylor，L. A. (2007). Apollo sample 70051 and highand low – Ti lunar soil simulants MLS – 1A and JSC – 1A: Implications for future lunar exploration. Journal of Geophysical Research, 112, E02006.

[21] Hirai，H.，& Kitaya，Y. (2009). Effects of gravity on transpiration of plant leaves. Annals of the New York Academy of Sciences, 1161, 166 – 172.

[22] Honniball，C. I.，Lucey，P. G.，Li，S.，et al. (2020). Molecular water detected on the sunlit moon by SOFIA. Nature Astronomy. https://doi.org/10.1038/s41550 – 020 – 01222 – x.

[23] Houston，W. N.，Mitchell，J. K.，& Carrier，W. D. III. (1974). Lunar soil density and porosity. In Proceedings of the 5th Lunar and planetary science conference (pp. 2361 – 2364).

[24] Hu，E.，Bartsev，S. I.，& Liu，H. (2010). Conceptual design of a bioregenerative life support system containing crops and silkworms. Advances in Space Research, 45, 929 – 939.

[25] Hui，H.，Peslier，A. H.，Zhang，Y.，& Neal，C. R. (2013). Water in lunar anorthosites and evidence for a wet early moon. Nature Geoscience, 6, 177 – 180.

[26] Hyatt，M. J.，& Feighery，J. (2007). Lunar dust: Characterisation and mitigation. NASA, https://ntrs.nasa.gov/archive/nasa/casi.ntrs.nasa.gov/20080005580.pdf.

[27] Jones，A. (2019). China grew two cotton leaves on the moon. Spectrum. ieee.org/techtalk/aerospace/robotic – exploration/china – grew – these – leaves – on – the – moon. Jost，A. - I. K.，Takayuki，H.，& Iversen，T. H. (2015). The utilization of plant facilities on the international space station—the composition, growth, and development of plant cell walls under microgravity conditions. Plants, 4, 44 – 62.

[28] Kiss，J. Z. (2014). Plant biology in reduced gravity on the moon andmars. Plant Biology, 16, 12 – 17.

[29] Korotev，R. L. (2020). The chemical composition of lunar soil. sites.wustl.edu/meteoritesite/items/the – chemical – composition – of – lunar – soil/.

[30] Kozyrovska，N. O.，Korniichuk，O. S.，Voznyuk，T. M.，Kovalchuk，M. V.，Lytvynenko，T. L.，Rogutsky，I. S.，Mytrokhyn，O. V.，Estrella – Liopis，V. R.，Borodinova，T. L.，Mashkovska，S. P.，Foing，B. H.，& Kordyum，V. A. (2004). Microbial community in a precursory scenario of growing Tagetes patula in a lunar greenhouse. Space Science Technology, 10, 221 – 225.

[31] Kozyrovska, N. O., Lytvynenko, T. L., Korniichuk, O. S., Kovalchuk, M. V., Voznyuk, T. M., Kononuchenko, O., Zaetz, I., Rogutsky, I. S., Mytrokhyn, O. V., Mashkovska, S. P., Foing, B. H., & Kordyum, V. A. (2006). Growing pioneer plants for a lunar base. Advances in Space Research, 37, 93 - 99.

[32] Kruzelecky, R. V., Brahim, A., Wong, B., Haddad, E., Jamroz, W., Cloutis, E., Therriault, D., Ellery, A., Martel, S., & Jiang, X. X. (2012). Project moondust: Characterisation and mitigation of lunar dust. In 41st International conference on environmental systems. 2011. https://doi.org/10.2514/6.2011 - 5184.

[33] Li, Y., Liu, J., & Yue, Z. (2009). NAO - 1: Lunar highland soil simulant developed in China. Journal of Aerospace Engineering, 22, 53 - 57.

[34] Lytvynenko, T., Zaetz, I., Voznyuk, T., Kovalchuk, M., Rogutskyy, I., Mytrokhyn, O., Lukashov, D., Estrella - Liopis, V., Borodinova, T., Mashkovsha, S., Foing, B., Kordyum, V., & Kozyrovska, N. (2006). A rationally assembled microbial community for growing Tagetes patula L. in a lunar greenhouse. Research in Microbiology, 157, 87 - 92.

[35] Maggi, F., & Pallud, C. (2010). Space agriculture in micro - and hypo - gravity: A comparative study of soil hydraulics and biogeochemistry in a cropping unit on earth, mars, the moon and the space station. Planetary and Space Science, 58, 1996 - 2007.

[36] Maggi, F., & Pallud, C. (2010). Martian base agriculture: The effect of low gravity on water flow, nutrient cycles and microbial biomass dynamic. Advances in Space Research, 46, 1257 - 1265.

[37] Maimwald, V., Vrakking, V., Zabel, P., Schubert, D., Waclavicek, R., Dorn, M., Flore, L., Imhof, B., Rousek, T., Rossetti, V., & Zeidler, C. (2020). From ice to space: A greenhouse design for moon or mars based on a protype deployed in Antarctica. CEAS Space Journal. https://doi.org/10.1007/s12567 - 020 - 00318 - 4.

[38] McKay, D. S., Fruland, R. M., & Heiken, G. H., (1974). Grain size and the evolution of lunar soils. In Proceedings of the 5th Lunar and planetary science conference (Vol. 1, pp. 887 - 906).

[39] McKay, D. S., Heiken, G., Basu, A., Blanford, G., Simon, S., Reedy, R., French, B., & Papike, J. (1991). The lunar regolith. In G. Heiken, D. Vaniman & B. French (Eds.), Lunar Sourcebook. Cambridge University Press.

[40] McKay, D. S., Carter, J. L., Boles, W. W., Allen, C. C., & Allton, J. H. (1994). JSC - 1: A new lunar soil simulant. Engineering, Construction, and Operations in Space IV, American Society of Civil Engineers, 857 - 866.

[41] McKay, D. S., & Ming, D. W. (1990). Properties of lunar regolith. Developments in Soil Science., 19, 449 - 462.

[42] Meinen, E., Dueck, T., Kempkes, F., & Stanghellini, C. (2018). Growing fresh food on future space missions: Environmental conditions and cropmanagement. Scientia Horticulturae, 235, 270 - 278.

[43] Milliken, R. E., & Li, S. (2017). Remote detection of widespread indigenous water in lunar pyroclastic deposits. Nature Geoscience, 10, 561 - 565.

[44] Mytrokhyn, O. V., Bogdanova, S. V., Shumlyanskyy, L. V. (2003). Anorthosite rocks of Fedorivskyy Suite (Korosten Pluton, Ukrainian Shield). Current Problems in Geology. Kyiv National University, Kyiv, 53 - 57.

［45］　NASA. （2018）. Lunar impacts. https：//www. nasa. gov/centers/marshall/news/lunar/lunar _ impacts. html.

［46］　Nelson，M. （2018）. Pushing our limits：Insights from Biosphere 2. University of Arizona Press. https：//doi. org/10. 2307/j. ctt1zxsmg9.

［47］　Pilehvar，S.，Arnhof，M.，Pamies，R.，Valentini，L.，Kjøniksen，A. L. （2020）. Utilization of urea as an accessible superplasticizer on the moon for lunar geopolymer mixtures Journal of Cleaner Production，247，119177.

［48］　Pouwels，C. R.，Wamelink，G. W. W.，Musilova，M.，& Foing，B. （2020）. Food for extra - terrestrial missions on native soil. In 51st Lunar and Planetary Science Conference，USA，abstract 1605.

［49］　Rask J. （2018）. Lunar dust toxicity. In B. Cudnik （Eds.），Encyclopedia of lunar science. Springer，Cham Rampazzo，N.，Blum，W. E. H.，& Wimmer，B. （1998）. Assessment of soil structure parameters and functions in agricultural soils. Die Bodenkultur，49，69 - 84.

［50］　Sardare，M. D.，& Admane，S. V. （2013）. A review on plant without soil - hydroponics. International Journal of Research in Engineering and Technology，2，299 - 304.

［51］　Suescan - Florez，E.，Roslyakov，S.，Iskander，M.，Baamer，M. （2015）. Geotechnical properties of BP - 1 lunar regolith simulant. Journal of Aerospace Engineering，28. https：//doi. org/10. 1061/ （ASCE） AS. 1943 - 5525. 0000462.

［52］　Slyuta，E. N. （2014）. Physical and mechanical properties of the lunar soil （a review）. Solar System Research，48，330 - 353.

［53］　Stubbs，T. J.，Vondrak，R. R.，& Farrell，W. M. （2007）. Impact of dust on lunar exploration. Goddard spaceflight center，http：//helf. jsc. nasa. gov/files/ StubbsImpactOn Exploration. 4075. pdf.

［54］　Taylor，L. A. Schmitt，H. H.，Carrier III，W. D. & Nakagawa，M. （2005）. The lunar dust problem：From liability to asset. 1st space exploration conference：Continuing the voyage of discovery. Orlando，Florida，United States，pp. 71 - 78.

［55］　Taylor，L. A.，Pieters，C. M.，& Britt，D. （2016）. Evaluations of lunar regolith simulants. Planetary Space Science，126，1 - 7.

［56］　Toklu，Y. C.，Çerñevik，A. E.，Kandemir，S. Y.，& Yayli，M. O. （2017）. Production of lunar soil simulant in Turkey. In 2017 8th International Conference on Recent Advances in Space Technologies，IEEE，1 - 5.

［57］　Walkinshaw，C. H.，Sweet，H. C.，Venketeswaran，S.，& Horne，W. H. （1970）. Results of Apollo 11 and 12 quarantine studies on plants. BioScience，20，1297 - 1302.

［58］　Walkinshaw，C. H.，& Johnson，P. H. （1971）. Analysis of vegetable seedlings grown in contact with Apollo 14 lunar surface fines. Hortscience，6，532 - 535.

［59］　Walkinshaw，C. H.，& Galliano，S. G. （1990）. New crops for space bases. In J. Janick & J. E. Simon （Eds.），Advances in new crops. Proceedings of the first national symposium on new crops：Research，development，economics，Indianapolis，Indiana （pp. 532 - 535）.

［60］　Wamelink，G. W. W.，Goedhart，P. W.，van Dobben，H. H.，& Berendse，F. （2005）. Plant species as predictors of soil pH：Replacing expert judgement by measurements. Journal of Vegetation Science，16，461 - 470.

［61］　Wamelink，G. W. W.，Frissel，J. Y.，Verwoert，W. H. J.，& Goedhart，P. W.（2014）. Can plants grow on mars and the moon：A growth experiment on mars and moon soil simulants. PLoS ONE，9，e103138.

［62］　Wamelink，G. W. W.，Frissel，J. Y.，& Verwoert，M. R.（2019）. Crop growth and viability of seeds on mars and moon soil simulants. Open Agriculture，4，509 – 516.

［63］　Weiblen，P. W.，& Gordon，K.（1988）. Characteristics of a simulant for lunar surface materials. Second conference on lunar bases and space activities of the 21st century（p. 254）.

［64］　Wyatt，S. E.，& Kiss，J. Z.（2013）. Plant tropisms：From darwin to the international space station. American Journal of Botany，100，1 – 3.

［65］　Zaets，I.，Burlak，O.，Rogutsky，I.，Vasilenko，A.，Mytrokhyn，O.，Lukashov，D.，Foing，B.，& Kozyrovska，N.（2011）. Bioaugmenation in growing plants for lunar bases. Advances in Space Research，47，1071 – 1078.

［66］　Zhang，X.，Osinski，G. R.，Newson，T.，Ahmed，A.，Touqan，M.，Joshi，D.，& Hill，H.（2019）. A comparative study of lunar regolith simulants in relation to terrestrial tests of lunar exploration missions. 50th Lunar and planetary science conference LPI contribution no. 2132.

［67］　Zheng，Y.，Wang，S.，Ziyuan，O.，Yongliao，Z.，Jianzhong，L.，Xiongyao，L.，& Junming，F.（2009）. CAS – 1 lunar soil simulant. Advances in Space Research，43，448 – 454.

［68］　Zhu，C.，Crandall，P. B.，Gillis – Davis，J. J.，Ishli，H. A.，Bradley，J. P.，Corley，L. M.，& Kaiser，R. I.（2019）. Untangling the formation and liberation of water in the lunar regolith. In Proceedings of the National Academy of Sciences of the United States of America 116（pp. 11165 – 11170）.

第 3 部分
月球居住区人类的医学与健康观

第 7 章　月球低重力的长期影响

马克·谢尔哈默

摘　要　长期低重力（月球）的影响尚不知晓。阿波罗登月任务是人类在月球低重力条件下生存的唯一经历。登月任务中的暴露是短暂的，几乎没有遇到任何重大的可归因于低重力的医学问题。动物实验虽然对阐明部分重力效应具有重要价值，但将其推演到人类低重力反应具有不确定性。现在最佳的动物实验（2021）正在国际空间站离心机上用啮齿动物进行。我们可能会认为，在长期失重状态下（如国际空间站）出现的一些主要生理问题也会在长期月球低重力下出现，但这还不能确定。月球上的重力水平虽然降低了，但并非为零，这很可能足以防止或显著减少失重状态下出现的主要生理失调。而通过这种方式，没有得到充分缓解的生理失调可能会从额外的锻炼和间歇性的较高重力水平的暴露中受益。

7.1　前言

人类在地球上 1g 重力环境中进化和发育，人体许多生理功能发挥着支持或对抗这个重力常数的功能作用。对抗重力负荷提供了一种自然和急需的方法来维持肌肉、骨骼和心血管系统的完整性。在失重状态下，宇航员有一个全方位的锻炼计划，以保持整个生理系统的健康。在月球定居点重力降低的情况下，日常活动中的自然运动可能无法提供足够的刺激来维持这些系统，目前还不清楚多大程度上的运动才能弥补这一不足，也不清楚具体需要多少。我们将讨论其中的部分问题、生理失调的潜在后果以及可能的对策。

这些问题都受到数据匮乏的困扰。为了正确研究月球重力对人体的影响（在真正去月球之前），必须消除地球上无处不在的 1g 重力场。这可以在抛物线飞行（卡尔玛利和谢尔哈默，2008）中实现，也可以在持续较长时间（但仍然相对较短）的亚轨道太空飞行中实现。在理想情况下，实验必须在轨道太空飞行中的人体离心机上进行。目前，这样的设备在太空中还不存在，考虑到其费用（成本、质量、体积、功率），它是否会在短期内出现，还不确定。因此，根据理论上的考虑和长期失重状态下（例如，在国际空间站上 6 个月或更长时间）的观察，我们可以推测长期月球重力下生活所带来的影响。

因此，这里对太空飞行效应的描述来自多方面的研究成果，最著名的是巴拉特等人（2019）和 NASA 人类研究计划的人类研究路线图。我们讨论由于月球低重力暴露而引起的主要生理问题，如在月球驻留中，人体反应在很大程度上局限于环境变化和适应性过程的问题，而不是医疗问题本身（伤害）或作业问题（团队合作、人机系统交互）。我们还注意到，月球土壤/尘埃（表层土）是一个有害的作业因素，涉及医学问题，本书将单独讨论这个问题，同样在月球重力中人体前庭和神经学也值得考虑。

7.2　人体这些变化是什么？它们很重要吗？

这里所考虑的一些生理变化反映了人体对月球环境的适应性。例如骨丢失、肌肉萎缩和心血管失调（朗，等，2017；奥伯特，等，2016）。由于月球重力水平较低，维持人体正常肌肉骨骼负荷的缺失，身体自然地通过降低骨骼和肌肉中不需要的能力来保存资源。由于心脏不需要努力工作来抵抗向下的重力来维持血液灌注到头部，心血管系统也可能退化。如前所述，月球长期重力所致的这些人体变化程度尚不清楚，这些变化本身可能对真正的定居者没有危害，因为他们不打算返回地球。如果他们计划返回地球，那么其骨密度、肌肉质量和心脏容量的下降肯定有损健康。

对于那些留在月球上的移民来说，这个猜想是一个警示。如果一个人永久定居在月球上，避免在栖息地之外从事繁重的工作，那么相对于地球正常情况，其结构和功能的一定程度的退化很可能是可以接受的。在户外工作时，繁重的服装增加了身体质量、行动能力和身体平衡的额外负担（生命支持的沉重背包）。这种情况可能会随着技术的进步而改变，但在可预见的未来，该服装将削弱移动性，可能导致难以保持平衡。再加上前庭功能的变化，二者结合可能会导致在月球表面工作时摔倒，这在阿波罗任务中表现明显。如果肌肉力量下降，跌倒后恢复的能力可能会受损，如果伴随骨结构退化，发生骨折的可能性就会增加。在医疗资源可能有限的情况下，这并不是一个无关紧要的问题。

与骨密度下降相关的是，可能增加肾结石的发病率（皮特兹克，等，2007；卡斯米，等，2011）。由于人体没有负荷，体内的钙从骨骼中流失，进入泌尿系统后通常被排泄出来。然而，尿液中高浓度的钙会导致肾结石的产生，在失重环境下流体动力学的改变可能会加剧这一趋势。与飞船在进行深空探索的长期旅行相比，如果具备适当的临床处置能力，在月球上发生这种疾病，可以像在地球上一样得到治疗。

在其他情况下，无论人们是否留在月球上或返回地球，与太空飞行有关的变化显然都是不利于健康的。这些变化在任何环境下，人体本质上都是不适应的。在长时间的太空飞行中，已经注意到免疫功能的变化（科瑞欣，等，2020），人体有各种各样的免疫改变，其中许多似乎是良性的。尽管其后果尚不确定，但有两个特别有趣的变化：潜伏病毒的脱落（重新激活）和皮疹增加。到目前为止，这些问题已得到充分解决，没有产生严重后果。由于在返回的宇航员中，疾病似乎没有显著增加——几个月来首次接触到未被隔离的家庭成员——目前尚不清楚在这一领域是否有任何临床相关的问题。另一个不确定后果的问题是肠道微生物群的变化：大量微生物生活在人体肠道中，并促进人体各种生理（和认知）功能（伍里斯，等，2019）。许多应激源可能导致在太空飞行中观察到的变化，其中包括饮食和药物的改变。

与其他问题一样，目前还不清楚这些不适应过程在月球重力下会在多大程度上终止（而在失重状态下对其进行了广泛观察和研究）。目前还不清楚它们在多大程度上是由于低重力本身所致，或者更确切地说，还是由于与太空飞行相关的无数相关压力源：工作负荷、隔离、封闭、睡眠和明暗周期变化，以及其他许多因素等。然而，明智的做法是监测这些生理系统，为必要的医疗干预做好准备，包括检疫和隔离。

7.3　月球重力是成熟的对抗措施吗？

如前所述，目前还不清楚月球重力本身将在多大程度上可以作为应对这些生理退化效应的对抗措施。国际空间站上宇航员进行有规律的、剧烈的运动锻炼（有些人每天运动长达两个小时）。这一对策在减轻心血管退化、骨丢失和肌肉萎缩的最严重影响方面非常有效（由于皮质骨和小梁骨丢失的速度不同，对骨强度的影响也不同，因此作为锻炼结果的骨密度维持是否与骨强度的保持直接相关尚不清楚）。在某种程度上，希望这些能力保持于或者接近地球标准（或至少缓解低重力的退化），有氧和抗阻运动可能有益，而且在月球栖息地也很容易适应。

另一种对策方法是间歇式离心运动——一种产生人工重力的方式（克莱门特，等，2015）。虽然无法旋转整个月球栖息地，但提供一个小型离心机完全可行；在这种情况下，月球定居者可以在短时间内体验到地球水平（或至少高于月球水平）的重力惯性力。一种有趣的可能性是在这种离心机上放置床，允许一些生理过程受益于重力暴露，有望帮助维持骨骼、肌肉和心血管功能（也许还有其他功能）。这是一个很有吸引力的应用前景，但目前却面临着一个一般的人工重力理论固有的问题：目前没有关于维护人体结构和功能所必需的暴露水平或持续时间的数据（拉克纳和迪齐奥，2000）。

7.4　返回地球？

也许值得注意的是，对月球定居者来说，返回地球的可能性不大，而且随着时间的推移可能性会越来越低，这有几个缘由。首先，所需的推进动力和航天飞行器资源可能会更好地用于建造和支持月球栖息地。第二，一个繁荣定居点的发展可能取决于定居者是否愿意留下来，在这种情况下，轻易撤离月球将不利于定居点的发展。最后，在月球表面停留了很长一段时间后，骨骼、肌肉以及心血管功能在低重力环境下降到如此的程度——在缺乏强有力的对抗措施的情况下——回到地球正常的 $1g$ 重力将导致无法接受的巨大功能缺陷（这在上面已经讨论过了）。换句话说，对于那些打算永远不返回地球的人来说，可能会在某个时候做出一个决定，使返回地球所需的对抗措施不再值得实施，这可能是一个不可逆转的决定。这不仅对医疗后送（见下文）有影响，而且对移民的心理状态也有影响——一旦人们意识到返回地球不太可能，甚至是不可能，他们就会更加焦虑（谢尔哈默，2020）。

7.5　医疗问题

月球低重力可诱发生理问题，这提示我们应考虑采取一系列医疗措施，以减轻或治疗不利影响。如前所述，事实上，由于月球重力过低的影响，可能还会导致一些额外的问题，而那些可能发生的医学问题应该可以通过适当的对策给予"治疗"。阿波罗任务中的医疗问题主要与登月作业或后勤保障、相对原始的月球居住地（主要用于运输而非居住的登月舱）有关，同时登陆月球表面的宇航员的可用资源极其有限（可以装进登月舱的物品少）。相比之下，未来月球医疗问题可能更多地是由探险者和定居者所进行的活动所致：这些可能是更常见的问题，如受伤和创伤，特别是随着任务时间变得更长、工作更加费劲。在极端情况下，可能考虑撤回地球，但这也会带来一系列问题。发射和着陆时的加速和振动，航天飞行器内空间相对狭小，以及在转运过程中持续提供医疗支持存在困难，所有这些都不支持撤回地球。这样的撤离将需要几天时间，且需要大量的资源，即使有一艘合适的飞船可供使用，返回地球的旅程也不是没有风险。从月球定居点进行医疗撤离后送并非小事。

那么，如何处理可能的医疗问题呢？（安东森，等，2018；堪格，等，2016；雷耶斯，等，2020）。这些医学问题可能很常见，但有限的治疗和撤离能力可能会把小问题变成悲剧。例如药物的有效期（布鲁，等，2019），药物被带到月球定居点，在使用前需要储存多年。这是太空飞行特有的值得关注的问题，如果不能保证再补给，可能需要新的解决方案（如原位合成）。建议制定全面的医疗/生理监测方案，至少在早期定居任务中，以确定是否有意外的生理异常问题，需要通过对抗措施或加强医疗保健来解决。至少，应该对最可能预先考虑到的问题进行仔细评估，以便提供最相关的医疗设备，根据经验逐步得以加强。相对于轨道和跨行星飞行期间携带资源的匮乏，月球定居者可以获得（据推测）更大的质量、功率和体积资源，应该可以解决更多的问题，甚至可以积极主动地解决一些问题。

7.6　辐射

在长时间月球停留期间，对辐射的影响存在一些疑问（钱塞勒，等，2014）。根据一些人的说法，来自银河宇宙射线和太阳粒子事件的辐射增加，超出了范艾伦辐射带的保护屏蔽，将使人类探索只能局限于最短暂的短途太空探索旅行。另一些人则认为，这些风险被夸大了，屏蔽和其他预防措施可以减轻辐射所带来的固有风险。作业和工程解决方案：月球，特别是嵌入地下的庇护所，可以提供比航天器更强的屏蔽作用。

即使辐射的生物医学风险可以减轻，有趣的是，低重力和辐射之间存在相互作用的可能性。证据很少——甚至比这里讨论的其他系统还要少。然而，低重力（甚至 0g）可能会对 DNA 损伤修复机制产生不利影响，这尤其令人不安，因为修复辐射损伤需要这些机制（莫雷诺-维拉努瓦，吴，2019）。另一方面，有一些证据表明存在有益的协同效应（科汉，等，2019）。目前这个问题仍然没有答案。

7.7　动物模拟实验

动物后肢去负荷是一种动物模型，在飞行离心实验更完整之前，这种模型提供了关于身体重力负荷持续减少的影响的最相关信息。这种去负荷与去除重力是不同的。在地球上的实验室中，重力在正常水平（1g）下是完全不变的。前庭系统和各种系统内部细胞仍然正常工作。例如，对流、沉降、细胞-细胞和器官-器官的剪切力没有明显的变化。动物后肢去负荷以一种特定方式模拟太空飞行的效应。这种模型通过去除后肢在经历重力时所承受的压力，从而去除后肢对地面的反作用力。这就消除了通常维持骨骼和肌肉强度的外部刺激。这通常在啮齿动物中进行实验，因此将其结果外推到人类身上存在不确定性（格洛布斯和莫雷霍尔顿，2016）。一些效应是由于身体和代谢需求的减少所致。在月球停留期间，这种情况不太可能发生，月球定居者可能会非常忙碌，可能会抵消重力减少可能导致的一些不利影响。最明显和最不令人惊奇的变化是所谓的抗重力骨骼和肌肉，它们主要位于下半身，对抗重力以保持姿势和直立体位（或者等同于动物四条腿站立姿势）。不太受重视的是代谢、氧化应激和炎症的伴随效应；同样，这些可能部分是由于其他应激源，而不仅仅是去负荷所致。

7.8　阿波罗登月的经验

在月球上表面行走的阿波罗宇航员（1969 年至 1972 年共有 12 名）很少报告在月球经历的具体问题（舒伊林，等，2008）。然而，这些任务都是短期任务，有着经过严格选拔的机组人员。大多数关注的问题都与严重受限的作业环境有关。在阿波罗号飞行器上，机组人员的居住时间不长，考虑垃圾管理和多样性营养等设施是次要的。这些问题可能会在更长时间的月球探索任务中得到纠正，可以利用定期补给、更好的后勤保障，同时在近 50 年来逐渐改进提高。在舱内暴露在月球尘埃中既是一个作业问题，也是一个医疗问题，无论如何都可以通过适当的工程方法来解决。

阿波罗登月步行者在进行月面活动时，偶尔也会摔倒。考虑到前庭功能和倾斜感知发生改变以及骨骼弱化的可能性，这可能是一个需要关注问题，特别是当身着航天服，宇航员活动能力受到限制时。即使是现在，舱外航天服导致的损伤也是一个问题。虽然没有证据表明月球暴露会导致前庭系统发生永久性或结构性的改变，但有证据表明人体倾斜感知发生了改变。同时，由于表面风化层和不灵活的舱外航天服而造成的足底变化，可能会加重跌倒的风险。如果月球重力加上额外的运动锻炼不足以维持骨骼完整性（以及肌肉和心脏功能），那么摔倒后果可能是毁灭性的。这些相互作用的影响可能是最重要的，因为它可能来自每种效应的叠加，而每一种效应都被认为得到了充分缓解（谢尔哈默，2019）。

可以想象，针对短期暴露在月球引力下的任何有益效应，来自阿波罗登月任务的数据可能会提供相关信息。在每一次任务中，两名宇航员登陆月球，一名留在月球轨道上。通过比较第一组（月球漫步者）和第二组（月球轨道飞行者）在飞行后的生理状态，也许可以确定在月球重力下的停留时间是否对失重状态下生理失调提供了对抗效应。这些数据大部分是可获得的（约翰逊，等，1975），但由于以下几个原因，其结果是不确定的。首先，人类对极端环境的反应具有很大变异性，再加上宇航员数量少（12 名宇航员完成了 6 次成功的登月任务），这使得很难辨别趋势的一致性。其次，在月球上停留的时间很短，时间最长的任务（阿波罗 17 号）在月球停留时间也只有 3 天，而整个任务持续时间超过了 12 天。任何影响都可能是短期的，与适应过程无关。最后，宇航员工作水平的不同（月球上的工作非常艰苦），使得比较结果失去意义。即使如此，关于人类在月球重力下的实践体验，目前这是唯一可用的数据。

7.9　有益的效应

值得指出的是，太空飞行中的一些其他有害生物医学影响，特别是失重所致，即使是像在月球上低 g 值环境中，也可能会有所改善。由于在 $0g$ 状态中（在轨道或深空飞行中）宇航员流体静力梯度消失，导致体液（血液、脑脊液）头向转移，将会产生几种效应，包括鼻窦充血、味觉和嗅觉迟钝。更严重的后果是在长时间的太空飞行后，眼睛结构和视力变化（李，等，2020）。根据现行理论，这是人体颅内液体压力（颅内压：ICP）轻微但长期升高的结果。由于体液头向转移，导致颅内液体出入受损。作为一种逃逸途径，液体沿着视神经鞘向下流动，然后冲击眼球后部。这改变了眼睛形状，从而改变了它的光学特性，进而改变了视力。也有证据表明视网膜损伤，压力升高也可能导致其他神经损伤，这是目前长期太空飞行中最严重的问题之一。在这个方面，即使是很小重力也能带来很大的好处：月球重力可能足以提供足够的流体静力梯度，以降低颅内压，并恢复沿身体长轴分布的正常健康流体状态。虽然这种严重的失重现象在月球上可能不是问题，但为了确认这一点，应该进行监测，在必要时实施与重力相关的对抗措施。

最后，我们可以考虑低重力环境中有益的心理效应。在轨道飞行中，许多宇航员已经注意到了总观效应：通过多年的辛勤努力，看到宏伟的地球，没有边界，产生了令人信服的幸福感（亚登，等，2016）。产生这种效应的一个可能的、尚未被认识到的因素可能是与失重相关的体验，这种体验奇妙而独特，从内心证实一个人是幸运的，因为他参与了一项罕见而非凡的冒险任务。在月球上，会带来这种刺激的完全没有重力的情况并不存在，但较低的月球重力本身就足够令人愉快了，正如一些阿波罗登月者所言。这将是令人难以置信的景象，包括返回地球的景象，显而易见离家足够近，给人一种离家不太远的感觉。这些在维持心理健康方面至关重要（特别是与设想的火星任务相比）。这可能会提供一种新的总观效应，这些因素可以显著减少压力，并可能有助于维持免疫、心血管和微生物群落的生理功能。

参 考 文 献

［1］ Antonsen, E. L., Mulcahy, R. A., Rubin, D., Blue, R. S., Canga, M. A., &Shah, R. (2018). Prototype development of a tradespace analysis tool for spaceflight medical resources. Aerospace Medicine and Human Performance, 89, 108.

［2］ Aubert, A. E., Larina, I., Momken, I., Blanc, S., White, O., Prisk, G. K., & Linnarsson, D. (2016). Towards human exploration of space: The THESEUS reviewseries on cardiovascular, respiratory, and renal research priorities. npj Microgravity, 2, 1.

［3］ Barratt, M. R., Baker, E., & Pool, S. L. (Eds.). (2019). Principles of clinical medicine for space flight (2nd ed.). Springer.

［4］ Blue, R. S., Bayuse, T. M., Daniels, V. R., Wotring, V. E., Suresh, R., Mulcahy, R. A., & Antonsen, E. L. (2019). Supplying a pharmacy for NASA exploration spaceflight: Challenges and current understanding. Npj Microgravity, 5, 1.

［5］ Canga, M., Shah, R. V., Mindock, J., & Antonsen, E. L. (2016). A strategic approach to medical care for exploration missions. In IAC – 16, E3, 6, 11, x35540, 67th International Astronautical Congress, Guadalajara, Mexico.

［6］ Chancellor, J. C., Scott, G. B., & Sutton, J. P. (2014). Space radiation: The number one risk to astronaut health beyond low earth orbit. Life, 4, 491.

［7］ Clément, G. R., Bukley, A. P., & Paloski, W. H. (2015). Artificial gravity as a countermeasure for mitigating physiological deconditioning during long – duration space missions. Frontiers in Systems Neuroscience, 9, 92.

［8］ Crucian, B. E., Makedonas, G., Sams, C. F., Pierson, D. L., Simpson, R., Stowe, R. P., Smith, S. M., Zwart, S. R., Krieger, S. S., Rooney, B., & Douglas, G. (2020). Countermeasures – based improvements in stress, immune system dysregulation and latent herpesvirus reactivation onboard the International Space Station – Relevance for deep space missions and terrestrial medicine. Neuroscience & Biobehavioral Reviews, 115, 68.

［9］ Globus, R. K., & Morey – Holton, E. (2016). Hindlimb unloading: Rodent analog for microgravity. Journal of Applied Physiology, 120, 1196.

［10］ Johnston, R. S., Dietlein, L. F., &Berry, C. A. (Eds.). (1975). Biomedical results of Apollo. Scientific and Technical Information Office, National Aeronautics and Space Administration.

［11］ Karmali, F., & Shelhamer, M. (2008). The dynamics of parabolic flight: Flight characteristics and passenger percepts. Acta Astronautica, 63, 594.

［12］ Kassemi, M., Brock, R., & Nemeth, N. (2011). A combined transport – kinetics model for the growth of renal calculi. Journal of Crystal Growth, 332, 48.

［13］ Kokhan, V. S., Lebedeva – Georgievskaya, K. B., Kudrin, V. S., Bazyan, A. S., Maltsev, A. V., & Shtemberg, A. S. (2019). An investigation of the single and combined effects of hypogravity and ionizing radiation on brain monoamine metabolism and rats' behavior. Life Sciences in Space Research, 20, 12.

[14]　Lackner, J. R., & DiZio, P. (2000). Artificial gravity as a countermeasure in long - duration space flight. Journal of Neuroscience Research, 62, 169.

[15]　Lang, T., Van Loon, J. J., Bloomfield, S., Vico, L., Chopard, A., Rittweger, J., Kyparos, A., Blottner, D., Vuori, I., Gerzer, R., & Cavanagh, P. R. (2017). Towards human exploration of space: The THESEUS review series on muscle and bone research priorities. npj Microgravity, 3, 1.

[16]　Lee, A. G., Mader, T. H., Gibson, C. R., Tarver, W., Rabiei, P., Riascos, R. F., Galdamez, L. A., & Brunstetter, T. (2020). Spaceflight associated neuro - ocular syndrome (SANS) and the neuro - ophthalmologic effects of microgravity: A review and an update. npj Microgravity, 6, 1.

[17]　Moreno - Villanueva, M., & Wu, H. (2019). Radiation and microgravity—Associated stress factors and carcinogensis. REACH, 13, 100027.

[18]　Pietrzyk, R. A., Jones, J. A., Sams, C. F., & Whitson, P. A. (2007). Renal stone formation among astronauts. Aviation, Space, and Environmental Medicine, 78, A9.

[19]　Reyes, D. P., Carroll, D. J., Walton, M. E., Antonsen, E. L., & Kerstman, E. L. (2020). Probabilisticrisk assessment of prophylactic surgery before extended - duration spaceflight. Surgical Innovation. https://doi.org/10.1177/1553350620979809.

[20]　Scheuring, R. A., Jones, J. A., Novak, J. D., Polk, J. D., Gillis, D. B., Schmid, J., Duncan, J. M., & Davis, J. R. (2008). The Apollo Medical Operations Project: Recommendations to improve crew health and performance for future exploration missions and lunar surface operations. Acta Astronautica, 63, 980.

[21]　Shelhamer, M. (2019). Maintaining crew & mission health & performance in ventures beyond near - earth space. In L. Johnson & R. Hampson (Eds.), Homo Stellaris. Baen.

[22]　Shelhamer, M. (2020). Human enhancements: New eyes and ears for Mars. In K. Szocik (Ed.), Human enhancements for space missions. Springer.

[23]　Voorhies, A. A., Ott, C. M., Mehta, S., Pierson, D. L., Crucian, B. E., Feiveson, A., Oubre, C. M., Torralba, M., Moncera, K., Zhang, Y., & Zurek, E. (2019). Study of the impact of long - duration space missions at the International Space Station on the astronaut microbiome. Scientific Reports, 9, 1.

[24]　Yaden, D. B., Iwry, J., Slack, K. J., Eichstaedt, J. C., Zhao, Y., Vaillant, G. E., & Newberg, A. B. (2016). The overview effect: Awe and self - transcendent experience in space flight. Psychology of Consciousness: Theory, Research, and Practice, 3, 1.

第8章 长期月球驻留期间中枢神经系统的变化及其临床相关问题

安德鲁·纽伯格

摘 要 本章的目的是阐述在月球上长期居住，对人类大脑功能和结构可能产生的影响。利用目前有关太空飞行对中枢神经系统长期影响的知识，我们可以推断月球环境的潜在影响。但必须认识到，月球环境与太空飞行中的微重力环境在一些关键方面有所不同。重要的是，如果人类计划在月球上进行长期的探索任务或建立永久的太空栖息地，必须确定长期暴露在月球环境中人体中枢神经系统是否会发生不利的变化。月球环境与太空飞行环境一样，存在着许多影响中枢神经系统结构和功能的因素，如低重力、电磁场、昼夜周期改变、辐射等。

8.1 前言

考虑到人类在月球上居住的可能性，我们必须考虑有关月球环境对中枢神经系统影响的一些问题。目前，关于在月球上生活及其对大脑影响的具体数据还很少。除了阿波罗任务中在轨停留时间外，月球上最长驻留时间大约只有3天。唯一与月球长期居住相关的信息来自各种空间站任务中的长期太空飞行任务（包括苏联和平号空间站、美国天空实验室和目前在轨的国际空间站）。

由于这些空间站任务，已经积累了大量关于人类长期太空驻留对人体中枢神经系统影响的数据，但是太空空间站上微重力环境和月球上会经历的各种环境因素有所不同。在月球上生活将会有许多可能影响人体中枢神经系统（CNS）及其功能的因素（见下表）。本章回顾了目前已知的太空环境对人体中枢神经系统的长期影响，并将这些知识应用于在月球上长期居住可能会出现的情况。这种方法只是一个起点，但一旦人类在月球上居住起来，必须继续获取持续性数据。

月球上驻留可能影响中枢神经系统的环境因素
- 低重力
- 昼夜周期的变化
- 辐射和磁场的影响
- 人工大气环境（含氧量、气压等）
- 机组/成员的选拔和相互协助
- 个人空间，工作区域，娱乐活动

此外，考虑到月球环境的影响可能更具体，以便为未来计划中的载人火星任务提供信息，在该任务中，宇航员将在太空和火星上停留长达三年之久。为了实施这些计划，必须确保人类可以安全地生活在这些环境中，而不会对中枢神经系统产生不良影响（克莱门特，等，2020；纽伯格，1994）。

关于航天飞行环境对人体中枢神经系统的总体影响，最早研究基于美国天空实验室和俄罗斯在礼炮号与和平号空间站任务，太空飞行时间范围从 28 天到 300 多天不等（尼科戈西安，1994），没有观察到宇航员发生明显的神经心理变化（巴基和霍米克，2003；约翰斯顿和戴特林，1977）。但可能会在不同水平上发生许多变化，包括对行为、绩效和心理的长期影响、大脑功能和结构变化、大脑代谢变化、神经元和神经连接的可塑性，以及神经递质系统的变化。

本章的目的是回顾各种空间飞行因素对大脑神经生理功能的影响，特别关注那些与月球环境最相关的因素。特别关注神经生理变化，这些变化可能是永久性的，也可能使人体长期处于某些危险之中。

8.2　太空飞行导致人体大脑结构和功能的总体变化

当谈到长期太空任务对大脑的整体影响时，国际空间站宇航员的初步成像数据显示，人员脑容量显著减少，脑脊液容量显著增加（霍普菲尔德，等，2020）。其中一些变化可能是由于微重力所致，其可能导致体液头向转移。虽然月球有一定的重力，但预计可能会有类似的变化。此外，脑容量的一些变化可能与辐射暴露等其他因素有关（见下文）。虽然其中一些变化似乎在返回地球后开始消退，但其他变化在返回地球后至少持续一年（克雷默，等，2020）。在一项研究中，对执行国际空间站任务的 7 名宇航员在飞行前后进行核磁共振检查显示，长时间太空飞行导致脑实质明显向大脑顶部靠近（罗伯茨，等，2019）。此外，左侧尾状核的变化与姿势控制不良显著相关。右侧初级运动区/中扣带回的变化与复杂运动任务的表现变差显著相关。在认知表现任务中，3 个白质区域的体积变化与较差的反应时间显著相关。鉴于这些发现，尚不清楚长时间太空飞行是否与一般神经功能障碍有关，或者可能会增加神经系统疾病的风险，比如阿尔茨海默病或帕金森病（谢里，等，2012），还需要未来研究评估这种关联的可能性。

一项针对 11 名宇航员的 MRI 功能连接研究显示，在飞行后，右侧后缘上回与大脑其他部分的刺激特异性连接增加（佩琴科娃，等，2019a，b）。左侧大脑和右侧大脑之间的联系也加强了。有几个区域连通性下降，包括前庭核、右顶叶下皮层（BA40）和小脑之间的连接减少，这些是与运动、视觉、前庭和本体感觉功能相关的区域。小脑与视觉皮层和右侧顶叶下皮层之间的连接也有所下降。这些变化表明，长时间太空飞行对大脑功能有显著影响，尤其与感觉信息处理相关，可能导致认知和情绪的变化。还需要进一步研究，以确定生活在月球重力环境中，是否会导致类似的感觉变化。月球重力低于地球，但和目前太空飞行任务中的微重力不一样。

随着体液转移的变化，各种电解质和营养物质的浓度也会发生变化（纽伯格，1994）。由于钠和钾等电解质对维持正常的神经元功能很重要，长时间持续这种变化也可能导致大脑功能的改变。

　　在神经递质研究方面，只进行了少数动物和人体研究，而且没有一项研究在实际太空飞行中测量了受试者特定大脑区域的神经递质水平。在一项动物研究中，观察暴露在太空停留一个月后的小鼠，除 D1 受体外，参与多巴胺合成和降解的关键基因表达下降（波波娃，等，2015）。作者指出，这些发现可能支持观察到的太空飞行导致的运动损伤和运动障碍。然而，在血清素系统中没有观察到这种影响。在达维多夫等的一项研究中（1986），在地球上受试者头低位卧床状态下的运动功能减退，导致其血清素活性开始增加。在超过70 天的运动功能减退过程中，与受试者基础数值相比，血清素活性在最初的增加之后开始下降。作者认为，这些变化代表了大脑对运动功能减退的适应，在适应过程中发生了动态变化，最终的数值减少反映了大脑对运动功能减退的完全适应。此外，该减少本身可能是对传入神经元刺激整体减少的反应。在同一研究中，组胺水平在整个运动功能减退期间都在增加，尽管这种增加的机制尚未明确。血清素和组胺水平在运动功能减退后约 25 天恢复正常。

　　一个重要的问题是，在长期太空飞行和登月任务中，宇航员大脑活动、脑容量和神经递质的中枢神经系统各种变化如何影响其认知、心理和行为模式。

8.3　在长期月球任务中的感觉变化

　　早期针对人类太空飞行的神经学研究大多集中于神经前庭系统，因为空间运动病（SMS）具有重要意义，特别是在美国航天飞机任务中，大部分是短时间飞行任务，SMS会显著影响工作效率。诱发 SMS 的原因主要为大脑试图适应微重力环境，从而对有关身体位置和方向的感觉输入进行重新解释。在长期飞行任务中和飞行之后，神经前庭处理信息过程发生改变，导致出现各种症状，如姿势不稳定、头晕、恶心和呕吐等（加曾科，1979）。

　　为了处置 SMS，采用了多种治疗/干预方式。限制头部运动的机械装置已显示部分有效，因为它能控制头部运动，而头部运动可能加重 SMS 症状（马特斯尼夫，等，1983）。已经采用生物反馈和其他心理干预措施来帮助宇航员控制 SMS 症状（考因斯，等，1982）。最常用的有效方法是采取药物治疗，包括使用各种给药途径的抗胆碱能药物（戴维斯，等，1993；霍米克，等，1983）。然而，没有一种治疗方式在减轻所有宇航员的SMS 症状方面获得一致成功，特别是药物治疗方法会产生疲劳、口眼干涩、认知障碍等副作用（戴维斯，等，1993；尼科戈西安，1994）。幸运的是，一旦个体适应了太空飞行环境，SMS 症状通常就会消失。宇航员神经前庭系统通常在 5～7 天内适应太空飞行环境，因此 SMS 对于长时间的太空飞行任务不是什么问题。此外，SMS 在月球任务中也不太可能成为一个问题，因为以天空为背景可以看到月球表面，进而有一个更好的视觉上下定位，同时在月球表面上存在部分重力，前庭上下定位也更明确。然而，月球环境仍有可能导致前庭功能和空间定位的一些重要变化，从而影响驾驶和其他操作任务（克拉克和杨，2017）。

人们还发现，在太空飞行任务中，感觉也会发生改变。太空飞行任务后，宇航员已经出现了味觉、嗅觉和触觉系统的变化（尼科戈西安，1994；克莱门特，等，2020）。在太空飞行任务中宇航员报告：他们饥饿感减少，饱腹感增加。在某种程度上，部分由于液体的转移和大脑功能的改变，食物往往尝起来乏味，需要更多的调味品（尤加诺夫和科帕涅夫，1975）。虽然感觉问题有些常见，但在这些反应中存在很强的变异性，而且加重或减轻的因素、变化时间、持续时间以及这些感觉紊乱的强度尚不清楚。

在视觉上，国际空间站上宇航员最显著的发现之一是一种被称为太空飞行相关的神经-眼综合征（SANS）的疾病，包括视力改变，眼科变化如棉绒斑、脉络膜折叠、视盘水肿等（马德，等，2011）。然而，由于月球不是零重力环境，目前还不清楚月球重力是否会导致类似的变化。报道的另一个视觉问题是在飞行过程中间歇性地感知闪光。这一现象在天空实验室进行了研究，证明是由重离子的宇宙粒子通过视网膜所致（桑尼塔，2006）。在月球环境中，预计这种闪光仍然可能存在，因为针对宇宙粒子，月球环境不能提供足够的屏蔽防护。

长时间暴露在月球低重力环境下，另一个效应是中枢神经系统发生了变化，这是一个适应反应，包括宇航员肌肉骨骼系统和姿势控制的变化（帕洛斯基，等，2006）。众所周知，在长时间太空任务中，由于存在低重力，肌肉质量会显著减少，尤其是抗重力肌（富克斯，1980；尼科戈西安，1994；桑顿和拉梅尔，1977）。可以预期，在长时间月球探索任务中，就像在长时间太空飞行中一样，承担控制、启动和协调所支配肌肉的大脑功能区域会发生显著改变（罗伯茨，等，2019）。这可能反映在运动皮质和运动前皮质的结构和功能变化，以及与运动协调有关大脑区域的变化，如基底神经节和小脑。在一项针对11名宇航员的研究中，研究人员测量了在长时间太空飞行前后的大脑功能性连接，发现大脑的感觉运动区域、视觉、本体感觉和前庭区域的连接存在显著差异（佩琴科娃，等，2019a，b）。这些影响可能会使宇航员在返回后面对地球1g重力环境的重新适应更加困难，特别是在经过持续几年的任务，如月球任务之后。然而，通过严格的运动锻炼，可以努力减轻这些低重力对肌肉和骨骼的影响（英格利希，等，2019）。假设这些措施在长时间月球任务中实施，希望这些影响不会造成太大的问题。

8.4　月球上的睡眠问题

在短期和长期航天飞行任务中，宇航员睡眠障碍有主观报告，也有客观观测记录。有些宇航员在任务结束时，每天需要12小时的睡眠，以确保正常的功能活动（塞斯勒，等，1991；吴，等，2018）。即使在太空中驻留了很长一段时间（许多个月）后，也发现存在睡眠问题，这表明即使在适应了太空环境之后，睡眠模式的改变可能是一个持久的问题。太空飞行任务对睡眠的影响似乎相对普遍，因为多达75%的宇航员在太空中需要服用安眠药物（巴杰，等，2014；桑蒂，等，1988）。

睡眠障碍最常见的原因与明暗周期的改变有关。例如，在国际空间站，24小时内大约有 16 次日出和日落。这些明暗周期的改变会极大地影响大脑维持正常昼-夜节律的能力。在国际空间站，无论太阳在天空中的位置如何，都会使用特殊方法确保宇航员在一天中有黑暗的睡眠区域和明亮的工作区域。在月球上长期居住需要采用类似的方法，但是这与明-暗循环周期完全不同，而且几乎相反。不是在给定 24 小时内出现多次日出，而是每 30 天出现一次日出。针对月球居住者，需要有特殊的区域来保证睡眠区域黑暗和工作区域明亮，即使一次月球明-暗循环周期大约为 2 周。睡眠变化可能由月球环境中的其他各种因素所致，如月球低重力、栖息地噪声和警报、空间运动病、不规律的轮班和工作负荷等（吴，等，2018），甚至宇航员的焦虑和兴奋也与睡眠减少有关（桑蒂，等，1988）。

就像在地球上一样，在太空或月球上睡眠受损可能会导致继发性问题，如认知能力下降、行为表现下降、增加焦虑和抑郁以及身体健康状况较差等。例如，戴克等人（2001）报道了认知表现与快速眼动睡眠缺失之间存在显著关联。另一项对执行和平号空间站任务的 28 名宇航员的一项研究发现，认知测试的错误率与正常睡眠-觉醒周期的偏离显著相关（内查耶夫，2001）。也有人认为，与太空飞行相关的睡眠问题可能与衰老相关的睡眠问题具有相似的机制（塞斯勒，等，1991）。然而，还需要更多的研究来确定太空飞行中睡眠障碍的潜在机制。这些研究结果可能对在长期月球任务中防止此类问题发生至关重要。睡眠问题已经通过各种方法得到了管理/处置，包括给予安眠药、光疗法，以确保在生活/睡眠区有适当的黑暗和光照时间，恰当的工作时间计划，提供良好的睡眠卫生保健（吴，等，2018）。同样重要的是，要仔细选拔那些更有良好睡眠能力和适应睡眠剥夺能力的乘员。在长期的月球任务中，必须考虑对个体采取类似的措施和方法。

8.5　月球上的辐射效应

长期以来，一直认为辐射暴露是长期太空飞行乘员所面临的一个可能重要问题。许多地基研究表明，电离辐射可以影响人体的大多数细胞，包括大脑细胞（尼科戈西安，1994；克莱门特，等，2020）。许多动物研究表明，长期暴露在太空中，辐射会对大脑造成损害。然而，很难确定长期辐射暴露的影响，特别是与长期驻留在月球上可能遭受的其他因素相叠加的影响（安提波夫，等，1991；莫雷诺-维拉努瓦和吴，2019）。

许多对动物和人的研究已经描述了辐射的神经生理效应，特别是与太空飞行环境有关时（纽伯格和阿拉维，1988；克莱门特，等，2020）。这些研究的结果明确表明，辐射暴露会对大脑产生有害影响。此外，有必要进行更广泛和更严格的研究，以评估在长期空间任务中辐射暴露可能对个体行为表现和机能造成的问题。总的来说，研究发现，辐射剂量越大，行为表现结果就越差。几项以小鼠和大鼠为实验对象的研究（库西诺塔和卡可，2019）表明，当中枢神经系统暴露于重离子时，低剂量辐射会导致认知障碍。大量证据表明，空间记忆的改变与粒子照射导致海马体的损伤有关（韦罗贝克和布里顿，2016）。此外，多巴胺能神经元可能对银河宇宙射线中富含铁的高电荷和高能粒子的影响特别敏感（科伊克，等，2015），这可能使从事长期太空任务的个人容易出现多巴胺能丧失和帕金森氏症等疾病。最近对一些动物研究的分析表明，长时间太空任务可能导致认知缺陷的相对风险显著增加，尽管这是 180 天月球任务估计的最低风险（库西诺塔和卡可，2020）。

8.6　与月球环境相关的认知问题

我们在上面已经讨论过，长时间月球任务可能涉及许多影响认知功能的因素。月球低重力、大脑功能改变、睡眠减少和辐射暴露都可能对认知产生不利影响。相关文献综述集合了一些已发表的研究，得出如下结论：长时间太空飞行任务对认知能力存在多种不同的影响，这些影响可能相当多变，以非常不同的方式影响执行任务的乘员（斯特兰曼，等，2014）。对一些乘员的认知影响很小，而对另一些人的认知影响较大。此外，认知变化发生在多个领域，并以选择性的方式影响乘员。另一方面，有一些研究表明，认知能力可能在长时间任务中保持稳定，特别是当乘员已经习惯了各种与任务相关的作业任务时（斯特兰曼，等，2014）。

与认知相关的部分问题是大脑适应新环境和新需求的自然调节能力。在太空飞行任务中，大脑很可能能够成功地适应新环境，这得到了神经可塑性研究的证实。研究表明，大脑实际上是通过改变小脑、感觉和运动区域以及前庭通路来适应不同环境的（范·奥姆本根，等，2017）。在这些变化过程中，认知可能会恶化，特别是如果特定认知领域不需要适应时。然而，随着适应的逐渐完成，宇航员的绩效和认知能力可能会提高。

针对太空飞行或月球基地环境对认知衰退的长期影响，目前没有足够的数据显示可能出现的风险和影响。由于辐射暴露效应、体液和容积的变化、睡眠不足、饮食变化和其他尚未确定的因素，参与长期月球任务者罹患阿尔茨海默病或帕金森症的风险可能会增加。但这一点没有明确的数据支持。

8.7　与月球环境相关的心理和行为问题

由于上述各种环境因素，以及宇航员之间相互交流协作问题，在长时间太空任务中，人们已经观察和考虑到可能会发生许多心理和行为变化，这些变化对未来月球探索任务有影响。心理和行为问题包括：认知和记忆功能受损；由于担心任务不成功以及害怕个人失败、受伤或死亡而导致的压力和焦虑增加；与社会隔离孤立和个人空间减少有关的问题；在飞船设计中，感觉剥夺或感觉过负荷的影响；与其他机组人员之间的个人问题或家庭问题，上述任何一个因素都有可能引起抑郁；这可能是由于太空飞行因素或通过内在的神经生理机制导致的人格改变（尼科戈西安，1994；克莱门特，等，2020）。

有趣的是，尽管并不奇怪，但是人们对太空飞行环境的心理和行为反应存在着许多个体间的差异，尤其是在隔离因素方面。例如，在一项隔离封闭实验中，6 名男性参与者完成了为期 520 天的模拟火星探索任务，该实验研究表明，其中 2 名成员出现了心理和任务相关的问题，约 85% 的问题与其他成员的冲突相关（巴斯纳，等，2014）。这 2 人也表现出了最高程度的焦虑和抑郁。

人类已经对太空中影响宇航员行为和绩效的因素进行了更为细致的探讨。这些因素包括决策能力、内在动机、个人适应能力、领导能力、生产效率和可靠性、人类各种情感、态度、身心疲劳度、机组组成及兼容性、个人心理稳定性、个人社交技能等。所有这些因素都会对行为和绩效产生严重影响。同样，还有一系列的环境因素也会影响人体的绩效和行为，这些因素包括月球基地的可居住性、封闭、隔离、缺乏隐私、噪声、人工生命支持、昼夜节律变化、危害物和无聊厌倦。

同样重要的是，需要考虑如何设计月球基地，以识别和减轻可能对人类心理和行为产生不利影响的潜在因素。首先，重要的是要考虑任务的持续时间和复杂性、工作分配、信息负荷和任务负荷等因素，如果对机组人员造成过大的压力，可能会导致严重的心理或行为问题。同样重要的是，需要考虑宇航员在月球基地如何做出决定，以及宇航员享有的自主程度。利用娱乐机会和其他方法来确保生活质量、机组人员和地球之间的交流，以及创造性的发泄渠道，都可能是有益的。

各种治疗干预能力及其成功应用部分取决于在太空任务中识别心理问题的能力，在月球上也是如此。许多研究分析了各种测试压力、绩效下降和心理不稳定的方法。例如，语音分析和其他定性测量方法可以用来确定宇航员的压力水平和情绪状态（西蒙诺夫和弗罗洛夫，1973）。但是，这些方法在确定航天任务中宇航员出现的问题时并不一致（克莱门特，等，2020）。长期探月任务中宇航员心理和行为方面的问题肯定需要得到解决，以便确定可能发生的方式和原因，如何防止发生，以及如果发生时如何处理。为了实现这些目标，需要彻底了解这些变化潜在的神经生理学机制，进而改进治疗和处置方法。

减少潜在心理和行为问题的一种方法，是在选拔过程中对候选者使用广泛测试。然而，迄今为止使用的大多数心理学工具的目标是排除个体存在严重的精神病理，通常无法预测哪些个体会出现行为问题或判断失误、与其他机组人员合作减少、明显易怒或破坏性人际行为等（柯林斯，2003）。因此，未来使用更好方法选拔执行长期月球任务的宇航员，这一点很重要。

继续研究长期太空飞行或月球任务对认知、心理和行为的各种影响也很重要。包括评估大脑功能的研究以及定期对在月球基地的个人进行临床评估。如果可能的话，在长时间的月球任务中，中枢神经成像可能是评估大脑功能的一个有趣选项。今天的神经成像技术为观察人类和动物中枢神经系统的结构和功能变化提供了机会。解剖成像可以使用 X 射线计算机断层扫描（CT）和磁共振成像（MRI）技术，功能成像可以使用功能性磁共振成像（fMRI）、正电子发射断层扫描（PET）和单光子发射计算机断层扫描技术（SPECT）。这些技术可以用于评估月球基地人员的纵向变化，以确定谁可能需要额外的支持措施，甚至需要返回地球。在月球上进行诊断性研究可能需要改变这类扫描仪的工程设计。核磁共振成像扫描仪和其他扫描仪都非常笨重，有很强磁场或辐射暴露。这些问题必须得到处置和改进，以便能够将其运送到月球，并在月球上安全使用。随着时间的推移，这种能力有机会成为可能，但在建设月球基地的早期阶段不太可能。

8.8　结　论

有多种方法可以防护月球环境对中枢神经系统的影响。与太空飞行环境相比，大脑在月球上更容易上下定位，因此预期出现前庭神经问题最少。

部分消除辐射影响的方法是，在月球上居住模块单元上覆盖足量的月球尘埃，以确保阻挡辐射，最大限度地减少暴露。一些学者提出，这可能至少有助于减少长期月球探索任务参与者在睡眠和其他活动的模块中的辐射暴露。某些区域显然无法被尘埃覆盖，特别是那些需要阳光照射的区域。然而，这至少是减少辐射暴露的一种可能选择。另一种可能性是围绕居住模块单元建立磁场，从而使辐射远离居住区。此外，一些证据表明，辐射影响可以通过饮食和饮食营养来部分减轻（特纳，等，2002）。例如，天然抗氧化剂维生素 E、维生素 C 和叶酸，以及 n-乙酰半胱氨酸，可以在月球上暴露于辐射之前、之中和之后服用。同样，生物类黄酮、表焙儿茶素、omega-3 多不饱和脂肪酸等分子也可能具有保护作用。

大量的个体训练/干预也可能包括适当的运动锻炼、饮食和营养调节、给予抗氧化补充剂和使用大脑刺激技术。在月球上长期居住期间，这些都有助于保持大脑健康。

需要提供适当的心理咨询，这可以通过地球心理咨询师或月球上的人员提供支持。重要的是要确保月球居住的精神和心理健康，因为他们可能会在那里生活很长一段时间。

参 考 文 献

［1］ Antipov, B. P., Davydov, B. I., Ushakov, I. B., & Fedorov, V. P. (1991). The effects of space flight factors on the central nervous system: Structural - functional aspects of the radiomodifying effect. Space Life Sciences Digest, 30, 72.

［2］ Barger, L. K., Flynn - Evans, E. E., Kubey, A., Walsh, L., Ronda, J. M., Wang, W., Wright, K. P., Jr., & Czeisler, C. A. (2014). Prevalence of sleep deficiency and use of hypnotic drugs in astronauts before, during, and after spaceflight: An observational study. Lancet Neurology, 13 (9), 904 - 912. https://doi.org/10.1016/S1474 - 4422 (14) 70122 - X.

［3］ Basner, M., Dinges, D. F., Mollicone, D. J., Savelev, I., Ecker, A. J., Di Antonio, A., Jones, C. W., Hyder, E. C., Kan, K., Morukov, B. V., & Sutton, J. P. (2014). Psychological and behavioral changes during confinement in a 520 - day simulated interplanetary mission to mars. PLoS ONE, 9 (3). https://doi.org/10.1371/journal.pone.0093298.

［4］ Buckey, J. C., & Homick, J. L. (Eds.). (2003). Neurolab Spacelab mission: Neuroscience research in space results from the STS - 90, Neurolab Spacelab mission. NASA SP - 2003 - 535. National Aeronautics and Space Administration Lyndon B. Johnson Space Center.

［5］ Clément, G. R., Boyle, R. D., George, K. A., Nelson, G. A., Reschke, M. F., Williams, T. J., & Paloski, W. H. (2020). Challenges to the central nervous system during human spaceflight missions to Mars. Journal of Neurophysiology, 123 (5), 2037 - 2063. https://doi.org/10.1152/jn.00476.2019.

［6］ Cherry, J. D., Liu, B., Frost, J. L., Lemere, C. A., Williams, J. P., Olschowka, J. A., & O'Banion, M. K. (2012). Galactic cosmic radiation leads to cognitive impairment and increased aβ plaque accumulation in a mouse model of Alzheimer's disease. PLoS ONE, 7 (12), e53275. https://doiorg.proxy.library.upenn.edu/10.1371/journal.pone.0053275.

［7］ Clark, T. K., & Young, L. R. (2017). A case study of human roll tilt perception in hypogravity. Aerospace Medicine and Human Performance, 88 (7), 682 - 687. https://doi - org.proxy.library.upenn.edu/https://doi.org/10.3357/AMHP.4823.2017.

［8］ Collins D. L. (2003). Psychological issues relevant to astronaut selection for long - duration space flight: a review of the literature. Human performance in extreme environments. Journal of the Society for Human Performance in Extreme Environments, 7 (1), 43 - 67. https://doi.org/10.7771/2327 - 2937.1021.

［9］ Cowings, P. S., Toscano, W. B., Reschke, M. F., Tsehay, A. (2018). Psychophysiological assessment and correction of spatial disorientation during simulated Orion spacecraft re - entry. International Journal of Psychophysiology, 131, 102 - 112. https://doi.org/10.1016/j.ijpsycho.2018.03.001. Epub 2018 Mar 2. PMID: 29505848.

［10］ Cucinotta, F. A., & Cacao, E. (2019). Risks of cognitive detriments after low dose heavy ion and proton exposures. International Journal of Radiation Biology, 95 (7), 985 - 998. https：//doi. org/ 10. 1080/09553002. 2019. 1623427.

[11] Cucinotta, F. A. , & Cacao, E. (2020). Predictions of cognitive detriments from galactic cosmic ray exposures to astronauts on exploration missions. Life Sciences Space Research，25，129 - 135. https：//doi - org. proxy. library. upenn. edu/10. 1016/j. lssr. 2019. 10. 004.

[12] Czeisler, C. A. , Chiasera, A. J. , & Duffy, J. F. (1991). Research on sleep, circadian rhythms and aging：Applications to manned space flight. Experimental Gerontology，26，217.

[13] Davis, J. R. , Jennings, R. T. , Beck, B. G. , &Bagian, J. P. (1993). Treatment efficacy of intramuscular promethazine for space motion sickness. Aviation Space Environmental Medicine，64 (3 Pt 1), 230 - 233.

[14] Davydov, N. A. , Galinka, Y. Y. , & Ushakov, A. S. (1986). Functional activity of the serotonin and histaminic systems in humans subjected to long - term hypokinesia. USSR Space Life Sciences Digest，4，80.

[15] Dijk, D. J. , Neri, D. F. , Wyatt, J. K. , Ronda, J. M. , Riel, E. , Ritz - De Cecco, A. , Hughes, R. J. , et al. (2001). Sleep, performance, circadian rhythms, and light - dark cycles during two space shuttle flights. American Journal Physiology. Regulatory，Integrative and Comparative Physiology, 281 (5), R1647 - R1664. https：//doi. org/10. 1152/ajpregu. 2001. 281. 5. R1647.

[16] English, K. L. , Bloomberg, J. J. , Mulavara, A. P. , & Ploutz - Snyder, L. L. (2019). Exercise countermeasures to neuromuscular deconditioning in spaceflight. Comprehensive Physiology, 10 (1), 171 - 196. https：//doi - org. proxy. library. upenn. edu/10. 1002/cphy. c190005.

[17] Fuchs, H. S. (1980). Man in weightlessness—Physiological problems, clinical aspects, prevention, and protection. Rivista Di Med. Aeronauticae Spaziale, 44, 332.

[18] Gazenko, O. G. , ed. (1979). Summaries of Reports of the 6th All - Soviet Union Conference on Space Biology and Medicine. (vol. 1 and 11) Kaluga, USSR.

[19] Homick, J. L. , Kohl, R. L. , Reschke, M. F. , Degioanni, J. , & Cintron - Trevino, N. M. (1983). Transdermal scopolamine in the prevention of motion sickness：Evaluation of the time course of efficacy. Aviation Space Environmental Medicine, 54 (11), 994 - 1000.

[20] Hupfeld, K. E. , McGregor, H. R. , Lee, J. K. , Beltran, N. E. , Kofman, I. S. , De Dios, Y. E. , Reuter - Lorenz, P. A. , et al. (2020). The impact of 6 and 12 months in space on human brain structure and intracranial fluid shifts. Cerebral Cortex Communications, 1 (1), tgaa023. https：// doi - org. proxy. library. upenn. edu/10. 1093/texcom/tgaa023.

[21] Koike, Y. , Frey, M. A. , Sahiar, F. , Dodge, R. , & Mohler, S. (2005). Effects of HZE particle on the nigrostriatal dopaminergic system in a future Mars mission. Acta Astronautica, 56 (3), 367 - 378. https：//doi - org. proxy. library. upenn. edu/10. 1016/j. actaastro. 2004. 05. 068.

[22] Kramer, L. A. , Hasan, K. M. , Stenger, M. B. , Sargsyan, A. , Laurie, S. S. , Otto, C. , Ploutz - Snyder, R. J. , et al. (2020). Intracranial effects of microgravity：A prospective longitudinalMRI study. Radiology, 295 (3). 640 - 648. https：//doi - org. proxy. library. upenn. edu/10. 1148/radiol. 2020191413.

[23] Mader, T. H. , Gibson, C. R. , Pass, A. F. , et al. (2011). Optic disc edema, globe flattening, choroidal folds, and hyperopic shifts observed in astronauts after long - duration space

flight. Ophthalmology，118，2058 － 2069. https：//doi. org/10. 1016/j. ophtha. 2011. 06. 021 pmid：21849212.

[24]　Matsnev，E. I.，Yakovleva，I. Y.，Tarasov，I. K.，Alekseev，V. N.，Kornilova，L. N.，Mateev，A. D.，& Gorgiladze，G. I. （1983）. Space motion sickness：Phenomenology，countermeasures，and mechanisms. Aviation Space Environmental Medicine，54 （4），312 － 317.

[25]　Moreno － Villanueva，M.，& Wu，H. （2019）. Radiation and microgravity—Associated stress factors and carcinogenesis. REACH，13. https：//doi. org/10. 1016/j. reach. 2019. 100027.

[26]　Nechaev，A. P. （2001）. Work and rest planning as a way of crew member error management. Acta Astronautica，49 （3 － 10），271 － 278. https：//doi. org/10. 1016/s0094 － 5765 （01） 00105 － 9.

[27]　Newberg，A. B.，& Alavi，A. （1998）. Changes in the central nervous system during long － duration space flight：Implications for neuro － imaging. Advances in Space Research：The Official Journal of the Committee on Space Research （COSPAR），22 （2），185 － 196. https：//doi － org. proxy. library. upenn. edu/10. 1016/s0273 － 1177 （98） 80010 － 0.

[28]　Newberg，A. B. （1994）. Changes in the central nervous system and their clinical correlates during long － term space flight. Aviation，Space，and Environmental Medicine，65，562 － 572.

[29]　Nicogossian，A. E. （1994）. Space physiology and medicine. Lea & Febiger.

[30]　Paloski，W. H.，Wood，S. J.，Feiveson，A. H.，Black，F. O.，Hwang，E. Y.，& Reschke，M. F. （2006）. Destabilization of human balance control by static and dynamic head tilts. Gait & Posture.，23 （3），315 － 323. https：//doi. org/10. 1016/j. gaitpost. 2005. 04. 009.

[31]　Pechenkova，E.，Nosikova，I.，Rumshiskaya，A.，Litvinova，L.，Rukavishnikov，I.，Mershina，E.，Sinitsyn，V.，et al. （2019）. Alterations of functional brain connectivity after long － duration spaceflight as revealed by fMRI. Frontiers in Physiology，10，761. https：//doi － org. proxy. library. upenn. edu/10. 3389/fphys. 2019. 00761.

[32]　Pechenkova，E.，Nosikova，I.，Rumshiskaya，A.，Litvinova，L.，Rukavishnikov，I.，Mershina，E.，Sinitsyn，V.，Van Ombergen，A.，Jeurissen，B.，Jillings，S.，Laureys，S.，Sijbers，J.，Grishin，A.，Chernikova，L.，Naumov，I.，Kornilova，L.，Wuyts，F. L.，Tomilovskaya，E.，& Kozlovskaya，I. （2019b）. Alterations in central functional brain connectivity after long － duration spaceflight as revealed by fMRI. Frontiers in Physiology，10，761. https：//doi. org/10. 3389/fphys. 2019. 00761.

[33]　Popova，N. K.，Kulikov，A. V.，Kondaurova，E. M.，Tsybko，A. S.，Kulikova，E. A.，Krasnov，I. B.，Shenkman，B. S.，Bazhenova，E. Y.，Sinyakova，N. A.，& Naumenko，V. S. （2015）. Risk neurogenes for long － term spaceflight：Dopamine and serotonin brain system. Molecular Neurobiology，51 （3），1443 － 1451. https：//doi. org/10. 1007/s12035 － 014 － 8821 － 7.

[34]　Johnston，R. S.，& Dietlein，L. F. （1977）. NASA SP － 377. US Government Printing Office.

[35]　Roberts，D. R.，Asemani，D.，Nietert，P. J.，Eckert，M. A.，Inglesby，D. C.，Bloomberg，J. J.，George，M. S.，& Brown，T. R. （2019）. Prolongedmicrogravity affects human brain structure and function. AJNR，40 （11），1878 － 1885. https：//doi － org. proxy. library. upenn. edu/10. 3174/ajnr. A6249.

[36]　Roberts，D. R.，Ramsey，D.，Johnson，K.，Kola，J.，Ricci，R.，Hicks，C.，Borckardt，J. J.，Bloomberg，J. J.，Epstein，C.，& George，M. S. （2010）. Cerebral cortex plasticity after 90 days

of bed rest: Data from TMS and fMRI. Aviation, Space, and Environmental Medicine, 81 (1), 30 - 40. https://doi.org/10.3357/asem.2532.2009.

[37] Sannita, W. G., Narici, L., Picozza, P. (2006). Positive visual phenomena in space: A scientific case and a safety issue in space travel. Vision Research, 46 (14), 2159 - 2165. https://doi.org/ 10.1016/j.visres.2005.12.002. Epub 2006 Feb 28. PMID: 16510166.

[38] Santy, P. A., Kapanka, H., Davis, J. R., & Stewart, D. F. (1988). Analysis of Sleep on Shuttle Missions. Aviation, Space, and Environmental Medicine, 59, 1094.

[39] Simonov, P. V., & Frolov, M. V. (1973). Utilization of human voice for estimation of man's emotional stress and state of attention. Aerospace Medicine, 44, 256.

[40] Strangman, G. E., Sipes, W., & Beven, G. (2014). Human cognitive performance in spaceflight and analogue environments. Aviation Space Environmental Medicine, 85 (10), 1033 - 1048. https://doi.org/10.3357/ASEM.3961.2014.

[41] Thornton, W. E., & Rummel, J. A. (1977). Muscular deconditioning and its prevention in space flight. In R. S. Johnston & L. F. Dietlein (Eds.), Biomedical Results from Skylab (NASA SP - 377). US Government Printing Office, Washington, DC.

[42] Turner, N. D., Braby, L. A., Ford, J., & Lupton, J. R. (2002). Opportunities for nutritional amelioration of radiation - induced cellular damage. Nutrition (Burbank, Los Angeles County, Calif.), 18 (10), 904 - 912. https://doi - org.proxy.library.upenn.edu/10.1016/s0899 - 9007 (02) 00945 - 0.

[43] Van Ombergen, A., Laureys, S., Sunaert, S., Tomilovskaya, E., Parizel, P. M., & Wuyts, F. L. (2017). Spaceflight - induced neuroplasticity in humans as measured by MRI: What do we know so far? NPJ Microgravity, 3, 2. https://doi.org/10.1038/s41526 - 016 - 0010 - 8.

[44] Wu, B., Wang, Y., Wu, X., Liu, D., Xu, D., & Wang, F. (2018). On - orbit sleep problems of astronauts and countermeasures. Military Medical Research, 5 (1), 17. https://doi.org/ 10.1186/s40779 - 018 - 0165 - 6.

[45] Wyrobek, A. J., & Britten, R. A. (2016). Individual variations in dose response for spatial memory learning among outbredWistar rats exposed from 5 to 20 cGy of (56) Fe particles. Environmental Molecular Mutagenesis, 57 (5), 331 - 340. https://doi.org/10.1002/em.22018.

[46] Yuganov, Y. M., & Kopanev, V. I. (1975). Physiology of the sensory sphere under spacesight conditions. In M. Calvin & O. G. Gazenko (Eds.), Foundations of space biology and medicine (pp. 571 - 598). NASA Scientific and Technical Information Office.

第9章 月尘对呼吸系统、中枢神经系统以及 心血管功能和视功能的危害

马丁·布拉多克

摘 要 月尘将成为最早月球定居点需要应对的问题,月球自然环境所带来的风险正成为重要的研究焦点。自从 1970 年阿波罗 12 号宇航员艾伦·比恩意外暴露在月球风化层以来,月尘(粒径＜20 μm)和模拟物的毒性效应已经在动物/人体细胞学和病理生理学模型中进行了广泛研究。月球上不存在地球上的风和雨等侵蚀机制,因此月尘具有尖锐和磨蚀性的物理化学性质,可以渗透进入到肺部组织。此外,大小不均颗粒和元素成分可能会刺激眼睛和皮肤,激发过敏级联反应,进而导致心血管和中枢神经系统炎症。现阶段,已为急性暴露制定了允许的暴露限值。在月球建立生命支持系统之前,需要制定长期暴露限值,以缓解风化层尘埃进入栖息地后对宇航员卫生保健的各种影响。

9.1 前言

为了推动人类下一阶段的月球探索,我们必须应对、解决和克服科学和后勤保障方面的诸多挑战。NASA 的阿尔忒弥斯计划设定了在 2024 年重返月球的雄伟目标,尽管这一日期可能需要修订,但是美国新政府确认了分配的预算经费(本德,2020)。挑战是科学和地缘政治的结合,可能需要全球航天机构和私营企业共同努力,提供可接受的解决方案,其中鉴于对财政资金的竞争性需求,以及公众舆论要求对气候变化和新型冠状病毒流行采取行动的权力,向公众扩大宣传将发挥越来越重要的作用。在月球表面建立任何形式的半永久或永久人类居所,都需要对月尘进行管理,这些尘埃在月球表面无处不在。月尘是月球风化层的组成成分,由微陨石持续撞击月球表面形成,在月球表面的高速碰撞形成了尖锐的、研磨性的凝集物,很容易附着在大多数表面上。月尘颗粒大小不一,最小颗粒直径＜10 μm(凯恩,2010)。仅使用火箭引擎将着陆器降落到月球表面,就能吹动岩石风化层,形成数十千米(如果不是几百千米的话)的颗粒和尘埃,对人类及其赖以生存的技术构成严重威胁。由于静电作用,这种情况带来了直接的挑战(斯塔布斯,等,2007)。尘土很容易附着在宇航服上,在月球表面行走后会被带到包括飞船在内的栖息地,有可能干扰仪器仪表的使用,例如造成视觉模糊(盖耶和格里尔,2005)、对宇航员呼吸道、皮肤和眼睛有刺激作用,导致中毒反应。阿波罗 12 号宇航员艾伦·比恩曾报告:"从月球表面升空后,当我们再次处于 0g 环境中,大量尘土漂浮在座舱内。在不戴头盔的情况下呼吸困难,而且舱内空气中存在着极大量的月尘颗粒,影响了我们的视力(宾,等,1970)。"

正如阿波罗 17 号指令长尤金·塞尔南在 1972 年的一次技术简报中所说,他曾把月尘

的味道形容为像用过的"火药"（盖尔，2005；菲利普斯，2006；瓦格纳，2006）。他说："我认为尘土可能是阻碍我们在月球上正常运行的最大因素之一。除了尘土之外，我们可以克服其他任何生理、物理或机械的问题。"

"甚至在人们走出月球着陆器之前，尘埃就是一个问题"，杰克·施密特也是阿波罗 17 号的宇航员，他曾在 1972 年报告说自己对月尘有严重的过敏反应。他讲道："尘土是月球上的首要环境问题，我们需要了解其影响是什么，因为工程设计总有可能失败。"

图 9-1 显示了阿波罗 14 号宇航员埃德加·米切尔 [图 9-1（a）] 在月球表面行走，月尘黏附在他的宇航服腿部和靴子上（圈出部分）。阿波罗 17 号的宇航员尤金·塞尔南和杰克·施密特身上覆盖着一层月球尘土。完成舱外活动后，吉恩·塞尔南 [图 9-1（b）] 在挑战者号登月舱内休息，可以清楚地看到其宇航服 [图 9-1（b）左]、内衣和前额 [图 9-1（b）右] 上附着尘土。杰克·施密特 [图 9-1（c）] 的白色宇航服上覆盖着灰色月尘（圈出部分）。其黏附性与低导电性和存在静电电荷有关。对进入登月舱的颗粒物大小进行了测量，大部分颗粒物在可吸入范围内（林纳松，等，2012）。

（a）　　　　　　　　　　　（b）　　　　　　　　　　　（c）

图 9-1　宇航员图片（感谢 NASA）（见彩插）

第 6 章讨论了月球风化层性质及其深度的变化，针对月球风化层模拟物（LRS）的识别鉴定和深入研究，进行了总结。简要讨论了使用 LRS 相对于真实月球风化层存在的一些局限性。现在，我将对多项研究进行总结概述，以确定和量化与月球风化层相关的毒性，重点描述来自非临床体外和体内研究的尘土，陈述宇航员暴露于月球尘土后报告的结果。在下一节中，我将描述在可吸入范围内且可能对宇航员健康构成危害的尘埃颗粒的大小。但是，应当记住，考虑月尘对人类健康的影响是宇航员卫生保健的一个组成部分，同时该广泛领域包括在封闭环境中接触各种各样的其他物质，这致使确定飞船最大允许化学物质浓度（SMAC），包括挥发性物质，如来自储存罐的氢氧化锂粉尘、推进剂及化学溶剂以及空气和水过滤污染物等（科汉-梅贝里，等，2011）。

9.2　月球风化层的毒性和危及健康的特性、月球风化层尘埃沉积于肺中

针对月尘特征以及了解月尘和能够侵入肺的 LRS 的物理化学性质，已经进行广泛研

究（帕克，等，2006；格林伯格，等，2007；刘和泰勒，2008；帕克，等，2008；洛夫特斯，等，2010；苏森-弗洛雷斯，等，2015；麦凯，等，1991，2015；雷诺兹，2019）。图 9-2 显示了颗粒进入支气管和肺泡组织的深度，它很可能以最细颗粒渗透到小气道深处。

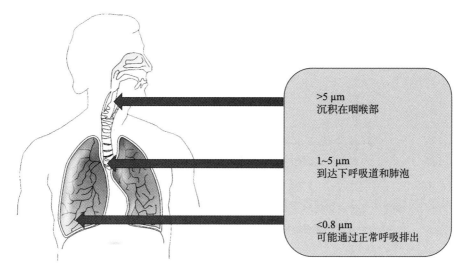

图 9-2　气溶胶颗粒大小决定了其在肺内沉积的部位（见彩插）

阿波罗号和月球号样品中风化尘埃颗粒的平均尺寸在 60～80 μm，尽管已经描述过纳米大小的超细颗粒。月球风化层含有约 20% 的粉尘（直径<20 μm）和 1%～2% 的细粉尘（帕克，等，2006，2008）。据估计，大约 10% 的极细颗粒成分（<10 μm）在可吸入范围内（格拉夫，1993；麦凯，等，2015；帕克，等，2008；雷诺兹，2019）。图 9-3 显示了月球风化层尘埃和 3 种 LRS 的颗粒直径，其中 4 个样品的颗粒直径分布之间存在良好的相关性。

9.3　设置月球风化层的安全暴露限值

2005 年成立了月球空气中尘埃毒性评估小组（LADTAG）（NASA，2005；特兰菲尔德，等，2008），设置 6 个月月球驻留期间可吸性粉尘（<10 μm）的安全暴露范围为 0.01～3 mg/m³；乘员暴露于 0.5～10 mg/m³ 的月球环境中，免受可吸性粉尘（<10 μm）急性影响的短时暴露时间限值为 1 h。LADTAG 的任务是设计实验，以评估月球风化层中最细颗粒的毒性，这些颗粒能或可能存在于登月舱内或月球栖息地的空气中。自 2005 年以来，在非临床的体外和体内系统中进行了许多研究（例如拉奇，等，2007；林纳尔松，2012；迈耶斯，等，2012；克里萨洛娃，等，2013；兰，等，2013；詹姆斯，等，2014；奥里，等，2015；孙，等，2018a，b；鲍里索娃，2019；卡斯顿，等，2018；孙，等，2019），这使得更好地约束非可观察不良反应水平（NOAEL），与 LADTAG 建议的暴露限值一致。值得注意的是，尽管肺组织脆弱，但人类的肺似乎在部分重力下表现良好（普

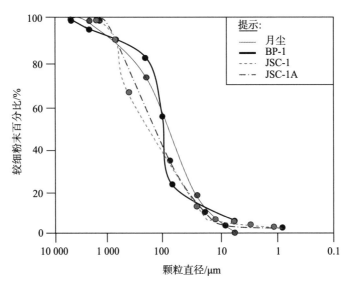

图 9-3　月尘和 3 种月尘模拟物的颗粒直径（根据苏斯坎-弗洛雷斯等 2015 年的数据绘制）

BP—黑色颗粒；JSC—约翰逊航天中心（见彩插）

里斯克，2018），尽管许多研究表明在零重力或部分重力状态下空中颗粒沉积减少，但同时也表明，细小颗粒（直径约 1 μm）会沉积在气道深处的外围区域。因此，可以推断，颗粒在肺组织中停留时间更长，有可能发挥更大的毒理学效应，这取决于颗粒的性质。接下来的两节将简要回顾非临床研究的结果，并介绍在人类提出的非可观察不良反应水平下，在几种动物中进行的体内研究概况。

9.4　非临床体外研究

已经在一系列不同类型细胞进行了体外实验研究和选择性研究，汇总于表 9-1（卡斯顿，等，2018；奥里，等，2015；克里萨洛娃，等，2013；拉奇，等，2007；迈耶斯，等，2012）。

表 9-1　毒性研究：非临床体外试验

尘埃	细胞种类	器官	研究和主要发现	参考文献
JSC-1	人体肺泡巨噬细胞	肺脏	单剂量月球风化层模拟物、火星风化层模拟物和对照粉尘刺激细胞 24 小时；测定细胞活力和细胞凋亡情况；粉尘颗粒与清除剂受体的参与是月球风化层模拟物诱导毒性的一种机制	拉奇，等（2007）
阿波罗 14 号样本	人角膜上皮细胞	眼睛	单剂量粉尘分别用于细胞培养 3 分钟、30 分钟和 60 分钟；在 MTT 比色法中，粉尘对细胞活力的影响很小，属于轻度刺激物	迈耶斯，等（2012）

续表

尘埃	细胞种类	器官	研究和主要发现	参考文献
JSC－1A	大鼠脑突触体	中枢神经系统	单剂量月球风化层模拟物刺激细胞达 10 分钟，月尘影响神经传递，增加谷氨酸结合作为活动的替代物	克里萨洛娃，等（2013）
MIN－U－SIL 5	人肺腺癌细胞 A	肺脏	2 个剂量的粉尘，细胞暴露 24 小时，监测细胞膜损伤、细胞毒性、氧化应激和炎症细胞因子	奥里，等（2015）
JSC－1A	小鼠(CAD)神经母细胞瘤细胞	中枢神经系统	4 个剂量的月球风化层模拟物刺激细胞 1 小时，增殖细胞和终末分化细胞均表现出剂量依赖性的细胞毒性	卡斯顿，等（2018）

注：LRS—月尘模拟物，MRS—火星风化层模拟物，MTT—2,5 二苯基四溴化铵，JSC—约翰逊航天中心，SEE—安全暴露量估计，NOAEL—非可观察不良反应水平，CNS—中枢神经系统，CAD—分化的。

开展月尘毒理研究主要使用月球风化层模拟物，只有一项研究例外（迈耶斯，2012），该研究使用了阿波罗 14 号的样本尘埃（见下文），利用体外研究的结果设定体内研究的剂量，从而最大限度地减少了使用月尘和实验动物。有趣的是，这项研究表明，月尘对细胞生长是一种轻度刺激物，这一发现在非临床体内研究中得到了证实，在阿波罗 16 号任务中报告为一种刺激物，随后予以消除（盖耶，2005 年）。所有其他体外研究报告了代表中枢神经系统（CNS）和肺组织细胞的剂量依赖性毒性，对代表中枢神经系统细胞的研究表明，使用谷氨酸结合作为替代生化标记物可能会对神经传递产生负面影响，虽然没有将直接测量神经元传递报道为观察结果。对代表肺组织细胞的研究告诉我们，测量急性暴露月尘后对肺功能的影响以及急性和慢性暴露后的肺损伤需要进行仔细评估。使用替代生物标志物如环境暴露物（舒尔茨，2019），可以监测一个人一生中的所有暴露量以及这些暴露与健康的关系如何，同时组学技术可以预测早期对健康的影响，这有必要（凯恩，2018）。在某种程度上促进开发和应用数据库（空间站研究探索者，NASA，2019）和建立基因实验室（基因实验室，NASA，2020），这些也对公众开放。基因实验室是一个开放的资源库，包含充分协调和策划完成的实验结果、原始数据和系统综述数据，这些数据来自国际空间站空间运输系统和俄罗斯动物飞行舱 Bion－M1 上模型生物的组学研究。在后面章节中，我将讨论可能开发肺和中枢神经系统早期预警系统，这些系统可以激励任务机组采取补救行动，以最大限度减少所造成的危害。

9.5　非临床体内研究：月尘对呼吸功能和肺损伤的影响及确定安全暴露估计值

LADTAG 的科学家在其研究中只使用来自阿波罗 14 号任务带回样本，月尘样本直径约为 2.5 μm，编号为 14，003，96，这些样本从月球赤道附近恩布里恩盆地锥形陨石坑附近的弗拉莫罗区域采集。使用这个样品是因为其数量足够多，可以进行完整的物理化学评价（麦凯，等，2015）。表 9 - 2 总结了动物研究的结果。

　　大鼠气管内灌注（拉斯克，等，2013）和吸入研究（林，等，2013）的结果表明，与钛尘（低毒性）和石英尘（高毒性）相比，通过检测流入肺部中性粒细胞和标准肺组织的病理性损伤（如炎症、间隔增厚、纤维化和肉芽肿）发现，阿波罗 14 号月尘样品具有中等毒性。对来自非临床体内研究的所有数据进行评估，与基准粉尘数据进行比较，使用若干外推因子确定安全暴露估计值（SEE）。大鼠/人的影响因子为 3，时间调节因子为 1.33，这样可以解释 6 小时吸入暴露研究（林，等，2013）和 8 小时工作之间的差异，大鼠/人的影响因子为 6 时，从 1 个月的动物暴露推断出人体可能暴露 6 个月。总之，发现非可观察不良效应的月尘暴露范围 0.5～1.0 mg/m³，执行任务的持续时间为 6 个月（詹姆斯，等，2013a，b；詹姆斯，等，2014；史高丽，等，2013）。而进一步的研究估计，在为期 6 个月的任务中，非可观察不良反应水平的暴露限值为 0.4 mg/m³（林，等，2013）。在本文中，设置这些值可能会有帮助。美国职业安全与健康管理局规定了一个 8 小时轮班期间可吸入性熔融二氧化硅粉尘的允许暴露限值为 5 mg/m³，建议空气中可吸入颗粒物浓度控制在 3 mg/m³ 以下（可呼吸颗粒物），低毒性不溶性颗粒物浓度控制在 10 mg/m³ 以下（可吸入颗粒物，美国劳工部职业安全与健康管理局，2020 年）。

　　上述研究强调了目前有关月尘知识状况的局限性（詹姆斯，等，2014），包括尘埃的表面反应性，由于月球上存在太阳风、太阳耀斑和宇宙辐射源，尘埃的表面反应性可能因位置不同有所不同（洛夫特斯，等，2010）。其次，人们承认，月球风化层组成的变化可能会产生不同的结果，由于地下尘埃可能具有不同的物理化学性质，可能是一个潜在的混杂因素。第三，在短时间内急性暴露于高水平粉尘尚未进行详细的研究。最后，可能需要进一步研究在可呼吸范围内，重力减弱在尘埃颗粒沉积部位方面所发挥的作用（普里斯克，等，2018）。

　　LADTAG 关于月尘毒性的最终报告发表后（詹姆斯，等，2014），在大鼠中还进行了几项深入研究，使用月球风化层模拟物 CAS - 1 诱导肺损伤（孙，等，2018a，b），前期已描述过（郑，等，2009）。在第一项研究中（孙，等，2018a），与对照组相比，观察到支气管肺泡液中生化标志物和肺部病理改变具有支气管炎症、中性粒细胞浸润和肺组织间隔膜增厚的特征，其严重程度随剂量增加和时间延长而加重，虽然此研究使用两种剂量尘土，时间只维持了 24 小时。在第二项研究中（孙，等，2018b），具有炎症免疫反应特征的细胞因子（肿瘤坏死因子-α 和白细胞介素-6）在 24 小时后显著升高，但在 4 小时时没有升高，且仅在高剂量粉尘组中升高。虽然这些研究没有得出非可观察不良效应或安全暴露估计值（SEE）数值，但为我们理解月尘毒性发挥了重要作用，因为在实验研究中使用了月球风化层模拟物，这有助于进一步表征工具试剂。鉴于缺乏真正的月尘，这非常必要。

表 9 - 2　毒性研究：非临床体内实验

尘埃	实验动物	器官	研究和主要发现	参考文献
阿波罗 14 号样本	兔子	眼睛	给予 1 个剂量的尘土。监测动物给药后 1 ~ 72 小时。1 小时后上眼睑轻微刺激，24 小时后缓解	迈耶斯,等(2012)
阿波罗 14 号样本	大鼠	肺脏	给予 5 种不同尘埃的 3 个剂量(3 个月尘,2 个对照物)。给药后 1 周和 1 月检测生物标记物。观察毒性和浸润细胞计数,设定 SEE 为 0.5~1.0 mg/m³	拉斯克,等(2013);詹姆斯,等(2013a,b)
阿波罗 14 号样本	大鼠	肺脏	吸入 4 个剂量的月球粉尘,持续 7 天。大鼠在安乐死后的不同时间进行剂量依赖性的组织病理学检查,NOAEL 确定为 6.8 mg/m³,最低 SEE 为 0.3 mg/m³	林,等(2013)
CAS - 1	大鼠	肺脏	由气管灌注的 2 个剂量的粉尘。灌注后 +4 小时、+24 小时处死动物。检测生化和组织病理学标志物,显示存在剂量依赖性炎症和急性肺损伤	孙,等(2018a)
CAS - 1	大鼠	肺脏	与上相同的研究设计(孙等,2018a)。增加免疫反应和氧化应激的生物标记物检测,并协同作用诱导肺损伤	孙,等(2018b)
CLDS - I	大鼠	心脏	3 个剂量的模拟剂,每周注射 2 次,连续注射 3 周。收缩压随着剂量递增而增加,心率则降低,心电图异常	孙,等(2019)

注:SEE —安全暴露量估计,NOAEL —非可观察不良反应水平,CAS — 中国科学院,CLDS - I —中国月尘模拟物。

9.6　月尘对心血管功能的影响

最后一项研究为月尘模拟物 CLDS - I（唐，等，2016）对大鼠心脏功能的影响，在该实验中三种不同剂量（低、中、高）粉尘模拟物在 3 周内通过气管内给药。除检测提示全身炎症损伤的细胞、生化指标和基因表达变化外，还收集并分析心血管参数包括收缩压（SBP）、心率（HR）、心率变异性和心电图（ECG）。与对照组相比，接受中、高剂量 CLDS - I 的大鼠收缩压升高，HR 降低。中、高剂量 CLDS - I 组大鼠心电信号异常。中剂量组出现室性早搏和 st 段抬高，提示心肌缺血；高剂量组大鼠心肌放电模式异常、窦性心律不规则、室颤和 st 段抬高。这些动物的心电信号显示其心脏出现室上性心动过速伴有差异传导。如果在太空飞行或月球栖息地发生这种情况，对人类来说可能非常严重。

9.7　宇航员报告的事件

在 20 世纪 60 年代末和 70 年代初的阿波罗任务中，宇航员在月球表面完成舱外活动（EVA）后返回到登月舱和指令舱中存在月尘污染，这作为一个主要问题被报道过（比恩，1970，盖耶，2005；菲利普斯，2006）。尽管月球表面存在的尘土对阿波罗 14 号任务来说似乎不是什么问题（盖耶，2005），但是所有宇航员都报告，由于呼吸道吸入可闻到尘土的味道，眼睛侵入尘埃而受到刺激，如表 9 - 3 所述。阿波罗 17 号任务中的杰克·施密特受到了一种类似于花粉热的严重过敏反应的影响（菲利普斯，2006），可能对过敏反应尤为显著。总的来说，月尘影响有明确的记录，但没有宇航员报告这对他们健康产生长期的不利影响。然而，由于阿波罗任务的持续时间很短，因此需要考虑到任务持续时间的长度。在月球上中长期或长期定居期间，长期暴露于月尘中，需要将安全暴露限值设定在短期非临床研究预测的最大剂量之内。

表 9-3　宇航员报告的与月尘有关的感知事件

日期和任务	宇航员报告的事件	参考文献	将来缓解措施	参考文献
1969 年，阿波罗 11 号	脱下头盔、套鞋和手套后与皮肤接触	盖耶（2005）	清除太空服上的尘土——可能需要额外的气闸，更有效地向太空排气，冲洗月球上驻留空间；研发下一代除尘系统；利用最细粉尘的磁性，将其从驻留场所移走；静电中和器；自洁式太空服	泰勒，2000；泰勒等，2005；海厄特和费厄尔，2007；柯蒂斯等人，2009；盖耶等人，2011；卡列等人，2013；曼亚普，2017；克里德，2017；刘等人，2019；法尔等人，2020
	月球物质的刺鼻气味			
1969—1970 年，阿波罗 12 号	尘土进入登月舱，导致呼吸困难和视力受损	比恩等（1970）		
1971 年，阿波罗 15 号	闻及火药气味	盖耶（2007）		
1972 年，阿波罗 16 号	眼睛里有尘土，短时刺激，随时间消退			
1973 年，阿波罗 17 号	眼睛和喉咙刺激，鼻甲肿胀（鼻腔壁软骨板），花粉热症状持续约 2 小时。宇航员可能已经过敏	菲利普斯（2006），盖耶（2007）		

9.8　月尘污染管理和缓解对策

在阿波罗任务中，尘土污染的管理通过使用真空吸尘器、空气过滤以及用水擦拭衣服和吸入仪器来实现（盖耶，2005；瓦格纳，2006）。在进行月面舱外活动过程中，通过在入口梯子上冲刷靴子可以减少登月舱的尘土污染，美国国家和国际工作组（例如 NASA，2005 年；国际航天工作组，2016，NASA，2016；盖耶，等，2017）已就粉尘减排策略发表了许多报告（泰勒，2000；泰勒，等，2005；瓦格纳，2006；海厄特和费厄尔，2007；海厄特和德鲁安，2008；凯恩，2010；克劳蒂斯，等，2012；克鲁泽尔基，等，2012；克里德，等，2017）。图 9-4 列举了一些缓解措施。

管理和减少月尘的暴露污染对防止严重的健康影响至关重要。航天卫生预防原理的应用可以防止尘土进入环境，通过监测健康风险，已对此进行了总结（凯恩，2011，2014；科汉-梅贝里，等，2011）。许多可能有减少尘土黏附的方法包括对表面的设计修改（盖耶，等，2011，2017）、开发具有铁磁特性的器材（泰勒，2000；泰勒，等，2005）、气闸和静电帘处的二氧化碳淋浴（海厄特和费厄尔，2007）、释放静电工具（柯蒂斯，等，2009）、研制电动防尘罩（卡列，等，2013）、自洁宇航服（曼亚普，2017）、采用光伏电极的尘土去除系统（刘，等，2019）以及最近有人提议用电子束来中和静电电荷（法尔，等，2020）。

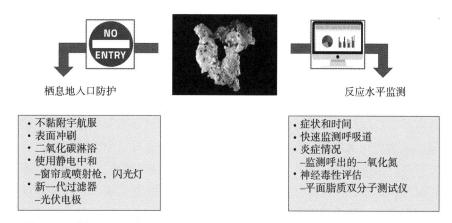

图 9 - 4　减轻月尘影响的可能措施（月尘颗粒图像，致谢欧洲空间局）（见彩插）

9.9　早期预警系统

　　一旦尘土进入栖息地，可以部署一个或多个"早期预警系统"，用于评估威胁水平，启动后续补救措施。这可能包括封闭隔离、用药物治疗驻留者以缓解症状，或者在最坏的情况下，立即启动救援任务，将移民带回地球。有几个例子与早期发现尘土侵袭有关，第一个例子利用了地球上广泛用于治疗哮喘患者的医学科学和技术，测量呼出的一氧化氮作为肺部炎症的代表指标（国家临床高标准研究所，2014），呼出的一氧化氮（FeNO）是哮喘患者气道炎症第一个有意义的非侵入性指标（沃兹沃思，等，2011），至今仍被广泛使用。该技术的非侵入性和使用国际标准化设备相对容易的特点，使其与传统的病史、体格检查和肺功能测试等临床工具一起，成为监测哮喘患者气道炎症和合理用药的有用工具。微重力和超重力对呼出一氧化氮（FeNO）产生的影响已经发表（卡尔松，等，2009），因此需要在不同重力条件下建立准确的基线数值，然后再推断尘土作为促炎剂的作用。测量呼出一氧化氮（FeNO）的研究已在国际空间站（ISS）探索（Quest）气闸中进行（欧洲空间局，2015），这项技术最近得到了更新（NASA，2019），等待全面公布科学结果以及不同重力条件下的基准数据。"早期预警系统"的第二个例子为使用平面脂质双分子层技术对尘埃颗粒作为神经毒素的快速评估（博里索瓦，2019），人们已经在人脑中发现了纳米颗粒，其传输路径很可能通过嗅球进行（马厄，等，2016），并沿着嗅觉神经的感觉轴突直接到达中枢神经系统（奥伯德斯特，等，2009）。与前面部分中描述的体外研究一致（克里斯诺娃，等，2009），这对纳米医学和地面技术来说既是一个可能的威胁，也是一个机遇。尘埃颗粒对膜电位、神经末梢完整性及神经传导的影响可以通过平面脂质双分子层技术监测人工膜电导率来确定。虽然还需要广泛的验证，但该技术的发展还处于早期阶段，平面脂质双分子层测量的结果可能会补充其他技术获得的数据。鉴于全球需要改善空气质量，特别是在高度城市化的地区，首先需要建立一个适应国际空间站的系统，并最终建立适合驻留的月球栖息地，该技术可能在减轻颗粒物污染的毒性评估中发挥重要作用。

9.10　结　论

本章讨论了月球风化层和几个月球风化层模拟物尘埃成分的性质，以帮助我们了解其对宇航员和定居者健康的可能毒理学影响，以及可以采取哪些缓解措施来管理风险。迄今为止，还没有对太空飞行中宇航员进行过研究，有关事件的报告虽然是轶事，但与从阿波罗任务记录中收集的结果始终一致（瓦格纳，2006）。因为与地球尘埃相比，月尘具有更强的化学反应性（洛夫特斯，等，2010）、锯齿状边缘、高研磨性、表面积更大（詹姆斯，等，2014；林纳松，等，2012），沉积在肺部可引起呼吸系统疾病，暴露于皮肤和眼睛可引起二者刺激反应。长期暴露在月尘中可能会导致类似硅肺的更严重的呼吸系统疾病。事实上，在表 9 - 2 中显示了一些基准测试研究（拉斯克，等，2013；詹姆斯，等，2013a，b），其余研究（斯卡利，等，2013）使用钛粉尘和石英粉尘分别作为低毒性和高毒性对照粉尘。

既往研究表明，职业和环境因素可能导致特发性肺纤维化，这些因素包括石屑、沙子或金属粉尘（布里顿和哈伯德，2000）。这似乎合理，因为缺乏关于月尘对人体短期和长期影响的认识，如果在月球定居期间不能消除月尘的影响，应使暴露接触最小化。非临床研究已经证明了月尘在几种物种中的毒理学效应，并从所有积累的数据中得出了安全暴露量估计值（SEE），达到标准的最低暴露剂量水平。尽管存在这些挑战，但在开发旨在限制月尘进入栖息地的技术方面，同时在使用替代物探讨月尘至少对肺部炎症的影响，并探究其对神经毒性作用方面，已经取得了重大进展。考虑到尘埃对未来任务（包括登月计划）可行性和成功重要性的影响，NASA 在年度重大进展报告会上发出了呼吁，计划举办面向本科生和研究生的创新和改变游戏规则创意挑战赛（NASA，2020），旨在提升为月球应用创造和实施减缓尘土或耐尘技术的设计。

杰克·施密特在 2004 年度月尘研讨会上说道："一种常规的、分级的工程设计防护可以解决人类在月球环境下长期活动和驻留期间的任何明显问题。"

参 考 文 献

［1］ Bean，A.，Conrad Jr.，C.，& Gordon，R. F. (1970). Crew Observations in Apollo 12 Preliminary Science Report，NASA SP－235；29－38.

［2］ Bender，B. (2020). NASA gets a budget but Congress cuts moon effort. Retrieved December 23，2020，from https：//www. politico. com/newsletters/politico－space.

［3］ Borisova，T. (2019). Express assessment of neurotoxicity of particles of planetary and interstellar dust. Npj Micorgravity，5，2. https：//doi. org/10. 1038/s41526－019－0062－7.

［4］ Britton，J.，& Hubbard，R. (2000). Recent advances in the aetiology of cryptogenic fibrosing alveolitis. Histopathology，37，387－392.

［5］ Cain，J. R. (2010). Lunar dust：The hazard and exposure risks. Earth，Moon，and Planets，107，107－125.

［6］ Cain，J. R. (2011). Astronautical hygiene—A new discipline to protect the health of astronauts working in space. JBIS，64，179－185.

［7］ Cain，J. R. (2014). Astronaut health—Planetary exploration and the limitations on freedom. In：C. S. Cockell (Ed.)，The meaning of liberty beyond Earth. New York：Springer.

［8］ Cain，J. R. (2018). The use of exposomes to assess astronaut health. JBIS，71，112－116.

［9］ Calle，C. I.，Mackey，P. J.，Hogue，M. D.，Johansen，M. R.，Yim，H.，Delaune，P. B.，& Clements，J. S. (2013). Electrodynamic dust shields on the International Space Station：Exposure to the space environment. Journal of Electrostatics，71，257－259.

［10］ Caston，R.，Luc，K.，Hendrix，D.，Hurowitz，J. A.，& Demple，B. (2018). Assessing toxicity and nuclear and mitochondrial DNA damage caused by exposure of mammalian cells to lunar regolith simulants. GeoHealth，2，139－148.

［11］ Cloutis，E.，Rosca，J. D.，Hoa，S. V.，Ellery，A.，Martel，S.，& Jiang，X. X. (2012). Project MoonDust：Characterisation and mitigation of lunar dust. Am. Inst. Aeronaut. Astronaut. https：//doi. org/10. 2514/6. 2011－5184.

［12］ Creed，R. (2017). Coping with dust for extraterrestrial exploration. Lunar Exploration Analysis Group (LPI Contrib. No. 2041).

［13］ Curtis，S. A.，Clark，P. E.，Minetto，F. A.，Calle，C. J.，Keller，J.，& Moore，M. (2009). SPARCLE：creating an electrostatically based tool for lunar dust control. In 40th Lunar and Planetary Science Conference，abstract 1128.

［14］ ESA. (2015). Testing astronauts' lungs in Space Station airlock. Retrieved October 11，2020，from，http：//www. esa. int/Science_Exploration/Human_and_Robotic_Exploration/Futura/Testing_astronauts_lungs_in_Space_Station_airlock.

［15］ Farr，B.，Wang，X.，Goree，J.，Hahn，I.，Israelsson，U.，& Horanyi，M. (2020). Dust mitigation technology for lunar exploration utilizing an electron beam. Acta Astronautica，177，

405 – 409.

[16] Gaier, J. R. (2005). The effects of lunar dust on EVA systems during the Apollo missions. NASA/TM—2005 – 213610 Glenn Research Centre, Cleveland.

[17] Gaier J. R., & Greel, R. A. (2005). The effects of lunar dust in advanced EVA systems: Lessons from Apollo. Lunar regolith simulant materials workshop, NASA MF 21.

[18] Gaier, J. R., Waters, D. L., Misconin, R. M., Banks, B. A., Crowder, M. (2011). Evaluation of surface modification as a lunar dust mitigation strategy for thermal control surfaces. In NASA/TM 2011 – 217230, 41st International Conference on Environmental Systems.

[19] Gaier, J. R., Vangen, S., Abel, P., Agui, J., Buffington, J., Calle, C., Mary, N., et al. (2017). International space exploration coordination group assessment of technology gaps for dust mitigation for the global exploration roadmap. https: //ntrs. nasa. gov/archive/nasa/casi. ntrs. nasa. gov/201700 01575. pdf.

[20] Graf, J. C. (1993). Lunar soil size catalog. NASA RP – 1265.

[21] Greenberg, P. S., Chen, D. – R., & Smith, S. A. (2007). Aerosol measurements of the fine and ultrafine particle content of lunar regolith. NASA Technical Reports Server available at https: //ntrs. nasa. gov/archve/nasa/casi. ntrs. nasa. gov/20070.

[22] Horie, M., Miki, T., Honma, Y., Aoki, S., & Morimoto, Y. (2015). Evaluation of cellular effects caused by lunar regolith simulant including fine particle. Journal of UOEH, 37, 139 – 148.

[23] Hyatt, M. J., & Feighery, J. (2007). Lunar dust: Characterisation and mitigation. NASA. https: //ntrs. nasa. gov/archive/nasa/casi. ntrs. nasa. gov/20080005580. pdf.

[24] Hyatt, M. J., & Deluane, P. (2008). Lunar dust mitigation—Technology development. Space Technology and Applications International Forum. NASA.

[25] International Agency Working Group. (2016). Dust mitigation gap assessment report. Retrieved October 8, 2020, from https: //www. globalspaceexploration. org/wordpress/docs/Dust%20Mitigat ion%20Gap%20Assessment%20Report. pdf.

[26] James, J. T., Lam, C. – W., Santana, P. A., & Scully, R. R. (2013a). Estimate of safe human exposure levels for lunar dust based on comparative benchmark dose modelling. Inhalation Toxicology, 25, 243 – 256.

[27] James, J. T., Lam, C., & Scully, R. R. (2013b). Comparative benchmark dose modelling as a tool to make the first estimate of safe human exposure levels to lunar dust. NASA Technical Reports Server, 20130012803. Retrieved December 24, 2020, from https: //archive. org/details/NASA _ N TRS _ Archive _ 20130012803.

[28] James, J. T., Lam, C. – W., Scully, R. R., Meyers, V. E., & McCoy, J. T. (2014). Lunar dust toxicity: final report. NASA. humanresearchroadmap. nasa. gov/gaps/closureDocumentation/Lunar%20Dust%20Toxicity%20FINAL%20REPORT. pdf.

[29] Karlsson, L. L., Kerckx, Y., Gustafsson, L. E., Hemmingsson, T. E., & Linnarsson, D. (2009). Microgravity decreases and hypergravity increases exhaled nitric oxide. Journal of Applied Physiology, 107, 1431 – 1437.

[30] Khan – Mayberry, N., James, J. T., Tyl, R., & Lam, C. W. (2011). Space toxicology: Protecting human health during space operations. International Journal of Toxicology, 30, 3 – 18.

[31]　Krisanova, N. , Kasatkina, L. , Sivko, R. , Borysov, A. , Nazarova, A. , Slenzka, K. , & Borisova, T. (2013). Neurotoxic potential of Lunar and Martian dust: Influence on Em, proton gradient, active transport and binding of glutamate in rat brain nerve terminals. Astrobiology, 13, 679 – 692.

[32]　Kruzelecky, R. V. , Brahim, A. , Wong, B. , Haddad, E. , Jamroz, W. , Cloutis, E. , Therriault, D. , et al. (2012). Project MoonDust: characterisation and mitigation of lunar dust. In 41st International Conference on Environmental Systems, 2011, Portland, Oregon. https: //doi. org/ 10. 2514/6. 2011 – 5184.

[33]　Lam, C. – W. , Scully, R. R. , Zhang, Y. , Renne, R. R. , Hunter, R. L. , McCluskey, R. A. , Chen, B. T. , Castranova, V. , Driscoli, K. E. , Gardner, D. E. , McClennan, R. O. , Cooper, B. L. , McKay, D. S. , Marshall, L. , & James, J. T. (2013). Toxicity of lunar dust assessed in inhalation – exposed rats. Inhalation Toxicology, 25, 661 – 678.

[34]　Latch, J. N. , Hamilton, R. F. , Jr. , Holian, A. , James, J. T. , & Lam, C. – W. (2007). Toxicity of lunar and Martian dust simulants to alveolar macrophages isolated from human volunteers. Inhalation Toxicology, 20, 157 – 165.

[35]　Linnarsson, D. , Carpenter, J. , Fubini, B. , Gerde, P. , Karlsson, L. L. , Loftus, D. J. , Prisk, G. K. , Tranfield, E. M. , & vanWestrened, W. (2012). Toxicity of lunar dust. Planetary & Space Science, 74, 57 – 71.

[36]　Liu, Y. , & Taylor, L. A. (2008). Lunar dust: Chemistry and physical properties and implications for toxicity. In NLSI Lunar Science Conference 2072.

[37]　Loftus, D. J. , Tranfield, E. M. , Rask, J. C. , & McCrossin, C. (2010). The chemical reactivity of lunar dust relevant to human exploration of the Moon. Earth, Moon, and Planets, 107, 95 – 105.

[38]　Lu, Y. , Jiang, J. , Yan, X. , & Wang, L. (2019). A new photovoltaic lunar dust removal technique based on the coplanar bipolar electrodes. Smart Materials and Structures, 28, . https: // doi. org/10. 1088/1361 – 665X/ab28da.

[39]　Maher, B. A. , Ahmed, I. A. M. , Karloukovski, V. , MacLaren, D. A. , Foulds, P. G. , Allsop, D. , Mann, D. M. A. , Torres – Jardon, R. , & Calderon – Garciduenas, L. (2016). Magnetite pollution nanoparticles in the human brain. Proceedings of the National Academy of Sciences of the United States of America, 113, 10797 – 10801.

[40]　Manyapu, K. K. (2017). Spacesuit integrated carbon nanotube dust mitigation system for Lunar exploration. Theses and Dissertations 2278. https: //commons. und. edu/theses/2278.

[41]　McKay, D. S. , Heiken, G. , Basu, A. , Blanford, G. , Simon, S. , Reedy, R. French, B. , & Papike, J. (1991). The lunar regolith. In G. Heiken, D. Vaniman, & B. French (Eds.), Lunar sourcebook. Cambridge University Press.

[42]　McKay, D. S. , Cooper, B. L. , Taylor, L. A. , James, J. T. , Thomas – Keprta, K. , Pieters, C. M. , Wentworth, S. J. , Wallace, W. T. , & Lee, T. S. (2015). Physicochemical properties of respirablesize lunar dust. Acta Astronautica, 107, 163 – 176.

[43]　Meyers, V. E. , Garcia, H. D. , Monds, K. , Cooper, B. L. , & James, J. T. (2012). Ocular toxicity of authentic lunar dust. BMC Opthalmology, 12, 26.

[44]　NASA GeneLab. (2020). Retrieved December 24, 2020, from https: //genelab. nasa. gov/.

［45］ NASA. (2005). Lunar Airborne Dust Toxicity Advisory Group (LADTAG). Consensus opinions and recommendations. Retrieved October 8, 2020, from https：//www. nasa. gov/centers/johnson/pdf/ 486003main _ LADTAG15Sep05MtgMinutes. pdf.

［46］ NASA. (2016). International Space Exploration Coordination Group Assessment of Technology Gaps for Dust Mitigation for the Global Exploration Roadmap. Retrieved October 8, 2020, from https：// ntrs. nasa. gov/citations/20170003926.

［47］ NASA. (2019). Understanding asthma from space. Retrieved October 11, 2020, from https：// www. nasa. gov/mission _ pages/station/research/news/b4h － 3rd/hh － understanding － asthma － from － space.

［48］ NASA. (2020). The 2021 Big idea challenge：Dust mitigation technologies for lunar applications. Retrieved October 11, 2020, from http：//bigidea. nianet. org/.

［49］ NICE. (2014). Measuring fractional exhaled nitric oxide concentration in asthma：NIOX MINO, NIOX VERO and NObreath. Retrieved October 11, 2020, from https：//www. nice. org. uk/gui dance/dg12/resources/measuring － fractional － exhaled － nitric － oxide － concentration － in － asthma － nioxmino － niox － vero － and － nobreath － pdf － 1053626430661.

［50］ Oberdörster, G. , Elder, A. , & Rinderknecht, A. (2009). Nanoparticles and the brain：Cause for concern? Journal of Nanoscience and Nanotechnology, 9, 4996 － 5007.

［51］ Park, Y. , Liu, K. , Kihm, D. , & Taylor, L. A. (2006). Micro － morphology and toxicological effects of lunar dust. In 37th Annual Lunar and Planetary Science Conference, abstract 2193.

［52］ Park, J. , Liu, Y. , Kihm, K. D. , & Taylor, L. A. (2008). Characterisation of lunar dust for toxicological studies. I：Particle size distribution. Journal of Aerospace Engineering, 21, 266 － 271.

［53］ Phillips, T. (2006). Apollo chronicles：the mysterious smell of moondust. NASA. Retrieved October 5, 2020, from https：//www. nasa. gov/exploration/home/30jan _ smellofmoondust. html.

［54］ Prisk, G. K. (2018). Effects of partial gravity on the function and particle handling of the human lung. Current Pathobiology Reports, 6, 159 － 166.

［55］ Rask, J. , (2013). The chemical reactivity of lunar dust influences its biological effect in the lungs. In Lunar and Planetary Science Conference, p. 3062.

［56］ Reynolds, R. J (2019). Human health in the lunar environment. InY. H. Chemin (Ed.), Lunar science. https：//doi. org/10. 5772/intechopen. 84352.

［57］ Schultz, I. R. , Cade, S. , & Kuo, L. J. (2019). The dust exposome. In S. Dagnino & A. Macherone (Eds.), Unraveling the exposome—A practical view (pp. 247 － 254). Springer Publishers.

［58］ Scully, R. R. , Lam, C. W. , & James, J. T. (2013). Estimating safe exposure levels for lunar dust using benchmark dose modelling of data from inhalation studies in rats. Inhalation Toxicology, 25, 785 － 793.

［59］ Space Station Research Explorer. (2020). Retrieved December 24, 2020, from https：// www. nasa. gov/mission _ pages/station/research/experiments/explorer/.

［60］ Stubbs, T. J. , Vondrak, R. R. , & Farrell, W. M. (2007). Impact of dust on lunar exploration. Goddard Spaceflight Center. http：//helf. jsc. nasa. gov/files/StubbsImpactOn Exploration. 4075. pdf.

［61］ Suescan － Florez, E. , Roslyakov, S. , Iskander, M. , & Baamer, M. (2015). Geotechnical properties of BP – 1 lunar regolith simulant. Journal of Aerospace Engineering, 28, . https: // doi. org/10. 1061/ (ASCE) AS. 1943 – 5525. 0000462.

[62] Sun, Y. , Liu, J. – G. , Zheng, Y. – C. , Xiao, C. – L. , Wan, B. , Guo, L. , Wang, X. – G. , & Bo, W. (2018a). Research on rat's pulmonary acute injury induced by lunar soil simulant. Journal of Chinese Medical Association, 81, 133 – 140.

[63] Sun, Y. , Liu, J. G. , Kong, Y. D. , Sen, H. J. , & Ping, Z. X. (2018b). Effects of lunar soil simulant on systemic oxidative stress and immune response in acute rat lung injury. International Journal of Pharmacology, 14, 766 – 772.

[64] Sun, Y. , Zhang, L. , Liu, J. , Zhang, X. , Su, Y. , Yin, Q. , & He, S. (2019). Effects of lunar dust simulant on cardiac function and fibrosis in rat. Toxicology Research, 8, 499 – 508.

[65] Tang, H. , Li, X. , Zhang, S. , Wang, S. , Liu, J. , Li, S. , Li, Y. , & Lv, Z. J. (2016). A lunar dust simulant: CLDS – I. Advances in Space Research, 59, 1156 – 1160.

[66] Taylor, L. A. (2000). The lunar dust problem: Apossible remedy. In Proceedings of Space Resources Roundtable II (p. 71).

[67] Taylor, L. A. Schmitt, H. H. , Carrier III, W. D. , & Nakagawa, M. (2005). The lunar dust problem: from liability to asset. In 1st Space Exploration Conference: Continuing the Voyage of Discovery, Orlando, Florida, United States (pp. 71 – 78).

[68] Tranfield, E. , Rask, J. C. , Wallace, W. T. , Taylor, L. , Kerschmann, R. , James, J. T. , Khan – Mayberry, N. , & Loftus, D. J. (2008). Lunar airborne toxicity advisory group (LADTAG) research working group (RWG). In NLSI Lunar Science Conference, abstract 2125.

[69] United StatesDepartment of Labor, Occupational Safety and Health Administration. (2020). OSHA Occupational Chemical Database. Silica, fused, respirable dust. Retrieved December 24, 2020, from https: //www. ohsa. gov/chemicaldata/chemResult. html? recNo=442.

[70] Wadsworth, S. J. , Sin, D. D. , Dorscheid, D. , & R, . (2011). Clinical update on the use of biomarkers of airway inflammation in the management of asthma. Journal of Asthma and Allergy, 4, 77 – 86.

[71] Wagner, S. A. (2006). The Apollo experience lessons learned for constellation dust management. NASA/TP – 2006 – 213726.

[72] Zheng, Y. , Wang, S. , Ziyuan, O. , Yongliao, Z. , Jianzhong, L. , Xiongyao, L. , & Junming, F. (2009). CAS – 1 lunar soil simulant. Advances in Space Research, 43, 448 – 454.

第 4 部分
月球驻留的社会、政治和法律框架

第 10 章　国际条约与未来月球上民族国家的概念

乔斯·安托尼奥·尤拉多·里波尔

摘　要　自 20 世纪 60 年代以来,国际公法就把外层空间作为监管的"对象"。《外层空间条约》(1966 年)规定,包括月球在内的外层空间的利用"应为所有国家的福利和利益而进行",强调所有缔约方承诺"完全"为和平目的利用月球。该法律文书和其他法律文书涉及诸如建立载人和无人月球科考站的可能性,这种驻留场所是否会产生对月球表面和资源的所有权以及采取措施保护月球上居民的生命等问题。但并非所有(参与航天活动)国家都是所有协定的缔约方,这是此监管制度的主要障碍之一,涉及月球和其他天体的管理。稳定的月球社区的存在可能会加强地球上民族国家的原有概念。

10.1　前言

当知道这本书的书名时,我很清楚这是一本关于月球法律的专著:如果"人的因素"包括至少两个人或与一件事有关的一个人(假设在某处存在其他人),那么就需要进行监管。

规则的存在是为了规范人与人之间的关系。诚然,规则也管理人与物之间的"关系",但仅限于其他人的利益可能会受到影响时。

如果我们考虑建立月球定居点,很容易理解,需要建立一个适当的法律体系来运行,解决可能的冲突,并在必要时修改或取消。这一法律体系将取决于我们所讨论的定居点类型。

10.2　国际条约

自从人类在外层空间的活动成为政治、地缘战略或经济利益相互竞争的场景以来,外层空间(包括月球)一直是国际公法监管的"对象"。

空间法的基本规则包含在联合国(UN)颁布的有关外层空间的国际条约中:

• 《外层空间条约》(OST):1966 年 12 月 19 日联合国大会第 2222(XXI)号决议《关于各国探索和利用包括月球和其他天体在内的外层空间活动的原则条约》。

• 《营救协定》:1967 年 12 月 19 日联合国大会第 2345(XXII)号决议《关于营救宇航员、送回宇航员和归还发射到外层空间物体的协定》。

• 《责任公约》:1971 年 11 月 29 日联合国大会第 2777(XXVI)号决议《空间物体所造成损害的国际责任公约》。

• 《登记公约》：1974 年 11 月 12 日联合国大会第 3235（XXIX）号决议《关于登记发射到外层空间物体的公约》。

• 《月球协定》（或条约）：1979 年 12 月 5 日联合国大会第 34/68 号决议《关于各国在月球和其他天体上活动的协定》。

每项条约的地位和签署国可在联合国外层空间事务办公室的年度报告（联合国外空事务办公室，2020）中查阅。

联合国大会的其他决议也值得关注，包括：

• 1963 年 12 月 13 日第 1962（XVIII）号决议通过《管理各国探索和利用外层空间活动的法律原则宣言》，作为《外层空间条约》的基础。

• 《广播原则》：1982 年 12 月 10 日第 37/92 号决议《管理各国使用人造地球卫星进行国际电视直播的原则》。

• 《遥感原则》：1986 年 12 月 3 日第 41/65 号决议《关于外层空间遥感地球的原则》。

• 《核动力源原则》：1992 年 12 月 14 日第 47/68 号决议《关于在外层空间使用核动力源有关的原则》。

• 1996 年 12 月 13 日第 51/122 号决议《关于开展国际合作探索和利用外层空间以造福于所有国家的宣言》，特别考虑到发展中国家的需要。

此外，可能直接或间接影响该主体（包括国际公法和国际私法的一些问题）的双边或多边条约、适用于每个国际组织的规则（如欧盟法律）以及每个国家的国内法律作为空间法的来源对其进行补充。在其权限范围内，联合国和平利用外层空间委员会（COPUOS）的报告和文件具有重要意义。

尽管其他条约中可能有根据情况适用的相关规定，以及可能适用的规则或文件（例如在外空委的范围内：外空委通过的《联合国外层空间活动长期可持续性指南》，2019 年），关于月球定居点，我将特别提到《外层空间条约》和《月球协定》。

《外层空间条约》（OST）已被 100 多个国家接受，它提供了国际空间法的基本框架和和平利用外层空间的一般法律基础（古铁雷斯·埃斯帕达，1999）。

该条约第一条规定："探索和利用包括月球和其他天体在内的外层空间，应为所有国家的利益而进行，不论其经济或科学发展程度如何，并应属于全人类。"

作为最初陈述的合乎逻辑推论：

• 宇航员应被视为人类的使者（第五条）。

• 探索和利用外层空间可由"所有国家在平等基础上不受任何歧视地"进行（第一条 [2]），当然，尽管实际上不同国家的技术能力在这一领域造成了它们之间的自然歧视。

• 为了实施包括科学研究在内的上述探索和利用，需要国际合作（第一条 [3]，特别是第九条，建立了"合作与互助原则"），也附带反映在第三、第五、第十、第十一、第十二条中。

• 如果要通过国际合作来探索和利用外层空间，并为所有国家的利益而服务，则应始终按照国际法进行（第一条 [2] 和第三条）。该宣言意味着确认空间法是国际法的一部分，前者必须在后者的总体框架内适用："空间法不是一个独立的法律条文"（马尔基西奥，2018）。

• 由于月球和天体的探索和利用是为了全人类的利益，因此必须在不造成有害污染的情况下进行（第九条），并且只能完全用于和平目的（第三条和第四条）。这意味着不允许各国部署核武器或其他大规模杀伤性武器，禁止建立"军事基地、设施和防御工事"。然而这并不妨碍"将军事人员用于科学研究或任何其他和平目的"（见本书斯图尔特和拉帕波特，第 11 章）或"任何设备或设施用于和平探索"（第四条）：尽管在某些情况下，这可能包括为此类目的使用炸药，除非这违反了条约的其他规定，否则就不是那么简单了，特别是考虑到第九条。

• 《外层空间条约》（OST）还规定了各国对其外空物体造成损害的责任（第七条），以及对国家空间活动的责任，"无论这些活动是由政府机构还是由非政府机构实施的"（第六条）。

• 最后，最初声明的另一个结果是："外层空间包括月球和其他天体，不得以主权主张、使用或占领或任何其他方式为国家占有"（第二条）。值得注意的是，该条强调禁止国家通过使用或占领，以及"以任何其他方式"侵占或主张主权：这似乎是为了避免使用法律手段来规避禁令，我们从中可以推断出条约对这个问题的重视程度。然而，根据第八条："发射到外层空间的物体，包括在天体上着陆或建造的物体及其组成部分的所有权不因其在外层空间或天体上存在或返回地球而受影响。"

《月球协定》（或条约）更为具体，因此可以被认为是主要的参考文件。然而，该条约在执行方面存在一个重大问题：已有 11 个国家签署，而缔约国不足 20 个（根据《联合国条约汇编：UNTS，2020 年》提供的资料，截至 2021 年 1 月 14 日有 18 个国家签署）。美国、俄罗斯联邦、中华人民共和国以及欧洲空间局（ESA）的一些成员国不在签署国之列；印度和法国已经签署了这项条约，但尚未批准该条约。2020 年 4 月，美国总统签署的"关于鼓励国际社会支持空间资源的回收和利用"的行政命令指出，"美国不认为《月球协定》是一个有效或必要的工具，以指导各国促进商业参与长期探索、科学发现，并使用月球、火星或其他天体。"

然而，对该条约的有限国际支持并不能妨碍我们在考虑可能的月球定居点时，在其中找到需要解决的重要问题，要么接受它们，要么放弃它们。

关于其条款，《月球协定》强调了 OST 的原则，但在月球活动的执行中增加了利益及其执行层面的具体问题：《协定》重申了利用和探索月球的前提条件——为了所有国家的利益、以平等为基础（第四和第六条），始终遵从国际法（第二和第六条）。

关于合作和互助原则（第四条 [2]），协定明确指出："缔约国尽可能在切实可行的范围内，交换前往月球探险的科研人员和其他人员或安装在月球上的装置"（第六条 [3]）；提及"其他人员"使我们可以根据适用的条约同时考虑文职人员和军事人员（再次参见第 11 章）。此外，《月球条约》规定了确保各国不同任务之间兼容性的措施（条款）（第五条 [2] 和第九条 [2]）。

为和平目的利用月球和禁止使用核武器或大规模杀伤性武器（第二条和第三条）辅以"禁止在月球上进行任何威胁或使用武力或有任何其他敌对行为或存在敌对行为的威胁"（第三条［2］）。为了保证这一点，还规定月球上的所有设备、车辆和设施"应向"其他缔约国开放（第十五条）。

月球的探索和利用必须在没有有害污染或环境失调的情况下进行（第七条）；因此，合乎逻辑的是，第十四条规定了各国对国家空间活动的责任，"无论这些活动是由政府机构还是由非政府机构进行的"（如《外层空间条约》所述），这就要求各国有义务监督非政府机构在月球上的活动（第十四条［1］）。

关于禁止国家通过主权主张侵占月球（第十一条［2］），该协议规定，该禁令适用于月球地下和自然资源（第十一条［3］），第十一条［1］包含 OST 中没有的一条重要声明："月球及其自然资源是人类的共同遗产"。这一措辞也用于管理公共空间的其他国际条约［《联合国海洋法公约》（1982）第 136 条："该区域及其资源是人类的共同遗产"］；《外层空间条约》（1967）没有采用这一原则，可能是因为后来空间法和国际法在这一领域的演变（罗德里格斯·卡里昂，1998）。

这与自然资源及其开发的可能性有关；在这一点上，《协定》对资源和从其开发中获得的利润（或利益）进行了区分，这似乎略微打开了这一领域商业利益的大门。一方面，该协议规定月球自然资源是人类的共同遗产，不应被侵占（第十一条［1］和第十一条［2］）。另一方面，确立了不受歧视地使用月球和开发其资源的权利（第十一条［4］和第十一条［5］），但为了规范这种对自然资源的开发，该条约要求各国"建立一个国际制度"，即承诺达成一项规范此类开发的新协议（第十一条［5］），必须符合第十一条［7］的目的（包括合理开发和"所有缔约国公平分享从这些资源获得的利益，其中包括发展中国家的利益和需要，以及直接或间接为月球探索做出贡献的国家所获得的这些资源的利益"）。因此，部门协议可以规范特定资源、可以获得的利益及其分配［稍后将简要提及《阿尔忒弥斯协议》（2020）］。

该条约规定，即使在月球上，每个国家也有权建立载人或无人月球站（第九条），其人员、设施和设备均在本国管辖范围内（第十二条），这是一个治外法权的例子（假设一个国家的法律［部分］适用于不在其领土内的地方，不包括可能的地方法律适用，这意味着将其主权的领土适用范围扩大到其领土外的地方发生的某些事件）。但是，在紧急情况下，设备、车辆等可由其他国家的人员使用，因为月球上人员的安全和健康是一个至关重要的问题，所有努力都应致力于应对此问题（第十条和第十二条［3］）。

这在地面、地下和位于地面（或地下）的设施或结构的所有权之间提出了一个有趣的区别：如果月球站位于月球表面，则该设施或结构将属于起源国（建造国），而地面和地下资源仍将是人类的共同遗产；在建立地下月球站的情况下，这一点不会改变。

10.3　我们能做什么？

在这一规定下，我们可以期待看到什么样的月球定居点（除了承认上述月球协定的不足）。也许与国际空间站（ISS）的情况类似，除了月球有坚实的地面和存在一点自然重力。

国际空间站是外层空间永久居住站的一个案例，也是国际合作的一个范例：不同国籍的宇航员在那里生活和工作，共享用于科学和商业目的的设备和基础设施，执行需要联合行动的方案，所有这些都位于外层空间，即在一个没有任何国家拥有主权的空间。由于所有这些原因，国际空间站的法律制度面临着与当前法律框架下的月球站类似的问题。

国际空间站的法律制度建立在遵守上述四项外层空间国际条约（我们所谓的"四大条约"：OST、营救、责任、登记）的基础上，但《月球条约》除外。因此，国际空间站的法律制度也可以构成一个逐步完善的例子，说明解决管理最终的月球定居点任务时，如何克服后者的不足。

此外，由于国际空间站的法律制度必须满足空间站的建立、运作和进一步发展所产生的特殊需求，因此有必要在以前条约的法律框架之外增加一项政府间协议（IGA）、谅解备忘录（MOU，由美国航空航天局和各国合作机构签署），考虑在必要时签署附加实施协议（IA）的可能性。

至于政府间协议（IGA），是一项将签署国在国际上联系起来的协议，与各国国内法律的性质无关（法拉米南·吉尔伯特，2018）。最初的 IGA 于 1988 年签署，并于 1998 年 1 月 29 日被新的 IGA 所取代，以纳入俄罗斯：启用新协议是必要的，因为最初的 IGA 是各方之间的封闭协议，没有加入条款（法拉米南·吉尔伯特，2018）。IGA 建立了国际空间站实施和运营所需的基本合作框架，处理公法（第十八条和第二十二条）和私法（第九条［3］和第二十一条）的相关事项：

第一条（目标和范围）确认国际空间站的民用性质及其用于和平的科学、技术和商业用途的目的。

第二条提到了我们所谓的"四大条约"（OST、营救、责任和登记），根据该条款必须执行 IGA，明确 IGA 中的任何内容都不能构成"主张国家占有外层空间或外层空间任何部分的依据"。

特别是第七条、第二十一条和第二十二条，在一般运作方面确立了下列法律制度：在管理方面，虽然各方对自己的方案和计划负责，但美国（通过 NASA）具有主导作用（例如，它负责"总体项目管理与协调""总体系统工程与集成""总体安全要求与计划"等）。第二十一条规定了知识产权的治外法权，而第二十二条为刑事管辖权确立了个人适用规则，这也意味着该法律的治外法权：缔约国对其本国国民在国际空间站实施的行为行使刑事管辖权（但是，为受另一缔约国国民实施的犯罪行为影响的国家提供了一定的"保证条款"，使受影响的国家在某些情况下能够对其行使刑事管辖权）。这种监管（指国家司法管辖区，取决于相关要素）可以被视为基于合作监管的一个例子，虽然基于一体化的监管要求通过国家间的协议建立特定的临时制度（但是，第九条［2］包含一项特殊规则；稍后会看到的第十六条可能更符合基于一体化的监管倡议）；在国际法中达成这样的协议并不总是那么容易，因此这可能是对建立永久月球定居点的法律制度的挑战。

第十六条连同第二条和第十七条规定了"受保护的空间作业"情况下的一项特别规则（"相互免除责任"）。这可以被认为是实施条约中所确立的（一般）国际责任制度的一个具体例外，在签署国之间作为特别法（优先于一般法）适用（本特别规则），并有利于为国际空间站设定的探索和开发目标。

我们感兴趣的不是它的内容，而是它所代表的内容：它是一个将一般法律框架（外层空间的国际责任）适应具有特殊特征的特定情况的例子（例如国际空间站或月球），尽管没有比第一步走得更远：决定适用的法律（第二步是制定适用于这种案例的特定法律）。

将国际空间站模式复制到月球定居点的情况，还需要一个具体的（类似的）政府间协议，以建立合作的运作基础和在月球上应用的特殊性，以及所涉及的空间机构之间的谅解备忘录，而不考虑可能需要的任何补充协议或基于部门的协议。当然，这一切都符合我们所谓的"四大条约"。

我认为，无论我们是否考虑《月球协定》适用与否，在月球定居问题上都需要有这样一项具体协议：正如我们所见，该条约本身明确规定了附加协议（例如关于国际责任和自然资源开发的协议，第十四条［2］和第十一条［5］，即使它是一个国家的居住站点，第九条［1］），以及除了因执行条约而产生的其他协议（第六条［3］：双方人员往来协议）。适用或不适用《月球协定》的事实不会阻止额外的国际协议，而是意味着这些额外的协议或多或少地侧重于纯粹的操作和实施问题，或者还分别包括更多实质性和一般性的规定；尽管在这两种情况下，都有必要解决月球定居点的具体问题，这些问题可能不同于国际空间站的问题，并证明一项或多项具体或部门协议是合理的：地面和地下使用制度、军事人员的存在、资源和能源的开发等。

现在有必要简要提及《阿尔忒弥斯协议》，该协议是由美国（NASA）、澳大利亚、加拿大、意大利、日本、卢森堡、阿拉伯联合酋长国和英国的代表于 2020 年 10 月 13 日签署。协议确立了各方"为和平目的进行月球、火星、彗星和小行星的民用开发和利用的合作原则"。协议签署国"重申其对《外层空间条约》的承诺"（第十一节），并在第十节中讨论自然空间资源的开采和利用"应以符合《外层空间条约》的方式执行"，同时在第十一节中设立有争议的"安全区"。无论是否履行《月球协定》第十一条［7］关于开发月球资源的规定（在《阿尔忒弥斯协议》的签署国中，澳大利亚也签署并批准了《月球协定》），事实是《阿尔忒弥斯协议》仅包含一个一般性的原则框架，并通过谅解备忘录和其他协定规定了必要的执行方法（第二节）。

10.4　我们真正想要做什么？

如果我们采取上述方法，将设法在月球上建立一个"（国际或非国际）空间站"：与目前运行的国际空间站不同的是，月球站将建造在坚实地面上，但没有一个国家对这片土地行使专属所有权或主权（根据《外层空间条约》，所有权制度与外层空间的所有权制度相同），在这一点上两个空间站是一样的。事实上，我们可以为月球站设立更侧重于资源开发的目的（如允许或同意），或者我们可以让月球站不仅拥有民用人员（如国际空间站），还拥有从事科学研究或其他和平目的的军事人员。但这只涉及增加一些具体协议来涵盖这些问题；然而，月球居民的法律参考框架（体系）将与国际空间站相同或非常相似：他们将继续是真正生活在地球上的人，即使只在月球站停留了一段时间。

要想在月球定居点中走得更远，关键就在于：问问这些人（居民）真正的生活在哪里？他们的切身利益中心在哪里？在这个问题之前，我们想在月球上做什么（或者根据目前的技术状况，我们能做什么）？我们想要月球定居点做什么？

这些问题的答案形成我们想要的月球定居模式，包括其具体法律制度的设计，因为这将决定我们是否可以根据条约中的现有法律框架（添加 IGA 或其他协议）配置我们需要的月球定居点；或者相反，如果这还不够，我们应该尝试进行更实质性的改变，例如在不动产法律制度方面。

事实上，所有权问题非常重要（委拉斯开兹•伊利扎拉拉斯，2013）。《外层空间条约》、《月球协定》以及国际空间站的政府间协议（IGA）和《阿尔忒弥斯协议》都提到了这一点（后者在第十节中指出，《外层空间条约》缔约国认为"空间资源的开采在本质上并不构成国家占有"）。让我们假设，禁止在月球表面和地下占用土地的规定得以维持，则月球定居点将被永久性地划分为地表和地下的所有权，以及地表上任何东西（即使是附着在地表上）的所有权，如上所述（第 10.2 节，最后一段）。

当然，这可能会影响一个假想的月球房地产市场：这种所有权划分意味着设施、建筑物或在地表、地下建造的东西的价值会降低，无论是出售还是通过它获得融资，因为土地必须从财产的总价值中扣除。但相关的事实是，位于月球表面（或地下）的结构或设施的所有者将以独占方式享受不合法拥有月球土地的一部分（而是人类的共同遗产）：他们需要为此付费吗？如果是这样，他们必须向谁付款？随着时间的推移，他们是否可以通过在这些土地上的建筑物或设施来获得任何形式的永久使用权？谁能从他们手中获得土地？这带来了另一个问题：谁来管理月球土地？谁来决定什么可以做，什么不可以做？简而言之，应该建立一个权力机构来决定、管理月球土地，并最终处置土地（也不是拥有它）。

但这只是一个很小的例子。在许多其他领域面临的挑战非常相似：根据我们想建造的定居点类型，我们将不得不考虑是否建立公共服务，例如安全、水、电和其他供应、废物收集、运输和道路基础设施、教育、卫生、司法、行政机构等。有些事情可以在"实施过程中"解决（例如哪些产品可以在月球上生产［ISRU：原地资源利用］，哪些不能），但其他事情必须事先做好安排（为全体居住人口提供氧气或充足的大气）。这也可能意味着出现了新的或更具体的"人权"（例如获得日常氧气供应所需的某些技术的权利），由于环境决定了需要满足的需求以及后者的重要性（在月球上，空气供应将影响自由、工作和生活：史蒂文斯，2015），但这也可能意味着需要为其他问题建立特定的法律制度，如公司所在地或单独的税收制度，等等。简而言之，一切都将取决于我们想建造或能够建造的定居点类型（或最终由最初建立的定居点演变而来）。

10.5　关于月球上民族国家概念的几句话

民族国家的概念（今天可以认为被全球化现象所战胜：阿里奥拉·埃坎尼斯，2019）需要一个政治、法律或制度结构来保证（基于社会契约理论或其他更理想的基石）对稳定人口行使主观权利的必要条件，其成员由某些共同的文化纽带（国家）联合起来，并定居在一个划定的领土上，在该领土上行使国家的管辖权和主权。这种"自制"的定义（尽管存在缺陷）使我们能够区分民族国家的特征要素：政治、法律或制度权威、具有共同文化要素（语言、传统、宗教、历史……）和领土（日博和帕斯特，1996）。

从民族国家概念的角度来看，假设建造月球定居点的方法取决于对上一节提出的问题的回答：我们谈论的是哪种定居点？（我们真正想要做什么？）

一方面，我们拥有中短期最合理的月球定居模式：一种基于当前国际法的先验模式（尽管随后可能会添加或修改或多或少的重要内容），用于科学研究或商业目的，其成员将保持在地球上的重要利益中心。针对这种定居模式（多国或其他），将使用从地球引进的组织体系，这可能是创始国自身体系的延伸，或者可能是几个创始国从一开始就同意的一种组织模式（因为即使是最后一种情况，也会提及每个国家对彼此国民的法律制度，他们基本上仍然是自己民族国家的公民，将在那里维持其重要的利益中心。）

这一模式强化了创始国（地球国家）民族国家的概念，因为通过对治外法权的虚构，一个特定地球国家的主权和管辖权在其实施过程中扩展到其边界之外的月球。民族国家的一个典型特征是有能力确保其本国的法律（其法律体系）在其领土内得到执行；此外，成功地使其法律在其实体边界之外得到执行的国家扩大了其在国际领域的影响力，从而进行了某种"殖民"（这并不总是基于领土扩张，而是基于势力范围的扩张，对于这一点，一个国家的法律在其打算主导的领土或地区的适用至关重要，历史证明了这一点：梅里，1991）；这可能会对美国产生（尽管只是部分）影响，例如，就国际空间站的飞行任务而言，涉及国际空间站的政府间协议第 7 条：如果美国负责"总体规划"，其就有机会通过这样的规划，将与自身法律体系有关的条款适用于国际空间站。

另一方面，将民族国家的概念应用于独立的月球定居点，在科幻小说之外是很难的（巴克斯特中的一些例子，2015）。应当记住，民族国家意味着政治、法律或体制权威，意味着有共同文化纽带的人口，以及行使管辖权和主权的明确领土：没有领土、历史或人口，政治权威不可能凭空出现；民众必须拥有共同的文化纽带，仅仅对现行政治权威有共同的不满情绪是不够的（罗马奴役战争：格里什，2016）；至于领土，它必须是一个能够有效和独立地行使管辖权和主权的领土，这也需要有能力保卫它免受侵略。

此外，所有这一切都需要一个完整的法律体系，该体系将不仅规范共享工作和因工作（以国际空间站为例）共存于同一地点的人与人之间的关系；还需要一个法律制度，适用于那些可能不参与这项工作，并且在公共和私人各个领域涉及法律关系的人。

无论如何，更进一步地说，考虑一个具有真正自治和独立的月球定居点（包括或多或少类似于非殖民化、宣布独立等可能的程序）最终将导致承认国家或政府原则的适用，最终将促使我们的定居点不再被视为国际法管辖的"对象"，而成为国际法的"主体"。

　　但是，回到上一个问题的意义上，会有人真的想在月球上生活，并将其视为自己的土地，足以鼓励独立的梦想并为之奋斗吗？嗯，一如既往，这将取决于人类未来的需求和利益……这是地球上"人的因素"的特征，也可能是月球上"人的因素"。

参 考 文 献

［1］ Arriola Echániz，N.（2019）. ¿Más allá del Estado nacional? Una revisión de la doctrina cosmopolita. Revista de Estudios Políticos，183，243 - 259. https：//doi. org/10. 18042/cepc/rep. 183. 09.

［2］ Baxter，S.（2015）. The birth of a new republic：Depictions of the governance of a free Moon in science fiction. In C. S. Cockell（Ed.），Human governance beyond earth（pp. 63 - 79）. Springer. https：//doi. org/10. 1007/978 - 3 - 319 - 18063 - 2 _ 6.

［3］ COPUOS.（2019）. Guidelines for the long - term sustainability of outer space activities of the committee on the peaceful uses of outer space. Report of the Committee on the Peaceful Uses of Outer Space. Retrieved January 2，2021，from https：//www. unoosa. org/oosa/en/oosadoc/data/documents/2019/a/a7420 _ 0. html.

［4］ Faramiñán Gilbert，J. M.（2018）. The International Space Station：Legal reflections. Ordine internazionale e diritti umani，5（supplement），49 - 54.

［5］ Gerrish，J.（2016）. Monstruosa species：Scylla，Spartacus，Sextus Pompeius and Civil War in Sallust's histories. The Classical Journal，111（2），193 - 217. https：//doi. org/10. 5184/classicalj. 111. 2. 0193.

［6］ Gutiérrez Espada，C.（1999）. La crisis del derecho del espacio，un desafío para el derecho internacional del nuevo siglo. Anuario Español de Derecho Internacional，15，235 - 273. https：//revistas. unav. edu/index. php/anuario - esp - dcho - internacional/article/view/28509.

［7］ Marchisio，S.（2018）. Setting the scene：Space law and governance. Ordine internazionale ediritti umani，5（supplement），55 - 65. http：//www. rivistaoidu. net/sites/default/files/Volume％20speciale％202018％20completo. pdf.

［8］ Merry，S. E.（1991）. Law and colonialism. Law & Society Review，25（4），889 - 922. https：//doi. org/10. 2307/3053874.

［9］ Ribó，R.，&Pastor，J.（1996）. La estructura territorial del Estado. In M. Caminal Badía（Ed.），Manual de Ciencia Política（pp. 451 - 469）. Tecnos.

［10］ Rodríguez Carrión，A. J.（1998）. Lecciones de Derecho Internacional Público. Tecnos.

［11］ Stevens，A. H.（2015）. The price of air. In C. S. Cockell（Ed.），Human governance beyond earth（pp. 51 - 61）. Springer. https：//doi. org/10. 1007/978 - 3 - 319 - 18063 - 2 _ 5.

［12］ UNOOSA.（2020）. Status of international agreements relating to activities in outer space as at 1 January 2020. Retrieved January 2，2021，from https：//www. unoosa. org/documents/pdf/spacelaw/treatystatus/TreatiesStatus - 2020E. pdf.

［13］ UNTS.（2020）. Status of the Moon agreement. Retrieved February 22，2021，from https：//treaties. un. org/Pages/ViewDetails. aspx? src ＝ TREATY&mtdsg _ no ＝ XXIV - 2&chapter ＝ 24&clang＝ _ en. US President.（2020）. Executive order on encouraging international support for the recovery and use of space resources. Retrieved January 2，2021，from https：//www.

whitehouse. gov/presidential – actions/executive – order – encouraging – international – support – recovery – use – space – resources/.

[14]　Velázquez Elizarrarás，J. C. （2013）. El derecho del espacio ultraterrestre en tiempos decisivos：¿estatalidad，monopolización o universalidad? Anuario Mexicano de Derecho Internacional，3，583 – 638. https：//revistas. juridicas. unam. mx/index. php/derecho – internacional/article/view/439.

第 11 章　月球上的军事：地缘政治、外交和环境影响

理查德·斯图尔特　玛格丽特·布恩·拉帕波特

摘　要　首先回顾了目前存在的地缘政治形势，这种形势可能导致在月球上甚至在地月太空存在军事基地。论述认为在月球上的军事存在可能会对月球驻留产生一些影响。讨论了西方军事力量在国防、外交方面的作用，以及在月球环境保护方面的可能作用。第二部分简要回顾了月球军事基地规划的历史，并展望更远的未来，向读者描绘了下一阶段月球驻留基地的性质和配置，以及一些装备需求。

11.1　地月空间军事功能的概念、角色和基本原理

11.1.1　前言

根据我们天体学领域的同事（包括本书作者伊姆佩和科尔巴利）的观点，临近地球的月球可能形成于 40 多亿年前。最新理论认为，地球与另一个行星发生剧烈碰撞，碰掉了早期地球地幔的一部分，由此形成月球（参考哈维兰，第 3 章月球表面的物理性质）。从那时起，发生了很多事情，包括所有现存物种的有序进化、人类社会组织变得越来越复杂，现有国家并不总是存在，其联盟也不存在。在地球上人类社会生活的长期进化中，国家集团的形成和消亡，产生其他国家集团。

本章分为两部分。在第一部分中，我们试图着重讲述在人类太空探索的世纪之初，在地月轨道空间一直存在发展地缘政治角色的广泛观点。在千百年后的未来，领导人、联盟和附属国等很可能会发生变化。目前，美国与中国在当今世界舞台上展开了竞争。二者的关系将对月球表面及其周围太空的驻留人员和设施的布局产生许多格局性的影响。本章认为无论国家联盟怎么改变，地球上现有国家之间的竞争将会以一种方式或另一种方式实质性地影响月球的开发。基于这个原因，我们将在接下来的部分予以关注。

在本章第二部分，我们描述了一个预想的西方月球军事基地，包括其物理组成部分、人员组成及设置的理由。

11.1.2　月球和火星探索中的军事作用

有人天真地认为地球上的政治关系在某种程度上不会转移到月球居住地。在这本书有些章节主张，如果可行的话，月球上应该没有军事力量存在。在其他书中也有描述（如阿尔努，2019；哈基克-米斯拉，2019），认为地球上国家的边界不应该转嫁到月球表面和地月轨道空间。在一定程度上，这些意见应纳入地基军事的法律条约中，以便应用于月球表面及其周围太空中。谈判将是漫长而复杂的，迄今为止的谈判方法在本书的其他章节进行

了总结（可参阅本书第 10 章，尤拉多-里波尔所著，以更深入地探讨条约对解决月球问题的影响，以及月球上的军事行动）。目前，针对月球上军事力量的使用，尚缺乏相应的条约。在这里，我们探讨了西方军事力量在月球和周边地月空间的各种类型活动：地缘政治、战略、外交、救援和回收，以及承担保护环境责任。

前往太空和其他行星体如月球和火星，一直是一个探索性挑战，随着适应太空的技术迅速发展，这一挑战在时间和组织上越来越近，需要世界领导者和军事机构认真考虑。然而，在当前政治和经济环境下，在月球上建立军事存在的想法很可能会遭到怀疑、批评，同时还伴随对战争的恐惧、讽刺性评论和绝望。然而，这种情况可能很快会改变。

现实情况是，存在地缘政治和国家安全风险，以及基于太空的国家和全球安全威胁，这可能很快会导致西方在月球上的军事存在。这是我们关注的重点。例如，建立一个美国基地将涉及一系列国家安全任务，这将结合 NASA 的现有目标——探索月球以及将太空旅行扩展到火星。最近成立的美国太空军（USSF）作为一个独立的军种似乎预示着这一点，但到目前为止，USSF 和美国国防部（DoD）还没有公开明确月球军事任务。有人在一篇文章中提问，"地球-月球空间是美军的新高地吗？"美国外交政策委员会委员彼得·加勒森指出，截至本文撰写之日，美国还没有一个全面的深空战略（大卫，2020）。

尽管对月球在未来西方国防战略中的作用还不清楚，但 NASA 和 USSF 正在基于可能会导致月球军事任务的方式进行合作。2020 年，NASA 宣布了一项新的谅解备忘录，在该备忘录中，NASA 和国防部致力于"在载人航天、美国空间政策、空间运输、太空安全操作的标准和最佳实践、科学研究和计划防御等领域进行广泛的合作。"（USSF 和 NASA，2020）。这份联合声明清楚地暗示了未来在月球作业和探索方面的合作。

NASA 的阿尔忒弥斯任务将在本章第二部分进一步描述。其目标是在 2024 年实现首位女性和更多男性登月，从此开始利用创新技术持续探索月球表面（NASA，2020a）。NASA 将与其商业和国际合作伙伴合作，在 2030 年之前实施对月球进行可持续探索，并利用所学到的经验为将宇航员送上火星的探索任务做准备（罗伯茨，2020）。阿尔忒弥斯任务将分三个阶段进行，首先将机器人系统送上月球，在月球停留长达 7 天。在第一阶段，机器人和人类将寻找和提取诸如水等资源，这些资源可以转化为其他可用的产品，特别是供人类消耗和作为燃料的氧气。借助精准的着陆技术和创新的移动方式，登月乘员将探索月球表面的新区域。

长期计划是建立一个月球基地，作为将宇航员送往火星的一个飞行中转点。为了更好地探索月球和火星，NASA 喷气推进实验室（JPL）开发了一种改进的四轮漫游车——杜阿克塞尔（DuAxel）。通过缆绳将两部分合二为一，可以相互分离并锚定，当其后部锚定在地上，前部就可以通过两个轮子自由移动，因此前部可以沿着陡坡下降，让彼此安全地探索难以到达的区域。JPL 机器人技术专家内斯纳斯表示，"DuAxel 为探索月球、火星、水星等行星上更极端地区打开了大门，可能还有一些冰雪世界，如木星的卫星木卫二"（库所，2020）。这一类的技术进步令人兴奋，但也暗示着西方军队未来可能会获得这些技术。

11.1.3　月球军事作用中地缘政治的影响

随着地球上所有国家的领导者和政府的更迭，他们的观点、在月球建立定居点的计划以及建立军事基地的愿望都会发生变化。在撰写本文时，USSF 还没有明确的月球任务，尽管一些官员已经公开表达了建立美国基地的总体目标。此外，一些活动表明，如果不采取积极措施，美国和其他西方国家政府会考虑在月球上建立军事存在的想法。例如，在 2020 年，一个由 150 名来自工业界、政府和学术界的"思想领袖"参加的线上研讨会发布了一份题为《2020 年航天工业基地状况：是时候采取行动以维持美国在航天领域的经济和军事领导地位》的报告（SSIB，2020），部分由美国空军起草（SSIB，2020）。报告强调了太空军事的挑战，以及在地月空间和月球上控制所谓的关键的"瓶颈"技术的必要性。描述了"对巨大而丰富的太空资源的竞争，这将推动更大的太空经济，并使未来在太阳系的探索和定居成为可能"（SSIB，2020：53）。而且，将月球驻留视为探索火星和太阳系其余星球的中转站或门户。月球是一个包含巨大自然资源的宝库。当这些认知逐渐清晰时，就会更加清楚为什么会有一场月球驻留的竞争。

读者应该注意到，以美国为代表的西方通常不会把太空探索和军事功能联系起来。这些国家认为太空探索和军事任务着眼于不同的目标——政治、经济、空间探索。然而，重要的是要认识到，追求太空探索、军事任务和经济目标可以同时实现。对于西方宇航员和最终的驻留者来说，月球很可能是一个科学研究中心、一个军事仓库，也可能是一个采矿新方法和设备的试验场，以便在更遥远的小行星上使用。将会有广泛的多国努力来维持一个和平的地月太空环境，这是既值得期待又是可取的。在维持外太空和月球上和平方面意义重大。

SSIB 报告（2020）客观地假设地球-月球-火星环境是一个竞争环境，军事任务的一个重要功能是协助维持和平的、非武装的竞争。该报告预测，拓展地月空间经济将依赖于美国的稳定军事存在来提供安全保障，以保护并促进美国、西方和全球在地月空间的活动。重要的是，这一拓展作用应是多方面的，应表现出信心，并"通过提供稳定的存在、监视、导航辅助和必要时的帮助，降低人们对风险的感知"（SSIB，2020：11）。NASA 和 DoD 都意识到月球资源的价值，可以"为民用、商用和国家安全应用提供更廉价的可及性……"，还有助于获取"小行星资源和火星资源……"。报告毫无疑问地提出警告，即"第一个在太空建立交通基础设施和补给保障能力的国家，为地球低轨道和地月空间服务，将有更强的能力来控制地月空间，特别是拉格朗日点和月球资源"（SSIB，2020：17）。拉格朗日点是太空中具有战略意义的重力稳定点，探测器和飞行器在该点停靠和停留可以不消耗太多推进剂。拉格朗日点对于空间探索、经济、通信、运输和军事用途都很重要。

11.1.4　地球国家之间地月空间竞争与合作的影响

针对将不同民族国家概念转移到月球上的可行性和危险性，存在不同的看法。从某个角度来看，很难想象这怎么可能不发生，特别是考虑到地球上国家之间正在进行的竞争。人们可以制定一些条约，表达对和平和月球上没有军事存在的期盼，但这些条约的可执行性尚不清楚（要想更深入地认识有关外层空间和月球的条约，见本书第 10 章）。因此，鉴于目前地球上太空探索的竞争状况，让我们看看一些正在进行太空计划的主要竞争对手—— 中国和美国，然后讨论他们会如何影响月球驻留。如上所述，美国和中国都宣布了他们驻留月球的计划，下面的讨论假设不同国家也将参与，但主要国家是中国和美国。

重要的是要承认，中国、美国，以及其他国家已经付诸行动。在这些其他国家中，主要有日本、单独或通过欧洲空间局的欧洲国家以及以色列，都在太空领域取得了显著的进步。中国正在积极探寻其在月球的着陆位置。例如，中国的 "嫦娥四号" 任务中 "玉兔" 月球车在月球背面着陆并返回地球（沃尔，2019）[①]。中国航天官员还讨论了在月球南极附近建造驻人 "月宫"，作为将宇航员送上火星任务的一部分。

中国探月活动呈现出对和平探索太空、月球驻留和资源开采的追求。然而，从长期地缘政治来看，中国和其他国家的尝试可能会有很大不同。随着中国经济的发展和中产阶级的壮大，中国在经济上和政治上都已成为国际社会的重要成员。有了这种新的影响，中国在境外的项目有所增加，中国在世界各地的政治影响力已经增加，美国国务院和其他西方政府正在积极监控中国在地球上（如在非洲）和在太空中的项目。

关于中国和西方大国之间竞争及其经济和政治后果的文献，概述了全球性的、地球层面竞争背后的价值观和信仰（例如路透社，2017 年；非洲时报，2018；达布斯，等，2019；坎贝尔和拉普 - 奥佩尔，2020；基利，2020；梅尔泽，2020；泰勒 2020a，b，c；USCESRC，2020）。由于中国有可能在月球上扩大影响力，可以理解的是，西方国家开始计划在月球上部署军事存在，不管结果如何。他们的军事职能不仅是传统模式中的简单防御，而且在于外交层面，具有重要的救援能力，在地月空间的环境保护方面具有领导潜力。

很有可能，在其他西方伙伴的支持下，美国将在月球上有大量军事存在。月球上没有大气，仅有六分之一的重力，更没有救援服务能力，除非由第一批居民设计和提供这种能力，月球环境具有挑战性。在月球上的军队可能有救援和回收功能，就像在地球上大多数地方一样。当涉及乘员、科学家和其他驻留者的安全时，重要的是要记住保障西方军队的经费和供给是多么充足。中国、俄罗斯、西方国家及其盟友之间的地面竞争可能会被转移，不管有些人多么希望这不是真的。然而在此之前，月球上的人类将面临前所未有的生存挑战。在最早的驻留场所，我们毫不怀疑，军队，包括那些相互竞争的军队，将从一开

---

① 　原著描述不准确，"玉兔"月球车没有返回地球，是嫦娥五号任务实现采样返回。——译者注

始就发挥救援和回收功能，将救护不同民族的许多生命。

11.1.5　月球上和地月空间的防御性和进攻性

地球上的武装冲突历史表明，军队在月球上可能会承担一些基本功能。在本章的第二部分，我们回顾了在第一个月球军事基地驻留的机组人员之间可能存在的关系特征。月球军事基地可能与非军事基地分开或相邻。防御性军事功能几乎肯定会扩展到这些非军事设施，以及科学设施和工作人员。后者位置可能取决于具体的科学探索需求。例如，天文观察台可能位于月球的远端。军队可能拥有唯一的运输工具，可以将工作人员和机组人员运送往月球某些地点。

北约及西方大国中的美国、澳大利亚、日本和印度缔结为联盟（称为"四方"联盟），已经开始相当认真地对待中国的部署。北约秘书长延斯·斯托尔滕贝格警告称，中国的崛起改变了全球力量平衡，因此北约的重点可能会变得更加全球化。印度过去一直回避军事协定，并一直是不结盟国家的领导者。如今，印度与美国就加强安全问题进行了磋商（格茨，2020）。

西方国家非常重视中国在月球领域的部署，已经开始调整他们的军事战略，对中国进行围堵。西方计划至少在月球上部署防御能力，以对抗来自俄罗斯或其他拥有太空探索能力的军事力量。

西方国家和中国现在都在积极准备将宇航员送上月球，以拓展人类的生存空间。问题仍然是这些载人探月任务是否会有军事能力。考虑到相关任务对全球和地月空间安全的影响，这是一个不容忽视的问题。在事态发展到那一步之前，针对通过外交手段避免在月球上存在西方军事能力的问题，应给予充分探讨。

11.1.6　战略规划的考虑

美国太空部队将制定应急计划，在 21 世纪 30 年代之前建立一个有人居住的月球军事基地。控制拉格朗日点可以支持军事能力，例如发射武器来控制地月空间，并在关键的月球空间建立额外的军事哨所。为了应对中国，西方国家（特别是 USSF）将评估应急计划，最终为建立自己的军事存在做准备。这类似于西方国家在东亚和非洲部署的军事威慑力量。

诚然，设想建立月球军事存在的任务是推测性的，我们在这里的目的主要是指出可能改变月球驻留的战略因素。在这一点上，任何关于美国可能在月球上建立军事存在任务的讨论纯属推测，都是基于逻辑推理和合理的假设。推测这将如何影响现有的 NASA 和其他西方太空机构支持人类在月球上居住、探索月球和火星，特别是科学研究的能力，这并非没有道理。对于计划和预算探索研究宇宙、作为行星体的月球或在月球上发现自然资源所需经费的科学家而言，需要军事支持通常不是他们首先考虑的，但科学家及工作人员在紧急情况下很可能依赖于军事存在。除了个别国家或项目提供的执法，月球上最初不会有执法行为。没有消防机构可以呼叫，月球本身的环境对人类居住是危险的，再加上月球上

没有空气、没有食物，侵入性灰尘以及其他可能造成人类伤害的危险，军事支援可能会被
证明相当有价值，其他的帮助可能非常遥远。

11.1.7　军事在月球外交和环境保护中的作用

根据国际法，在月球上建立永久性人类居住基地面临外交挑战。在依据条约和其他国
家间协议的背景下，外交努力最有意义，月球上军事人员可以很好地在这些指导方针的范
围内解决争端。今天，许多问题都涉及太空武器的控制。2008 年，中国和俄罗斯向联合
国提交了一份名为《防止在外太空部署武器和对外太空目标使用或威胁使用武力条约》
（PPWT）的草案。尽管该条约确认了一个国家的自卫权，但出于安全考虑，该草案遭到
美国的反对。2014 年，为了防止外太空军备竞赛，联合国大会通过了两项针对所有国家
的决议。

在呼吁外交介入的国际协议中，月球并没有被忽视。例如，截至 2019 年 1 月，18 个
国家批准了"关于各国在月球和其他天体上活动的协定"——更广为人知的是《月球协
定》，呼吁将所有天体（包括围绕它们的轨道）的管辖权移交给所有参与国。所有的行动
都要遵守国际法，包括《联合国宪章》，该宪章通过安理会规范美国成员国的军事行动。
然而，该条约尚未得到批准，而且不太可能得到包括美国、中国、俄罗斯、日本和欧洲空
间局成员国在内国家的批准，这些国家都有自行实施载人航天飞行的计划。《月球协定》
现在看来与国际法关系不大（见本书第 10 章）。

联合国的《外太空条约》禁止一个国家在另一个行星体上宣称拥有领土，不过这一条
约在未来可能会有所修改。关于是否任何人都可以拥有月球资源的问题仍然不明确，采矿
项目的批准问题仍然不明确（安德森，等，2019 年）。国际社会一再努力管理在外太空的
军事活动，在某种程度上也管理在月球上的军事活动，对此我们的观点是，对外太空和月
球的管理扩大了地球上国家之间被认为是"外交"的范围。在世界各地服役的西方国家军
队的军人和作为其他军事力量的军人也接受了外交官的例行训练，在某种程度上，他们的
行动与驻地大使馆协调一致。人们可以想象，这些功能在月球上可能会得到很好的发展，
特别是如果竞争国家相互协作的话。军事人员可以作为在月球上不同国家之间纠纷的仲裁
者，以及其月球基地的管理者。

实际上已经失效的《月球协定》预示着，美国积极在月球上建立永久军事存在的可能
性越来越大——要么是与他的盟友、合作伙伴和友好国合作，要么是独自建立。为了防止
这些行动，可能会有条约或协定来限制这些计划。如果一个国家积极采取行动建立军事存
在，其他国家就会积极效仿。还有一种可能是，竞争国家也有可能通过谈判协商阻止对方
的行动。目前，如果没有严重的挑衅，美国似乎不太可能采取此类行动。在地球上，通过
联合国安理会、北约和包括"四方"联盟（美国、澳大利亚、日本和印度）在内的其他伙
伴，采用外交途径阻止对抗升级。

人们想知道，这些类型的外交保护是否会延伸到月球，如果它们会，将采取什么形
式。月球上的沟通不会那么容易，现场乘员和工作人员可能不得不在几乎没有支持的情况

下尝试外交途径。在这些工作人员中，很可能有一个或多个国家的武装部队成员。当多个国家寻求进入太空，并最终登陆月球时，这些不确定性将影响国际关系。

一旦建立月球基地，西方国家或许可以通过他们的军队，有机会在保护月球表面方面发挥领导作用。月球基地必然需要重型装备和材料，而军事基地则需要军械、居住的保护性建筑、交通设施、分界线和仓库。还需要在设计上尽量减少对月球表面的环境影响，这可以通过几种方式实现，包括保持基地规模和占地面积较小，或者将工作场所置于地下，就像早在 1959 年"地平线计划"中设想的那样。环境保护可以包括尽可能使用太阳能，避免地面建设，如导弹发射井和外围围栏，以及不直接参与矿物勘探或采矿。

在下面章节中讨论建立美国军事月球基地的设计、后勤和人员配备问题，可以看到环境价值和目标的出现。在以下几页中，我们设想的基地可以作为环境保护的典范，也可以不作为。我们的观点是，在规划基地时，虑及环境对现在和未来居住在月球上的人口都是有意义的。

11.2 月球上军事基地：任务、设计和装备

11.2.1 月球基地计划简史

1959 年美国陆军开展了月球基地规划研究——"地平线计划"，这是在德怀特·艾森豪威尔总统的领导下实施的。艾森豪威尔总统的目光长远，令人叹为观止，他指出："建立月球前哨基地是为了开发和保护美国在月球上的潜在利益；发展以月球为基地的地面和太空监测、通信中继和月球表面作业技术；作为探索月球、进一步探索太空和必要时在月球上进行军事行动的基地；并支持对月球的科学研究"（《美国陆军部·第 1 卷》，1959：4）。

"地平线计划"设想建立一个月球前哨站，在维持 10～20 名军事人员生存、自给自足的基础上，配备能够生存的设备，并开展一些建设活动。该设计预期了设施的扩展，可以进行人员的再补充和轮换。基地的位置将有利于与地球的通信和二者之间的太空旅行。基地的任务是保护自身免受攻击。"地平线计划"的研究考虑了以月球为基地的武器系统，可以用来打击地球和太空目标，该基地是为了充当"对战争的强大威慑"。该设计提供了防御位置，为极端温度和陨石袭击提供了保护。为了从月球自然环境中提取氧气和水，人们考虑了使用太阳能和核能（《美国陆军部·第 1 卷》，1959：6）。该计划包括埋在月球地下的圆柱形、双层壁的轻型钛金属罐（直径 10 ft，高度 20 ft，1 ft＝0.304 8 m）作为生活区。作为设计的一部分，将空的推进剂容器重复使用作为生活区（《美国陆军部·第 2 卷》，1959：31-32）。带有两个气闸舱的宿舍通过装有液氧或氮气的绝热罐提供"合适空气"。为了给这个前哨站供电，该研究设想了小型核电站，距离人员宿舍 300～400 ft，带有辐射防护装置（《美国陆军部·第 2 卷》，1959：27-28），这是在适应环境的太阳能电池板出现之前。

当承担美国太空项目的责任交给民用机构 NASA 时，艾森豪威尔总统否决了"地平

线计划"项目。从那时起，其任务一直是民用的。

月球工程项目（Lunex Project）是 1958 年由美国空军发起，打算在 1968 年之前建立一个地下月球基地（美国空军，1961 年）。这个项目和随后阿波罗任务的主要区别是，月球工程涉及一个可以让所有宇航员在月球上着陆的飞行器。阿波罗任务使用了一个单独的上升舱（登月舱），指令舱和服务舱留在月球轨道上，由 1 名宇航员值守，其他宇航员降落到月球表面。有趣的是，阿波罗任务的设计最初设想采用月球工程的直接上升方案。

11.2.2　阿尔忒弥斯月球基地规划

在撰写本文时，阿尔忒弥斯项目是 NASA 正在进行的美国月球基地建设规划（参见 NASA，2020a；2021）。重要的是要记住，NASA 的任务是非军事的，它的项目和计划集中在民用太空探索、太空移民，以及支持地球外的科学研究和科学家。虽然驻留在那里的工作人员和机组人员大部分来自美国，但可以预料的是，其他西方国家科学家、行政管理人员和外交官也会有来访或常驻。

按照目前的设想，阿尔忒弥斯计划将几乎没有设计任何防御能力。然而，如果任何一个阿尔忒弥斯月球基地或 2020 年晚些时候设计的基地受到另一个国家的威胁，美国太空军承担的主要任务将是威慑，目的是保护 NASA 和其他月球基地及其作业任务。

在实际后勤保障方面，美国在月球上的军事存在可能与 NASA 的基地位于同一地点，但物理上隔离分开，执行不同的和更广泛的任务。这种安排将有助于提供外围保护、内部安全、威胁探测、情报搜集，以及额外的非军事技术能力，如医疗服务、替代通信、救援和回收机组人员、设备保障。美国太空部队将在一定程度上利用 NASA 的月球基地能力，而不是重新创立新的能力，除非需要执行军事任务，如适合月球环境的定制军用武器、防护和加固的机组人员设施和武器储存设施、专用的月球探测服、情报收集技术和设备、专用运输和巡逻车辆、各种更敏感的通信设备、一个能够对各种类型威胁的应对进行计划和训练的指挥机构。

11.2.3　军事任务类型

人类在地月空间的作业是维持在月球表面、月球表面以下设施以及包括拉格朗日点在内周围空间的存在。事实上，地月空间包括地球和月球周围的整个外太空。从过去的军事任务概况和本章前面讨论的地缘政治考虑的知识来看，可以在一定程度上预测美国太空军在地月空间的任务。在整个地月空间中进行一系列的任务，自然意味着需要与许多机构、组织和其他军事力量进行协调，以完成各种各样的任务。

既然太空军是一个独立的军事力量，似乎其中一个考虑就是利用月球来训练执行火星任务的机组人员。针对军事和非军事目的而言，这非常合理，因为月球上重力较低，没有大气，存在高辐射暴露。军事任务很可能是保护 NASA 和其他西方国家的月球基地，并防止在太空的拉格朗日点被拒止——这一举动可能会被对手用来阻止完全进入月球着陆点，最终开展用于探索小行星和外行星任务的大型太空建造项目——巨型飞船。保护拉格朗日点需要月球军事具有凸显能力，也就是展示军事实力。尽管目前还很难看出如何完全避免这种展示，但这类展示肯定会引起争议和激烈的辩论。

其他军事任务可能包括通过固定的收集点、月球探测器的巡逻、无人机，以及天基轨道卫星，收集情报和监视其他国家的月球和太空活动。这些任务将提供视觉、数字、摄影、电子和遥测监测数据。月球上情报分析最初可能受到限制，数据可能通过加密遥测技术传输到地球上设施进行分析和报告。

另一个重要的任务类型可能涉及太空军和 NASA，追踪可能威胁地球或月球的小行星和彗星。在过去的十年里，随着这类威胁的迅速爆发，人类已经清楚地意识到，对可能危险的小行星和彗星的探测还没有达到足够的水平，这已经变得越来越清晰。月球基地和地球基地的协调跟踪能力，以及以月球为基地的天文台和空间监视系统可以极大地增强早期预警系统。

可以考虑使用月球侦察轨道器、月球陨石坑观察器和传感卫星（两者都是由 NASA 控制的机器人航天器）来进行情报监视，尽管民用和军用的混合用途可能会受到质疑。不过，在可预见的将来，能够在地月空间产生监测质量数据的敏感技术的数量是有限的，如何将军事和非军事任务结合起来还不清楚。另一种方法是开发模仿 NASA 的军事监视技术，如部署一个太空军版本的 NASA 计划中的月球门户站，配备专门的传感器和电子成像、红外和雷达监视系统。这可能会使军事任务与 NASA 的月球门户站分开。

有些技术现在还没有军事用途，但将来可能会有。如 NASA 的双小行星重定向试验（DART）将于 2021 年发射航天器，按计划将在 2022 年秋季故意撞向一颗小行星（NASA，2020b）。这是一套防止危险小行星撞击地球的技术。小行星的重定向是通过故意的动能撞击，使其偏转而实现（斯基巴，2019）。这样的系统可能有军事用途，尽管目前还没有。

其他军事任务可能包括向国防部不明空中现象任务小组报告任何不寻常和不明的空间现象，或利用 NASA 对月球矿物的探索来确定这些矿物是否具有军事应用价值。

11.2.4 军事基地设计

从这一节开始，我们将带领读者越过最初阶段，即在月球上为少数机组人员建立军事存在，就像民用项目阿尔忒弥斯最初所做的那样。NASA 计划在阿尔忒弥斯大本营建立一个固定的栖息地，最多可以容纳 4 名宇航员驻留 1 个月。这个概念包括 1 个现代的月球小屋，1 辆月球车，甚至 1 间移动房屋。他们正在设计月球居住环境以及相关的环境控制和生命支持系统，包括外部结构选择，即刚性外壳、可扩展设计和混合概念，但将缺乏美国太空军所需的弹道硬化（NASA，2020c）。尽管如此，NASA 的大部分技术可以与太空军共享，或者得到补充或增强。

这里描述的需求把我们带进下一个发展阶段，描述一个更大的和后来的军事存在，专门运输、通信和宇航服设计的需求；月球专用武器，为月球上军事设施配备人员。

月球和地月空间的军事任务将为月球军事基地的设计奠定基础，并决定其基本功能。这些最低限度需求包括住房、食物、医疗保健以及对派往那里的军事人员实施管理。除此之外，如与同一地点的阿尔忒弥斯计划中民用月球基地相比，一个军事基地将需要更大的防护和防御加固。军事基地的一部分可能会在地下，以提供弹道保护，以及更好地维持温度和采用太阳能保温。

军事基地的组成部分必然包括储存武器、应急电力供给、应急水循环及过滤系统、配置武器的装甲漫游车库及维修设施、武器发射平台、紧急医疗分诊区，以及容纳指挥、控制和通信系统的空间、情报收集能力。一些活动可能涉及军事人员共享 NASA 的驻留地，如共用食堂、厨房、食物储存、基础电源、有线语音和电话通信、无线通信以及常规医疗和牙科保健设施。

11.2.5　月球军事运输、通信与航天服设计

对于在月球表面的运输，USSF 可能会使用 NASA 提出的月球地形运输车（LTV），这是一种无压或敞开式的运输工具，宇航员可以穿着宇航服驾驶其离开月球基地约12 mile（1 mile＝1 609.344 m）。LTV 还可以自动运行，可以在预先编程的路径上行驶。NASA 计划使用一种加压月球车来实现月球表面探测，并让宇航员可以穿着平常的衣服旅行，而不是一直穿着宇航服。在探索更大范围的月球地形时，这将更加舒适。收集样本时需要穿着宇航服。这种类型的车辆——如果配备了专门武器支架，并可能进行远程控制——将适合在地面监视巡逻或应对威胁情况时的军事应用。另一种月球探测车是火星毅力号探测车和杜阿克塞尔探测车，它们是为探索陨石深坑和穿越崎岖地形的火星任务而开发的（科斯尔，2020）。

针对阿尔忒弥斯计划，NASA 正在设计一种改进的宇航服，与阿波罗宇航服相比，具有更好的移动性、功能、现代通信能力和一个更强大的生命支持系统（NASA，2020a）。这些宇航服可用于军事目的，使用加密的团队间通信、身体视频、红外探测和目标识别，以及采用计算机建模。为了在大范围内提供地面通信，NASA 与诺基亚签订了合同，建立并部署 4G－LTE（Long－Term Evolution）无线网络，提供高速数据传输，以控制月球探测车，实时导航月球地形和流媒体视频。该网络可以满足高速加密数据通信的军事需要。

4G 网络最终将升级为更强大的 5G 网络，并适应极端温度、辐射，甚至火箭着陆和发射时振动的月球表面。5G 网络将使用比地球上更小的电池，应用距离短，但需要的电能更少，更容易传输（迪恩，2020）。太空军的月球基地可能需要一个周边监视系统，通过视频反馈、区域照明、移动和红外探测以向入侵者发出信号，但不需要带有六角钉或带刺铁丝网的封闭铁链围栏。

月球军事基地将需要先进的通信和自动化系统应用程序，以最小的智能化遥测覆盖区来执行其操作任务。由于月球到地球数据传输的局限性，需要在本地存储和处理尽可能多的数据。地球的遥测和无线电频率通信——这对语音和有限的视频传输很有用——将限制数据吞吐量，因此，不能与基于地球的应用程序以高数据速率有效地交互操作运行。问题

是，新技术能在多大程度上克服这些限制，以及它们将在多大程度上不可避免地单独集成为一个地球上前所未有的军事基地。

军用数据系统可以在私有云中的虚拟（VM）服务器上运行，以使用最小化功耗和空间。数据库可能会在启动之前加载，以便在运行时只需要增量数据上传。该基地还可能使用 NASA 的软件来管理发射和太空旅行。太空军的月球基地将需要电力，可能会利用 NASA 的太阳能电池板技术和核裂变表面动力单元，尽管其中部分可能需要满足基地的需求，仍然可以持续提供 10 千瓦的电力（NASA，2020a；沃尔，2020）。

11.2.6　月球上专用武器

为了执行基本任务，为美方人员（以及所有西方人员以及最终的游客）提供安全保障，月球军事基地将需要专门的武器。传统的手持武器可以在月球上使用，但在月球基地内击发 5.56 步枪甚至 9 mm 手枪可能会破坏坚硬的舱体，导致危险的减压和人员伤亡。除了警棍或泰瑟枪，一种更实用的替代选择可能是小口径手枪，可以在近距离发射猎枪式的霰弹。传统的手持武器可以在舱外操作，但由于宇航服手套的限制，可能需要定制触发器、触发器防护装置和容纳武器器具。月球上较低的重力和无风阻力可能使用更小的手持武器，如赫克勒和科赫 MP5 - A3 9 mm 冲锋枪（如美国特勤局使用），配置激光指示器后，更实用，也更容易携带。

针对防空，安装的毒刺系统将是实用的，以及反坦克导弹如 AMG - 114R，长钉或标枪导弹用于车辆防御。美国空军一个项目名为"自我保护高能激光演示器"（SHiELD），旨在保护老旧的空军战斗机免受空对空或地对空导弹的攻击（梅佐美，2020）。然而，它可以进行适应性改造，使其处于静止状态，或车载瞄准地面目标或空中威胁地面目标。与枪支使用不同，激光可能需要无限的能源供应，这在地球和月球上可能有所不同，因为在月球基地建立好之前，月球上的电力能源可能存在不确定或供应不足。

11.2.7　月球军事基地人员编制

基本人员编制必须与军事任务的类型一致。从逻辑上讲，这意味着重要的情报、行动、通信、安全和后勤职能部门需要 24 小时、每周 7 天配备工作人员。假设一个基地的成员可能包括：

• 基地指挥官，全面负责基地运营、维护、通信、安全、人员福利，并与 NASA 交流沟通。

• 基地执行官，作为二把手，负责行政和人力资源管理。

• 1 名作战官和 1 名助理作战官，负责监督所有运行职能，评估情报信息，计划安全和其他行动任务。

• 一个由 3 名工程师组成的轨道/着陆器/火箭工程团队与 NASA 的同行紧密联系协作，以协调轨道操作、对接和月球轨道转运。

• 一个至少由 3 名专家组成的情报和监视小组，负责监控安全监视信号，接收和处理情报和行动信息，并向执行干事报告。

- 一个由 3～4 名武器专家组成的特别武器小组，他们从坚固的基地掩体中远程操作，拥有防御性和特殊用途的武器，可能像使小行星偏转 DART 系统、SHiELD 激光反导系统以及防御性防空导弹系统，如可旋转的毒刺导弹。

- 一个由至少 3～4 名专家组成的信息/通信技术团队，负责监控和维护通信系统，执行系统管理，排除信息技术应用程序、工作站和服务器的故障，以及处理和报告消息。

- 1 名安全官员，负责整体安全，武器配备，并领导一个由 5～6 名武装安全人员组成的小型安全小组，训练有素，使用类似特警的战术，武器使用和撤弹处置。

- 后勤官员，负责管理和协调所有物资、车辆维修、工程、动力、军械库（存储武器和弹药职能）和医疗职能。在后勤官员的领导下，可能有 1 名辅助专家、伙食专家（准备食物，除非这一职能与 NASA 共享）、1 名医务主管和助理（除非与 NASA 共享）、1 名军械/军械库/武器专家，以及 1～2 名军事工程师，负责维护电力系统，安装/维修防御/周围监视系统，并在需要时进行扫雷。

上述人员配置将总共约 30 人，这并不比美国空军 Lunex 项目的设想高多少。

11.2.8　人工智能（AI）在减少员工需求和拯救生命方面的作用

通过开发人工智能（AI）软件，可以减少对持续人力监管的需求，从而减少人员配备需求。这可以通过自动处理威胁检测传感器的数据、向工作人员发出警报，甚至自动对即时检测到的威胁做出武器化响应来实现。

人工智能可能在月球探测中发挥更广泛的作用。严酷、无空气、布满尘土、贫瘠和崎岖不平的月球环境给许多月球军事行动带来了挑战，特别是那些受到部队规模和对专业能力需求限制的行动。为了有效地监视和控制整个月球表面，太空军和西方盟国与 NASA 合作，将需要创新新技术和新武器，以支持在大型月球环境中监视、保护、巡逻和应对安全威胁的能力。基于人工智能（AI）机器人、为月球行动而改装的无人机、先进武器和为月球行动而设计的小型高效电源技术必须开发和测试。应用这些先进技术的能力应该加强，基于新兴的地面技术，以及 NASA 开发的民用探测月球、火星和更远星球的太空探索技术而拓展应用。

值得注意的是，美国陆军远程医疗和先进技术研究中心（TATRC）正在开发一种机器人操作系统来协助战地医务人员（RBR，2017）。受伤军事人员或身患重病的科学家的医疗后送，将受到交通工具以及地月之间绝对距离的限制。在人类即将进入的新型危险月球环境中，人工智能机器人有可能拯救许多的生命。

11.3　结论

假设美国的政治意愿保持稳定，并且提供必要的经费支持，NASA 将通过阿尔忒弥斯计划在月球上建立长期的人类存在，探索月球并利用月球基地支持后续的火星旅行。值得注意的是，美国太空军尚未公开宣布任何在月球上建立美国军事存在的任务或计划。其他可进入太空的民族国家实施探月任务或地月空间行动，可能会迅速改变美国在太空中的地位。这也可能受到当前和未来有关月球军事活动的国际条约和决议的影响。现阶段，任何关于美国可能在月球建立军事基地的讨论都只是猜测，并假定会出现一个合理的理由，而外交行动和协议并不会阻止美国采取行动。如果出现相关的促进因素，快速行动能力得益于阿尔忒弥斯计划的创新技术发展，USSF 可以利用该计划。

免责声明　本章不代表 KBR，Inc . 的观点或意见。

参 考 文 献

[1] Africa Times. (2018). China – Africa security forum concludes in Beijing. Online, July 11. https://africatimes.com/2018/07/11/china – africa – security – forum – concludes – in – beijing/.

[2] Anderson, D., Hunt, B., & Mosher, D. (2019, September 24). NASA's $ 30 billion Artemis missions will attempt to set up a moon base. Business Insider. https://www.businessinsider.com/ nasa – art emis – moon – base – apollo – space – rocket – sls – 2019 – 9.

[3] Arnould, J. (2019). Colonising Mars. A time frame for ethical questioning. In K. Szocik (Eds.), The human factor in a mission to mars. space and society. Cham: Springer. https://doi.org/ 10.1007/978 – 3 – 030 – 02059 – 0 _ 7.

[4] Campbell, K. M., & Rapp – Hooper, M. (2020, July 15). China is done biding its time: The end of Beijing's foreign policy restraint? Foreign Affairs. https://www.foreignaffairs.com/articles/ china/2020 – 07 – 15/china – done – biding – its – time.

[5] Dabus, A., Badu, M., & Yao, L. (2019, May 27). China's Belt and Road reaches Latin America.

[6] Brink News. https://www.brinknews.com/chinas – belt – and – road – reaches – latin – america/.

[7] David, L. (2020, September 18). Is Earth – moon space the USmilitary's new high ground? Microsoft News. https://www.msn.com/en – us/news/technology/is – earth – moon – space – the – us – militarys –newhigh – ground/ar – BB19aLTg? ocid＝se.

[8] Davis, M., & Jones, C. L. (2020, October 14). Chinese test shows potential for ballistic missiles on merchant ships. The Maritime Executive. https://www.maritime – executive.com/editorials/ chinese – test – shows – potential – for – ballistic – missiles – on – merchant – ships.

[9] Dean, G. (2020, October 19). NASA gave Nokia $ 14.1 million to build a 4G network on the moon. Business Insider. https://www.businessinsider.com.au/nasa – nokia – 4g – network – moon – 2020 – 10.

[10] Gertz, B. (2020, October 28). US, India step up defense ties with a wary eye on China. The Washington Times.

[11] Haqq – Misra, J. (2019). Can deep altruism sustain space settlement? In K. Szocik (Eds.), The human factor in a mission to mars. Cham: Springer. https://doi.org/10.1007/978 – 3 – 030 – 02059 – 0 _ 8. https://www.nasa.gov/sites/default/files/atoms/files/nasa _ ussf _ mou _ 21 _ sep _ 20.pdf.

[12] Keeley, M. (2020, August 8). China and Taiwan both send military to South China Sea as tensions grow. Newsweek. https://www.newsweek.com/china – taiwan – both – send – military – southchina – sea – tensions – grow – 1523840.

[13] Kooser, A. (2020, October 13). NASA prototype rover can split in two, could climb down deep Mars craters. CNET. https://www.cnet.com/news/nasa – prototype – rover – can – split – in – two –could – climbdown – deep – mars – craters/.

［14］　Meltzer，J. P. (2020). China's digital services trade and data governance：How should the United States respond? Brookings. https：//www. brookings. edu/articles/chinas – digital – servicestrade – and – data – governance – how – should – the – united – states – respond/.

［15］　Mizokami，K. (2020，November 11). The air force is putting death rays on fighter jets. Yes，Death Rays. Popular Mechanics. https：//www. popularmechanics. com/military/aviation/a34632516/ airforce – fighter – jet – death – rays/.

［16］　USSF&NASA (jointly published). (2020，September 21). Memorandum of understanding between the National Aeronautics and Space Administration ad the United States Space Force.

［17］　NASA. (2020a). Lunar living：NASA's Artemis base camp concept，NASA Blog，October 28， 2020. https：//blogs. nasa. gov/artemis/2020/10/28/lunar – living – nasas – artemis – base – camp – concept/.

［18］　NASA. (2020b). Planetary defense：DART. https：//www. nasa. gov/planetarydefense/dart.

［19］　NASA. (2020c，September 22). NASA Press Release 20 – 091："NASA，US space force establish foundation for broad collaboration." https：//www. nasa. gov/press – release/nasa – us – space – force – est ablish – foundation – for – broad – collaboration.

［20］　NASA. (2021). Artemis Program. https：//www. nasa. gov/artemisprogram.

［21］　RBR—Robotics Business Review. (2017，January 9). Combat medics to get robotic help from RE2 Grant. https：//www. roboticsbusinessreview. com/ health – medical/combat – medics – getrobotic – help – re2 – grant/.

［22］　Reuters. (2017，August 1). China formally opens first overseas military base in Djibouti. https：// www. reuters. com/article/us – china – djibouti/china – formally – opens – first – overseas – military – basein – djibouti – idUSKBN1AH3E3.

［23］　Roberts，J. (2020，September 23). Preparations of next moonwalk simulations underway and underwater. NASA. https：//www. nasa. gov/feature/preparations – for – next – moonwalk – simulationsunderway – and – underwater.

［24］　Skibba，R. (2019，May 7). NASA's DART mission will try to deflect a near – Earth asteroid. Astronomy. https：//astronomy. com/news/2019/05/nasas – dart – mission – will – try – to – deflect – a – nearearth – asteroid.

［25］　SSIB—State of the Space Industrial Base. (2020). A time for action to sustain US economic and military leadership in space. Report from a virtual solutions workshop hosted by NewSpace New Mexico and the defense innovation unit，US air force，and the Air Force Research Laboratory (AFRL).

［26］　Taylor，G. (2020a，October 5). Hawks Push US to confront rising China. The Washington Times. Taylor，G. (2020b，October 7). Pompeo pitchesAsian allies on plan to counter China. TheWashingtonTimes.

［27］　Taylor，G. (2020c，December 22). U. S. ，China charge toward 'full – blown cold war' as Beijing becomes more aggressive. https：//www. washingtontimes. com/staff/guy – taylor/USAF—US Air Force. (1961). Lunar expedition plan：Lunex. Air Force Systems Command，Space Systems Division.

［28］　USCESRC—US – China Economic and Security ReviewCommission. (2020，February 20). Agenda：

Hearing on 'China's smilitary power projection and U. S. national interests'. https：// www. uscc. gov/hearings/chinas – military – power – projection – and – us – national – interests.

[29]　USDA—US Department of the Army. (1959). Project Horizon；A U. S. army study for the establishment of a lunar outpost，Vol. I，Summary and supporting considerations；Vol. II，Technical considerations and plans. Army Chief of Ordnance and Research and Development.

[30]　Wall，M. (2019，January 5). China just landed on the moon's far side—and will probably send astronauts on lunar trips. Space. com. https：//www. space. com/42914 – china – far – side – moon – landing – crewed – lunar – plans. html.

[31]　Wall，M. (2020，December 17). Trump signs space policy directive – 6 on space nuclear power and propulsion. Space. com. https：//www. space. com/trump – space – policy – nuclear – power – propulsion.

第 12 章　月球移民的政策之返回地球的权利

詹姆斯·施瓦茨

摘　要　我认为，未来月球居民应该享有移民权。空间环境的致命性可能导致月球定居点需要更严格或更不自由的规范、政策和法律以解决社会问题。在可预见的未来，移民权相当于返回地球的权利，具有个人和社会价值。对于个人来说，这项权利为希望逃离不愉快的社会或政治环境的月球居民提供了一条合法的途径。对于月球社会来说，保护移民的权利会抑制政策的实施，而这些政策会引发人们逃离月球的欲望。在介绍了移民权的案例后，我对一些反对意见做出了回应，其中包括一个关于地球移民的"人才流失"辩论，以及保护移民权将对月球社会造成毁灭性的经济损失。

12.1　简介

人类在月球定居的前景令人兴奋不已，但人们很容易忘记在那里生存将是极其困难的。月球上没有立即可呼吸的空气和饮用水，月球定居者将不得不把相当大一部分精力用于提供和分配基本的生活必需品。任何负责监管生命维持系统运行和分配的人，都可能会屈服于诱惑，利用自己的地位通过控制可呼吸空气或可消耗水的流量来勒索他人。在月球上隐私可能几乎不存在，因为无处不在的监视和安全执法是必要的，以确保气闸不会被滥用而导致降压事件，以及生命维持系统运行和分配的机器不会被破坏或篡改。维持一个合适的人口数量，使其既足以维持定居点，又不会使生命维持系统受到压力，这可能会使定居者的自主繁衍权利受到一定程度的限制。因此，我们可能会发现，月球社区适应性生活与人们对理想生活的自由主义观念背道而驰（科克尔，2015，2016）。也许人类已经习惯享有权利和特权，特别是生活在当代西方民主国家的人群，艰难适应月球或其他太空社会。然而，我们可以使用一些策略来降低月球社会采用非自由主义或专制主义做法的概率。本章中，我主张采取这样的行动，即月球公民享有的基本自由之中包括移民的权利。

虽然我已经在其他地方讨论了太空居民的权利或应享权利的范围（格林纳尔-夏普，2016；施瓦茨，2016，2018，2020），但本章不是关于对太空移民者的一般性讨论，而是集中讨论移民的权利。此外，虽然本章借鉴了关于移民自由和开放边界的哲学文献，但我不会捍卫移民自由或开放边界本身。相反，参照了月球社会可能出现的特殊情况，我将提出支持月球公民移民权利的理由，同时在这种情况下，指出人类生活的好坏意味着什么。因此，针对移民，我得出的结论重点在于月球定居，而不是一般性太空驻留。虽然我在这里所说的话可能在必要时适用于火星或其他太空定居的尝试，但确定是否如此就超出了本章的范围。

为了进一步限制主题，我在本章的主要兴趣是关于那些生活在永久月球社会中的人的自由和权利。针对我所讨论的目的而言，这些社区是独立的，还是由地球国家主导的定居社区，这并不重要。在我的分析中，重要的是这些社会的公民面临着在月球上度过余生的前景，他们已经在那里抚养了孩子或计划抚养孩子，或者他们是月球上的本地居民。换句话说，我主要关注的是那些将月球称为"家"，而不仅仅是建筑工地、工作场所、科研基地或军事前哨站的人。

我的论点本质是，移民权利是一种必要的保险形式，以防止月球居民——实际上是所有人类——应该享有的权利受到侵犯，最重要的权利包括：言论自由、宗教自由、职业自主、身体和生育自主。保护移民权利不仅为那些基本权利受到侵犯的人提供了一条逃离之路，还迫使月球社会确保将其他侵犯权利的行为即使不能完全消除，也应减少到最低。它还鼓励月球社会建立和维持各种制度，使在月球上生活的前景具有吸引力和得到回报，而不是持续的生存斗争。

在这些方面，我的论点完全基于自由主义的传统。自始至终，我将假定广义自由主义的美好生活观是正确的。此外，尽管在 12.4 和 12.5 节中考虑了注重实效的反对意见，本章更多的是讨论太空驻留的可能规范和理想状况，而不是制定这些规范或理想状况的路线图。无论幸运与否，空间伦理是一个新兴的领域，不仅需要制定实施战略，也需要制定道德原则和制度。我认真对待约瑟夫·卡伦斯的训诫："我们希望能够制定并反映我们的正义原则的制度安排，而不是仅仅反映我们的制度安排的正义原则"。同时，"如果我们从现有制度和安排的道德义务开始，允许这些制度和安排限制我们的道德视野，我们只会复制并使它们包含的任何道德缺陷合法化"（2013，259）。在目前背景下，我认真对待这个经常重复的说法，即太空定居为社会进步提供了机会（约克，2016）。我想补充的是，除其他外，这涉及重新审视关于人类理应得到什么东西的假设。无论是现在还是将来，仅仅进入太空都不会自发让任何人的生活变得更好。重要的不仅是我们选择在太空中做什么，而是我们选择如何做。我们才刚刚开始考虑以真正的人道主义解释太空定居意味着什么。

12.2　移民自由：从地球到月球

为了理解为什么月球社会应该保护移民权利，我们不妨详述一些以地球为根基的社会承认这一权利的理由，这大有裨益。首先，根据先例，《联合国世界人权宣言》第 13 条和《联合国公民权利和政治权利国际盟约》第 12 条都主张了移民的权利。因此，移民权已经得到国际政治团体的承认，它不仅符合现有国际政治规范，而且在一定程度上已经成为现有国际政治规范的组成部分。当然，我们不应该将先例和正当理由混淆。

维护移民权的一个理由是为了确保行动自由和自主权利，这也是保护其他更基本的权利。正如艾伦·道蒂所说：

迁徙自由对于实现其他基本人权和需求也至关重要，包括婚姻和家庭生活、适当的生活水平、教育和就业、追求创造机会以及宗教信仰。当国际旅行成为可能时，很少有什么人权，无论是重要与否，不是更容易享受的（1989：15 - 16）。

这一论点可能为从更接近理想状态州移民的权利提供了一个相对薄弱的理由，即这些州保护公民基本权利、为他们提供足够的机会等。但是，正如道蒂指出的，在非理想情况下，这一论点的论证强度显而易见：

当其他权利被剥夺时，离开的权利是最重要的。在这种情况下，这将成为人类尊严的终极捍卫……从历史上看，对抗不可容忍条件的最终手段是逃避……因此，剥夺逃离权是对人类尊严的最基本侮辱，除了丧失生命外，因为这消除了逃避所有其他形式迫害和不公正的手段……换句话说，当其他权利受到威胁时，它是自由的最后避难所。

因此，移民权对于生活在迫害横行国家的公民来说至关重要，这些国家不保护其公民的基本权利，不为公民提供获得基本生活必需品的机会等，因为它提供了一条合法的逃离途径，至少对于那些认为逃离是避免迫害、饥饿或更糟情况的唯一合理策略者而言，确实如此。

然而，正如道蒂指出的那样，支持移民权利还有一个附带的结果主义理由，也就是说，这是为了对抗压迫性和强制性的治理形式。"只要离开的选择仍然开放，"道蒂说，"管理体制就必须面对不满的根源。"一个禁止移民的国家实际上是将其公民作为人质，任由他们遭受任何形式的迫害或不公待遇。与此同时，一个允许移民的国家如果采取的行动方式使公民产生了离开的愿望，那么就拥有了改革的动力。因此，在那些因限制公民权利而遭受内部、外部或环境压力的国家，移民权的重要性尤其突出。

维护移民权的另一个理由是，它深刻地触及了被统治者同意的自由治理理想。正如迈克尔·布莱克所说："合法政府无权……强制维持与人民之间的永久关系（2014：525）。"许多因素影响一个人离开一个国家并在其他地方居住的能力，包括他们的经济情况和法律规定，以及存在自愿接受的国家。此外，有许多间接原因可能会迫使某人留在他们感到不幸福的地方。但说"我不能搬家，是因为我想和家人待在一起"或"我留在这里，是因为我需要我的工作"是一回事，而说"我不能搬家，因为我的政府不让我离开"是另一回事。移民限制代表着放弃国家成员身份的法律障碍——但人们不能意味深长地说同意一个没有合法出路的国家的法律。

12.3　月球社会的临时教训

我已经阐述了承认移民权利的三个基本理由：（1）对于维护基本权利和逃避不公正是必要的；（2）激励负责任的治理；（3）必须在被治理者同意情况下进行统治。乍一看，每个理由都适用于月球社会。

月球居民点的公民可能会经历多种形式的不公正，或基本权利受到限制：他们可能会被迫从事特定的职业（为月球社会提供必不可少的服务），在特定的居住地生活（最大限度地提高生命维持系统的效率），甚至被迫违背自己的意愿参与生殖行为（为了确保最低限度的可存活的、基因多样化的人口）。他们可能会发现自己因为种族、性别、性取向、宗教或残疾而受到迫害；他们可能会发现，自己或孩子没有足够的机会去追求值得活下去的生活，特别是在休息、娱乐、创造力、浪漫伴侣或与家人共度时光的机会方面；他们可能会发现，获取生命的基本资源变得过于昂贵或过于不可靠，无法制定和实施长期计划；他们可能会发现，在月球上的生存相当于一场持续的生存斗争。在月球上，将效率和安全置于其他问题之上的压力将持续存在，移民权将成为那些决定离开月球社会的人的唯一合理途径。

此外，月球社会的公民可能会遇到上述问题，这不仅是社会潮流起落的结果，也是执政当局制定深思熟虑的政策的结果，也许是因为考虑到月球社会存在的广泛威胁，意识到其脆弱性。因此，月球很容易成为最需要激励措施的社会，以确保其公民的生活顺利。当然，如果月球公民没有合法的移民途径，他们实际上就成了月球社会的人质，即剥夺了他们在同意原则（以某种形式）下被统治的理念和权利。

建议实施移民权的压力将存在于月球社会。因此，我想暂时得出结论——月球社会应该保护移民的权利。而且，正如我将在本章接下来的两节中所讨论的那样，这一立场与几个批评意见相左。

12.4　对移民权的"人才流失"的反对

对移民权讨论最广泛的反对意见之一是"人才流失"，它提醒人们注意移民可能带来的不良后果。特别是技术工人从基本服务严重短缺的国家移出的影响，如医护人员从护士和医生严重短缺的发展中国家移出。熟练工人的移民在短期内加剧了问题，因为技术人员出国就无法履行向其公民提供基本服务的义务。移民还剥夺了派遣国的纳税收入和专业技能知识，从长期来看，这些国家难以建立或维持能够履行义务、为其公民提供基本服务的专业机构。不受限制的移民有可能加重人力资本、智力资源和财政资源从最需要这些资源的地方流失。因此，如果实施限制移民措施的方式有助于陷入困境的国家履行其义务，满足公民的基本需求，那么这些限制在道德上可能是允许的。

人们应该很容易理解，为什么月球社会可能会担心类似于"人才流失"的问题。恶劣的月球环境将使在月球上生存永远是一件脆弱的事情，一个气闸失灵、一个气泵失灵或一种水培作物产量不佳等等，都可能引发灾难。解决这一问题的一个明确办法是，确保始终有足够多和多样化的人力资本储备，包括制氧人员、制水人员、食品生产人员、维修人员、保健人员等——这些关键专业的人员短缺可能会使月球社会无法应对危机，甚至无法在非危机时期维持基本的生命支持系统，这取决于正常作业人员的配备情况。因此，如果允许移民，尤其是基本服务业工人的移民，那么月球上的社会将面临因人力资本流失导致社会不稳定的持续风险。

然而，如果我们更详细地审视这一反对意见，那么在陆地技术移民和月球移民之间就会出现一个重要的反差，即月球移民不太可能接受限制。为了简洁起见，在这里我提供吉莉安·布洛克对移民限制的辩护（布洛克和布雷克，2015），在任何情况下，这都提供了一个很好的理由，解释为什么其他一些学者也认为移民限制有时是合理的（桑，2019；奥伯曼，2013）。布洛克关注技术工人移民，这些移民的技能在那些地区非常需要，如卫生保健工作者从卫生保健工作人员严重短缺的国家流失。她坚持认为，只要具备某些条件，就可以对移民实行合理的限制，可能包括强制服务的期限。

布洛克确定了一系列背景条件，这些条件限制了可接受的强制服务制度的范围。这些条件包括：有证据表明，技术移民会加剧贫困，逐渐削弱国家满足公民需求；因为国家投资"培训技术工人，以满足公民的需求，促进有益的发展"；使那些寻求技术培训的人了解这一信息，并使他们知道将被要求承担强制性服务，这是由于他们的离开而给国家造成的损失将无法通过其他方式得到充分的补偿，如汇款、税收（同前，第6章）。除了这些背景条件之外，布洛克提出的两个最突出的框架假设是：（1）可以提出一个实质性的理由，即潜在移民在一定程度上有责任弥补他们所在国家面临的困境；（2）当实施移民限制时，该国家合法行使其权力（同前，第6章）。一个国家的合法性要求它"充分尊重人权，特别是核心的公民和政治权利"（同前，第5章），国家权力"必须以关心公民需要的方式行使，如通过提供体面生活所必需的核心公共物品，并采取必要措施确保获得这些物品（如为公民的福祉进行规划）"（同前，第5章），并且不迫害其公民。

总之，如果国家迫切需要技术工人，且公民愿意寻求国家资助的培训，并充分意识到他们将承担一段时间的强制性服务，那么通过完成培训，这些人同意承担为国家利益提供服务的对等义务。只要国家合法使用权力，就有权阻止这些技术工人移民，直到他们履行了强制性服务。

为了便于论证，我承认布洛克的观点是正确的。我想挑战的是，在不损害月球社会合法性的情况下，任何类似于留在月球上从事熟练劳动的互惠职责都可能出现。

在月球社会，公民是否可以像地球公民一样选择接受基本服务培训，目前还远不清楚。一般来说，地球国家的公民不需要成为护士、清洁工、医生、技术人员等，因此他们不需要接受任何可能承担强制性服务义务的培训。这在一定程度上是因为大多数地球国家拥有过剩的人力资本。在地球上，通常有足够多的人可以履行基本的社会职能，即使希望或能够在所有重要的劳动部门寻求培训和就业的人并不多。

针对月球社会而言，最多能证明，在绝大多数情况下，如果公民决定自愿接受专业培训，那么对基本服务人员的移民限制可能是允许的。这只有在人口足够多的月球社会才有可能实现，这样所有的基本服务都可以由公民不受强迫的职业选择来提供。与此同时，这样的社会可以更容易地在一些基本服务人员离开后生存下来（甚至忽略），从而避免社会可能不得不实施移民限制的任何主张，特别是强制潜在移民无限期居留的限制。

在一个较小的月球社会，很少有公民（如果有的话）能享受到从事非必要工作的机会。社会的生存甚至可能取决于每个公民的劳动（这可能包括要求生殖繁衍，以维持最低可行的人口基数）。在这种情况下，不再有任何有效的选择，可以不寻求为社会承担强制性服务的相互义务而进行的培训。如果每个公民都是必不可少的，那么就不允许任何人离开。在这一点上我要说的是，我们不再描述一个合法的社会，即社会做了必要工作，确保公民享有核心的公民权利和政治权利。这是因为与地球国家相比，月球社会拥有更高的合法性标准，这是有充分理由的。

地球国家通常不是可替代的。成员国享有的利益不仅限于免受暴力侵害或提供基本必需品，还包括与人类群体建立有价值的联系、共享历史以及与地缘联系。这些关系通常处于特定地理位置上，也就是说，它们对特定的地理位置或区域具有重要的参考价值。出于对这些重要关系的尊重，我们采取了不允许强迫迁移的假设，因为这会使人们与生活中极为宝贵的组成部分渐渐疏远。在几乎所有情况下，生活都归属于某个特定国家或团体。因此，如果有人生活在需要帮助的地方，应该优先考虑向他们提供帮助，而不是要求他们去很远的地方寻求帮助。需要帮助的人将与其家庭建立起有价值的关系，除非没有合理的选择，否则我们不应该要求他们抛弃这些关系。在这方面，一个国家的合法性的一部分是其在特定的时间，存在于一个特定的地点，与其人民有联系，并且在整个历史中与其人民有联系。

核心不同点是月球上还没有国家存在。月球上还没有人与其祖国建立了深厚的社区和地理联系。此外，虽然在极端情况下可以相对较快地形成社区认同感（恩顿提斯等人，2017），但各种因素会影响最终形成的社区是具有治疗作用，还是具有腐蚀作用，社会凝聚力和互助可能成为或成为障碍（利德斯科格，2018）。换句话说，不能简单地假设月球定居者会倾向于相互合作来解决重大的社会问题，这是我们不可推卸的责任。

因此，我们这里的问题不是如何应对那些挣扎中的人，他们已经与特定地方、区域或家庭建立了道德上紧密的联系。我们的问题不是改革月球社会。相反，我们的问题是，对月球国家的创始人和建设者应该有什么期望。应该关注的问题是，我们必须做多少工作来证明已经真正准备好创造一个新的、世界以外的社会（施瓦茨，2021）。毕竟，对月球定居点的远见卓识和支持程度将影响月球社会及其文化的演变。如果不公正、迫害和限制自由成为月球社会的生活准则，那么这将是因为创始人的决定而使这条道路（更加）开放。

一条富有成效的前进道路将是设计创新方案，以确保月球社会能够获得解决其可能面临问题所需的资源，并且不需要以不合理地限制个人自由的方式处理这些问题。虽然我们应该继续寻找并可能找到部分问题的精心解决方案（科克尔，2019），但仍然需要政策和制度性策略。

如果我们正确地预测劳动力短缺是月球社会将面临的主要问题之一，那么我们应该认识到，月球社会必须保护移民权利，以确保不会选择不公正地强迫其公民劳动的政策解决方案。避免强制性就业政策的承诺就会成为月球社会合法性的组成部分。然而，正如布洛克提醒的那样，如果没有熟练工人在可靠的机构中工作，就无法提供基本的服务（沙克诺夫，1985；萨格，2014）。但是，我们不应该将维持可靠的机构视为减少移民的理由，而应该将建立可靠的机构视为建立合法月球社会的先决条件。

与其问月球社会是否可以允许限制移民，不如问我们是否可以允许创建一个限制移民的社会（尤其是我们预计在许多方面都会陷入贫困的社会）。类似地，在质疑月球社会是否可以允许对宗教、职业或生殖自主实施限制时，我们应该问问自己，是否可以在允许的情况下创造一个社会，同时拥有执行这些限制的激励和权力。否认这些事情是允许的，但不是要求无法做到甚至不可能做到的事情。在我们考虑创建月球社会时，在人类太空定居相关研究方面的战略投资——不仅是技术、生物医学和心理学研究，还包括人类学、社会学、哲学和政治学研究——所有这些都带来了宝贵的见解。而且，随着时间的推移，这些学科将为以下问题提供可靠的答案：一个月球社会在各种情况下会期待怎样的移民率？人口规模如何与一个人有足够多职业机会的认知相关联？在不知道这些问题答案的情况下，试图创建一个太空社会，就像在不知道有效载荷的形状和质量之前，试图建造一枚火箭并执行飞行任务。这些研究虽然还处于起步阶段，但并不是奢望，而是我们在做出有关月球定居点的决策时尽职调查的关键部分——这些决策可能会影响几代人的生活。

12.5　其他异议和答复

12.5.1　如果地球对移民关闭大门会怎样？

移民权的一个问题是，行使移民权最终取决于是否有一个愿意接受移民的国家，因为在没有其他地方可去的情况下，移民自由意义不大（叶皮，2008；斯蒂尔兹，2016；韦尔曼，2016）。如果月球公民有权移民并返回地球，但地球国家拒绝接纳月球移民，那移民有什么意义呢？如果有多个月球"国家"，或多个太空"国家"，那么月球移民将有除地球国家以外的选择。但目前除了地球，可能没有其他的替代方案。因此，必须禁止地球国家拒绝接纳月球移民入境。在不承担接收来自月球移民和难民的责任的情况下，任何国家都不被允许建立月球社区（或帮助建立，或批准寻求建立）。因此，当一个国家公民准备在月球定居时，保持接纳月球移民的能力应该成为其准备工作的一个因素（或者需要私营部门提出解决方案）。

12.5.2　会不会太昂贵？由谁负担？

移民自由可能由于花费太高或需要大量资源而难以维持。虽然月球到地球的转运比地球到月球的转运能耗低得多，而且可能也便宜得多，但这趟旅行的价格仍可能超出大多数月球居民的承受能力。因此，我们可能期望月球社会承担月球移民相关的费用。但是，支持无限制地将月球公民送往地球可能超出整个月球社会的能力范围，尤其是如果月球社会正在努力维持其公民的基本生命支持。即使在较稳定的月球社会，如果其必须承担向地球提供运送的负担，这意味着沉重的机会成本。很少有公民或国家能够负担得起这种自由，这有什么意义？

首先，我们不应该假设所有移民成本将由月球定居者或月球社会负担。我们可能会坚持把返回地球的能力构建到月球定居点中，作为任何希望建立月球定居点的人所承担的预期成本，就像我们要求帆船配备救生艇一样（如果救生艇式飞船用于此目的，可以在紧急情况下充当临时避难所）。通过移民或繁衍促使定居点的发展，都可能与定居点移民（或"救生艇"）能力的增加有关，而不是简单地与栖息地面积和生命维持能力的增加有关。

成本测算还表明，只有在建立了可靠的地月转运网络之后，才能解决月球驻留与移民问题。如果地球和月球之间有定期、频繁的往返飞行，那么已经建立了月球移民所需的大部分转运基础设施，移民可以方便地搭乘已经安排好的月球—地球飞行的飞船。具有人文理念的宇宙飞船设计师甚至可能会将冗余的乘员容量视为地月转运工具的设计要求，以确保始终为移民者提供合适的舱位。

12.5.3　在乘员生理上可行吗？

月球居民尤其是那些在月球上长大的人，由于地球重力大得多，在生理上可能无法保证离开月球后可以在地球上生存。虽然医学和生物技术的进步可能会为这个问题提供治疗性解决方案（佐西克，2021），但人体对月球重力的适应可能是不可逆转的。虽然这使得向地球的移民无效，但如果存在其他太空"国家"，向其他太空"国家"移民仍然是一种可能的补救办法。对于月球"国家"居民而言，移民无论是多么愉快或不愉快，他们可能根本不可能移民。出于这个原因——也就是说，月球公民可能在生理上适应月球重力——在建立月球社会之前，我们设计可靠的社会制度就更加重要了。我们必须将创建月球定居点视为一项严肃的事业，只有当我们表现出理解并准备承担创建新社会所带来的许多责任和负担时，才有资格准备从事这项事业。我们必须确保月球是一个宜居的地方，因为对于一些人来说，尤其是那些在月球上长大的人，离开月球可能不是一个选择。

12.6　结论

在尝试寻找类似太空居住的过程中，必须牢记我们的目标不仅仅是让人类永存，而是促进和发展人类生活和人类文化。我们所希望的不是太空定居本身，而是人类社会和文化在太空中的成长和繁荣。如果陷入一种思维定式，即首先关注成本削减，迫使太空旅行者以最低成本生存，那么我们将无法在这些目标上取得进展。正如卡伦斯在不同背景下提醒我们，"即使我们必须把根深蒂固的社会安排作为既定条件，以便在特定情况下立即采取行动，我们也不应忘记我们对其基本性质的评估。否则，我们最终会使那些只能忍受的事情合法化"（2013：229）。一种将保护太空居民的基本自由视为挥霍奢侈品的态度——这是一个明确的例证，试图将只能忍受的事情合法化——在一个人们无法离开的，充满敌意的环境中维持有限生存。

虽然许多人（特别是在美国）在开放边界上美化了其开端，但我们不应该忘记，除了对原住民犯下无数暴行外，美国的建立和扩张也产生了许多充满苦难的失败定居点（利默里克，1992）。虽然第一个月球定居点不会遇到任何本地文化，但仍需对自己的人民负责，在创造人类太空未来方面发挥的作用对全人类负责。在太空定居上，我们能承受多少次失败？

在为月球居民提供有价值的生活方面，我们应该提高而不是降低标准。因为在规划和建设第一个月球社会时，我们克服的问题越难，月球社会就会变得更好，为其公民提供更好的生活，确保他们的生活更好而不是更差。正如托尼·米利根所言：

　　……无论我们造就了谁，至少都应该有机会过上某种美好的生活（基于对后者的复杂理解），即使痛苦是这种生活的一部分，就像它是我们生活和大多数人生活的一部分一样。简言之，这应该是一种生活，一种自己可以欣然接受的有意义的生活，尽管生活本身就有痛苦，这是有意义的、有价值的，而不是简单地成为别人宏伟计划的一部分（2016：16）。

　　我们应该采取一切合理的措施，确保任何生活在月球的人都有机会过上某种美好的生活。支持移民权是确保这种机会持续存在的一部分，无论月球社会是否成功履行了对其公民的其他义务。

　　致谢　　感谢托尼米利根和两位审稿者对本章之前版本的审阅。

参 考 文 献

［1］ Blake，M. （2014）. The right to exclude. Critical Review of International Social and Political Philosophy，17，521 – 537.

［2］ Brock，G.，&Blake，M. （2015）. Debating brain drain：May governments restrict emigration? Oxford University Press.

［3］ Carens，J. （2013）. The ethics of immigration. Oxford University Press.

［4］ Cockell，C. （Ed.）. （2015）. The meaning of liberty beyond Earth. Springer.

［5］ Cockell，C. （Eds.）. （2016a）. Human governance beyond Earth：Implications for freedom. Springer.

［6］ Cockell，C. （Eds.）. （2016b）. Dissent，revolution and liberty beyond Earth. Springer.

［7］ Cockell，C. （2019）. Freedom engineering – using engineering to mitigate tyranny in space. Space Policy，49，101328.

［8］ Dowty，A. （1989）. The right of personal self – determination. Public Affairs Quarterly，3，11 – 24.

［9］ Greenall – Sharp，R.，et al. （2021）. A space settler's bill of rights. In O. Chon – Torres et al.，（Eds.），Astrobiology：Science，ethics，and public policy，forthcoming. Wiley – Scrivener.

［10］ Lidskog，R. （2018）. Invented communities and social vulnerability：The local post – disaster dynamics of extreme environment events. Sustainability，10，4457.

［11］ Limerick，P. （1992）. Imagined frontiers：Westward expansion and the future of the space program. In R. Byerly （Ed.），Space policy alternatives （pp. 249 – 261）. Westview Press.

［12］ Milligan，T. （2016）. Constrained dissent and the rights of future generations. In C. Cockell （Ed.），Dissent，revolution and liberty beyond Earth （pp. 7 – 20）. Springer.

［13］ Ntontis，E.，Drury，J.，& Amløt，R.，et al. （2017）. Emergent social identities in a flood：Implications for community psychosocial resilience. Journal of Community and Applied Social Psychology，28，3 – 14.

［14］ Oberman，K. （2013）. Can brain drain justify immigration restrictions? Ethics，123，427 – 455.

［15］ Sager，A. （2014）. Reframing the brain drain. Critical Review of International Social and Political Philosophy，17，560 – 579.

［16］ Schwartz，J. S. J. （2016）. Lunar labor relations. In C. Cockell （Ed.），Dissent，revolution and liberty beyond Earth （pp. 41 – 58）. Springer.

［17］ Schwartz，J. S. J. （2018）. Worldship ethics：Obligations to the crew. Journal of the British Interplanetary Society，71，53 – 64.

［18］ Schwartz，J. S. J. （2020）. The value of science in space exploration. Oxford University Press.

［19］ Schwartz，J. S. J.，Wells – Jensen，D.，& Traphagan，J.，et al. （2021）. What do we need to ask before settling space? Journal of the British Interplanetary Society，74，140 – 149.

［20］ Shacknove，A. （1985）. Who is a refugee? Ethics，95，274 – 284.

［21］ Song，S. （2019）. Immigration and democracy. Oxford University Press.

［22］ Stilz，A. (2016). Is there an unqualified right to leave? In S. Fine & L. Ypi (Eds.)，Migration in political theory：The ethics of movement and membership (pp. 57 – 79). Oxford University Press.

［23］ Szocik，K. (Ed.). (2020). Human enhancements for space missions：Lunar，martian，and future missions to the outer planets. Springer.

［24］ Wellman，C. (2016). Freedom of movement and the rights to enter and exit. In S. Fine & L. Ypi (Eds.)，Migration in political theory：The ethics of movement and membership (pp. 80 – 101). Oxford University Press.

［25］ Yorke，C. (2016). Prospects for Utopia in space. In J. Schwartz & T. Milligan (Eds.)，The ethics of space exploration (pp. 61 – 71). Springer.

［26］ Ypi，L. (2008). Justice in migration：A closed borders Utopia? The Journal of Political Philosophy，16，391 – 418.

第 5 部分

哲学、教育和宗教观点

第 13 章　月球上定居、太空庇护及生活质量：未来人类在月球上居住的预防政策

康拉德·绍西克

摘　要　虽然有许多论据支持人类登月任务，但也有许多论据支持月球空间庇护所的概念。本章将介绍太空庇护的伦理，讨论了月球庇护与火星移民相比的潜在益处，特别关注其伦理和生物学伦理的差异。因为随着地球人类的逐渐强大，通常认为登陆火星任务具有紧迫性，而可能不需要考虑月球定居，所以月球定居在伦理和生物学伦理上似乎没有那么具有挑战性。在本章中，这些问题没有在传统航天环境伦理框架（即在内在价值和工具性价值方面）中予以考虑。事实上，由于人类在地球上破坏环境的态度和行为，人类不应该移民太空，这些问题正是在如此背景下进行探讨。除此之外，本章节还将讨论未来月球移民的环境伦理框架，作为一种"预防政策"，以避免环境破坏和人类在月球上出现类似的生存风险。

13.1　前言：太空庇护的伦理

本章从可能太空庇护角度讨论了月球定居的理念。有很多很好的理由认真考虑一个太空庇护场所——作为人类的一个伟大项目——特别是一个月球空间庇护场所。在这种背景下，考虑到当前的人类技术进步和资金可行性，本章讨论任何太空庇护场所，或者最好是尽可能多的太空庇护场所。当前来说，技术可能性是一个关键因素。无论人类是否拥有在月球、火星或大型舰船上（这也许是未来 50 年内可能出现的情况）创建多个驻留基地的技术，还是人类是否会"仅"派出少数航天员进行探索（这是目前 NASA 在 3 年后实施登陆月球以及 2030 年载人火星探索的计划），均会产生显著差异。针对太空庇护哲学和全球灾难性风险而言，当然人类庇护场所越多越好，因为可以尽可能为地球居民提供更多的转移机会。研究灾难性风险的专家给出了强有力的证据支持这样一个结论，即至少有一部分人类将基本上可以在任何灾难中幸存下来，如超级火山大爆发或核战争（参见综述，绍西克，2019）。

然而，每一次关于将人类大规模转移到太空基地的讨论都遇到了一个瓶颈：如何能够疏散全部 100 亿人口（2050 年全球增长预测，图 13 - 1）？从后勤、技术、政治和财政等方面考虑，即使转移这个数字中的百分之一（1 亿人口），似乎也是一项几乎不现实的任务。我根本没有去估计有多少人可以住在这样一个庇护所中，将此问题留给物流、运输和其他相关领域的专家。然而，考虑到月球面积较小以及运输和物流限制，预计允许转移的人口数量会很少。可以认为，此类转移政策会干扰地球上日益增长的挑战。如果我们转移

尽可能多的居民到宇宙移民地，这意味着地球上的生活要么不再可能，要么根本不再具有吸引力。

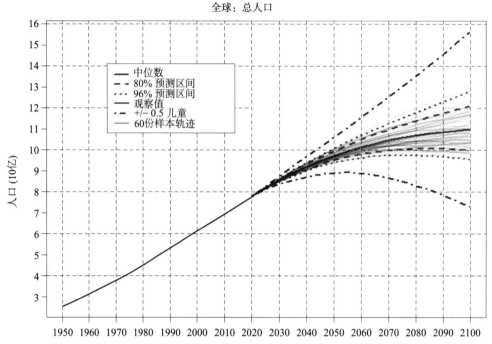

图 13-1　预测截至 2100 年全球人类增长情况。来源：联合国，经济和社会事务人口动态部（CC BY 3.0 IGO）https：//population. unorg/wpp/Graphs/probability/POP/TOT/900（见彩插）

　　若是如此，我们也可以假设，地球上的技术和经济资源可能不一定允许在太空中建造庇护所和实施大规模星际飞行这样昂贵而复杂的任务。目前尚不完全清楚，在投资保护地球环境、改善气候和生活条件与投资太空探索任务方面可能存在什么样的利益冲突。正如我们在之前所述（绍西克，2019；绍西克，等，2020），地球保护和太空探索是两项独立的事业，它们不是相互排斥的，而是服务于不同目的，可以相互补充。我们可以且应该尽一切努力保护地球，使之成为我们能够继续赖以生存的地方。然而，对于至少一部分人口来讲，地球上持续生存可能不会实现。即使可以继续生存，持续性经济活动扩张和对资源的不间断开发可能需要在地球之外寻找新的资源。

　　正如我们所见，太空移民理念提出了严峻的组织和后勤挑战，除了存在明显的技术和经济问题外，还面临严重的伦理和政治挑战。我们在本章中不会讨论此类挑战，因为这构成了一组独立的问题，适合单独成文进行探讨。无论如何，值得记住的是——也许有点矛盾——与伦理问题相比，技术和后勤问题不足挂齿。这些挑战不仅包括选择未来的难民可以转移到空间庇护场所，还有许多其他挑战，如限制人类自由的风险，也许需要保证返回地球的权利，而由于技术、经济或社会的原因，这也许未必是可能的（参见詹姆斯·施瓦茨在本书中所述）。

　　另一组伦理和生物伦理挑战包括了通过植入或基因编辑等激进手段增强人类的理念，

这可能是长期和深空任务必须实施的。此理念产生了明显的伦理问题，尤其是如果只有修改了基因的人才有权离开地球的话。若是如此，我们能否允许一种情况，即必须进行基因改造才能获得飞往太空庇护场所的权利？一些哲学家表示反对，并提供了有强有力的论据（施瓦茨，2020）。有人回答说，这种改进——如果真有必要防止宇宙辐射或太空微重力的负面影响的话——是为了保护生命或提高效率和维护健康。因此，这不是由微不足道的动机所决定的。

然而，施瓦茨回答道，即使如此，也有必要考虑适当的任务设计，以便不需要进行任何基因修改。因此，责任在组织者一方，而不是参与者一方——普通公民。如果我们假设激进的基因修改或其他形式的强制性改进确实是应该避免的，那么组织者应该通过显著缩短太空旅行时间、采用给药方式来减少或防止失重与空间辐射带来的负面影响，并创造人工重力环境和适当飞行器结构，防止在星际旅行期间和太空移民场所中的空间辐射，以便排除对执行任务每个成员进行基因修改的需要。如果他们不能做到这一点，就应该及时推迟执行任务。然而，时间在这里是一个关键因素。基因修改是一个可以更快的过程，很快就可以应用。它可以比在速度更快的星际飞船中实现人造重力便宜得多。因此，时间和成本都可以作为应用基因修改的优势，并成为生物学伦理分析的重要因素。

与火星太空庇护场所相比，将月球作为人类的太空庇护场所有充分理由，也许还有优势。与其他可能的太空驻留场所（例如火星）相比，月球定居在伦理和生物伦理学领域有一定的优势。正如本章所述，月球庇护任务也许不需要实质性的人类增强，人类增强在一定程度上具有强制性——但从伦理角度来看，这极具争议——就像在火星定居或其他更远的星球定居一样。

13.2　月球定居作为太空庇护所

建立太空庇护所的想法并不新鲜，但却鲜为人知，直到最近才在学术论文中开展讨论（绍西克，2019；绍西克，等，2020）。其他人在研究地球陆地庇护所时，只是提到了太空庇护所的概念，并将其作为地球上全球灾难的补救措施（鲍姆，等，2015；杰巴里，2015）。最后，月球庇护所任务的支持者并没有在许多预期的利益中提到太空庇护所的概念（克劳福德，2005）。因此，对许多人而言，谈论太空庇护所听起来像是科幻小说的话语，这种印象因科幻小说和电影中的流行主题而得到加强。即便如此，针对位于月球、火星或其他星球的太空庇护所概念，主要挑战在于其基本论据。我们这里所说的论据并不是说建造一个空间庇护所的主要理由。这种理由相对明显，并且与人类未来可能遇到的全球灾难有关。这里将建造空间庇护所的理由与地下或水下等替代陆地庇护所的理由进行比较，只是为了描述最可行的陆地庇护所。因此，挑战就在于争论太空庇护所产生的附加价值，而这是陆地上庇护所不可能提供的（斯通纳，2017；绍西克，2019）。正如相关文献所述（绍西克，等，2020），只要太空庇护所的初始生活条件与灾难后地球上的相似，从长远来看，太空庇护所能够提供稳定和持续的供应。有充分的理由认为，即使位于地面的安全的庇护所，对地球上的幸存者群体来说也是一个挑战。

最后，有充分的理由假设太空避难者——即使是平民而不是从受过专门训练的军事人员——期待满足其具有在相对良好条件下进行太空飞行所需的最低身体机能、工作效率和健康水平。因此，他们可能比留在地球上的陆地庇护所的平民幸存者更能抵抗恶劣的环境条件。我们不应该忽视这种差异，因为太空庇护所的概念似乎与发射前训练以及必需的身体准备和医疗检查密不可分，所有这些要求都将有利于太空避难者。需要补充的是，对于陆地上的避难者，不能期望进行类似的检查和准备。同样值得注意的是，转移方案对于地面避难者和空间避难者都具有挑战性。在本章中，我们不会分析可能的疏散场景和选拔地面或太空避难者的标准。然而，鉴于在新型冠状病毒大流行期间的疫苗接种政策以及不同国家大规模疫苗接种面临的许多挑战表明，难民选拔政策不是一个微不足道的问题，可能必须要有严格的后勤保障限制。

然而，即使对于某些读者来讲，月球定居作为太空庇护的概念似乎与现实相去甚远，但仍有充分的理由来看待月球定居的概念——即使最初计划只是将其作为研究前哨站或小行星采矿点——由于技术、医疗和政治的原因，它比火星定居点更可行、更合理。这里假设，一个旨在太空采矿的经济模型，包括月球和小行星，可能是进一步发展月球定居点的起点。太空采矿也可能激发和挑战关于太空法、《外层空间条约》和太空产权问题的国际讨论（雅库和布兹杜根，2008），并因此影响我们将外层空间视为共同遗产的看法。与火星定居相比，月球定居的一些可能的优势值得简单介绍。

13.3　医学优势

与火星任务相比，月球定居任务对人类健康和生命具有明显的优势。首先，飞往月球的时间比飞往火星的时间短得多，这意味着暴露在微重力下的时间越来越短，而微重力可以导致许多有害的医学问题。太空飞行中另一个同等重要的危险因素是太空辐射，在从地球到火星的星际飞行中，乘员遭受的太空辐射最高。飞行时间越短，暴露在太空有害辐射中的概率就越低。在太空飞行期间暴露于太空辐射对于火星任务来说是一个挑战，而由于地球和月球之间的距离较短，这对月球任务来说并不是一个挑战。技术进步可以提供更好的空间辐射保护，如减少两颗行星之间的太空飞行时间。最后，永久的月球定居可以作为一个研究领域，为宇航员在后来飞往火星任务之前做适当的准备。这不仅可以在低重力作用下研究宇航员的生理和心理，还可以检测所有涉及的系统，包括生命支持系统（克劳福德，2004）。

另一组问题涉及心理方面的挑战。在火星任务中，隔离、与地球的遥远距离和栖息地限制等威胁预计将比月球定居点更危险、更具挑战性。的确，月球和火星上的限制封闭程度相同，因为移民只能在栖息地生存。然而，可以假设距离地球更近是一个重要的因素。有充足的心理学证据认为，月球上的生命不会像在火星任务中那样产生预期的负面影响，因为人们意识到存在快速转移的可能性，而且感觉与地球相对接近。可以预期的是，在没有与火星基地固有的数十分钟延迟的情况下，与地球实时联系的可能性也可以发挥积极的心理影响。

13.4　伦理和生物学伦理优势

由于在月球定居任务期间预期的医疗限制较少（我们有充分的理由认为，在月球定居生活并不需要大量的人类增强），不存在伦理问题和生物学伦理问题。例如，月球任务不需要围绕人类增强进行生物学伦理讨论，但是这在火星任务的背景下是应做的，甚至在道德上是必须要做的（绍西克，2020）。因此，月球定居产生的生物学伦理问题（如果有的话）比火星定居的类似问题要少。施瓦茨（2020）所述与火星任务有关的上述反对意见在短期和长期月球任务中不复存在。从伦理学和生物伦理学的角度来看，特别是从包容性社会的角度来说，这是一个重要的区别。有人可能会担心，即使这在医学上合情合理，将新的人类居住区建立在歧视性观念的基础上也不合理。类似地，有人可能想为奴隶制辩护，认为当前的经济形势迫使使用奴隶，希望几十年后因经济进步，而将使得放弃奴隶制成为可能，这听起来荒谬至极。问题是，关于暂时强制性激进人类增强的类似想法是否可以与上述关于奴隶制的想法进行比较，或者这是否是两种不同的伦理情况。

无论如何，值得记住的是，在太空移民项目中可以识别出影响人类自由和平等的所有威胁。正如施瓦茨在本书中所撰写的报告，我们的主要目标应该始终是关注人类的生活质量，而不仅仅是关注太空移民本身以及医疗保健的成本效益或优化。虽然月球定居项目也带来了一些伦理风险和挑战，比如施瓦茨所讨论的移民权，即使在月球上也不明显，但毫无疑问，假如在月球和火星上定居都会出现同样的伦理问题，但由于月球与地球的更近距离，使得解决此类问题变得更容易。

我们假设，讨论人类增强概念时，没有出现相关的生物学伦理障碍，这是月球定居概念的一大益处，同时月球定居还提供与环境伦理相关的其他伦理优势。太空伦理学中一个经常讨论的话题是关注原始太空环境。主要风险是人类带来的污染，但也只是被来自地球的含有细菌和病毒的物品污染。一些哲学家甚至想得更远：会质疑移民宇宙的权利。在这方面，月球比火星更具优势，因为目前还没有确凿的证据证明月球上存在生命，这与人们预期的火星上过去甚至可能存在生命的迹象相反。从科学和伦理的角度来看，月球定居概念不存在这种伦理风险，这是一种不可忽视的风险。许多作者认为，正确的火星探索必须以纯粹的科学任务为前提。然而，月球上仍然存在一些环境挑战，如月球上空间交通造成冰污染的风险（威策，2021）。

13.5　技术优势

由于月球比火星离地球更近，人类已经拥有到达月球并在那里停留至少一段时间的运输和生命支持系统技术，这也为月球定居提供了另外一个优势。火星发射窗口周期为 26

个月，而在同一时间内可以发送 13 次登月任务（门德尔，1991）。不仅从人类健康和生命（紧急转移风险）的角度保证了登月任务更加可行和安全，而且还可以更好地测试运输和生命支持系统技术。由于火星与地球的距离遥远以及较窄的发射窗口，没有提供此类机会的可能性。这是一个重要的因素，特别是针对太空庇护概念而言，在短时间内可能需要进行多次发射任务。想象一下，由于预期和即将到来的灾难，需要地球大规模转移居民。假设这样的灾难只会发生在地球，而月球将仍然是一个安全的地方。由于宇宙飞船的容量有限，可能需要许多次太空飞行来疏散小部分人口。由于没有像火星那样的发射窗口所造成的限制，大规模从地球转移到月球比转移到火星更容易、更可行。

另一个技术挑战在于空间飞行任务期间所需的不同系统的可行性和可靠性，包括生命支持系统或通信系统。故障风险和在未知条件下的长使用寿命将是火星定居概念的一个挑战。为了尽可能避免失败的风险，可以考虑将月球定居作为火星定居的先前验证任务，至少可以在更容易、更广为人知、更接近地球的环境中检验现有的作业技术（门德尔，1991；克劳福德，2003）。但是一些作者质疑月球资源利用的合理性和效率，并且主张火星实施原位资源利用（拉普，2018），因为火星比月球体积大，具有一定的物质资源优势。所以说，既然我们有充分的理由进行载人探测月球和火星任务，那么人类长期太空探索计划似乎应该包括飞往月球和火星任务，而不是只关注其一。

13.6　政治和经济优势

从政治角度来看，空间政策中存在一些较为重要的问题，其中一些与经济问题重叠，但不是全部。在经济问题与政治问题重叠的情况下，主要的挑战在于，月球和火星这两种太空定居任务都是开放式项目，远远超出年度财政预算。没有人能确保在一年内批准的太空探索政策将在随后的几十年中可以继续下去，但从长远来看，太空定居应该是建立一种太空庇护场所，这是一种挑战，哈基克-米斯拉（2019）称之为"深度利他主义"。资助上的深度利他主义意味着主导者必须放弃任何利益，从注重议会制或总统选举制利益的政治角度来看，这几乎是不可能的。月球定居概念比火星定居的类似概念更为合理、更可行，至少表面上更有益，从公众的角度来看也是如此。特别是，无论是直接在月球上还是将月球作为小行星（近地天体）采矿的基地，月球定居的合理性使得私营企业的参与和实施采矿成为可能。

13.7　生活质量伦理学

在生物学伦理概念中，"生活质量"伦理通常涉及与人类生命的开始和终止相关的世俗问题，比如堕胎或安乐死等问题有时会从寿命和生活质量方面来进行讨论。有时，与其谴责或强迫某人生活在痛苦中，不如剥夺其生命或缩短其寿命，这是一个不容忽视的因素，但往往被所谓的反堕胎派的支持者所忽视。当然，在堕胎和安乐死方面所知晓和所讨论内容，只能在某种意义上适用于太空定居点和太空庇护所概念。一个重要的观点是，虽然在月球生活对人类的挑战性可能不如火星那么大，但任何太空庇护所对人类来说都是危机四伏、挑战巨大。

考虑到对生活质量的伦理学所提供的概念框架（诸如日常舒适度、应激水平、在空间或行星表面暴露于危险因素以及自由返回地球的权利等基本人权问题），所有这些都应视为对月球作为空间庇护理念产生的可能挑战。这里重要的问题是人类在放弃太空庇护概念时有另一种选择，我们宁愿理所当然地认为，太空庇护场所中的生活必须比灾难发生前地球上生活水平更低。太空哲学家考虑了我们可以批准这种庇护所的条件，其中一位是科吉塔基巴那，讨论了拯救人类的太空庇护所在何种情况下是正当的（或不正当的），笔者的观点与其相一致。这种观点提出了没有基因增强的太空庇护，从道德伦理的角度来看，这是合理的，即使可能要求难民的生活水平低于灾难前在地球上的生活水平（塔基巴那，2020）。

对太空庇护的唯一替代方案是地球上的空间庇护所。我们建议同时在地球上（地下和水上）和太空中准备庇护所。由于上述技术、经济和后勤方面的原因，限制将数百万地球人送入太空，应该为地球上尽可能多的人提供庇护所。由于明显的限制，太空中庇护所中的移民应该——而且原则上必须是——经过更精心选拔的移民，这些移民将被指定为未来新人类文明的创始者。目前地球上有两种类似的大型庇护所，一种是如地铁站，另一种是相对少量的特殊专用庇护所，通常用于政治家。有人可以正确地看到，既然人类别无选择，生活质量的问题将会消失，这个观点不完全正确。如果太空庇护的唯一替代方案是在地球上建造一个不稳定的庇护所，或者大规模协助逃亡，那么人类至少可以做两件事来提高太空庇护所的生活质量，其中之一是在将移民送往太空庇护所之前，必须对他们进行培训和教育；同样重要的是，在设计庇护空间时，尽可能少地限制基本权利和生活舒适度。

13.8　环境伦理学和预防政策

人类可能已经摧毁了地球，并造成了不可逆转的破坏，这将导致无法生存的风险，如全球变暖和气候变化。然而，针对未来可能受到人类破坏的潜在影响仍存在疑问。在这种情况下，应该考虑到太空庇护概念可能的威胁，此类威胁不一定是对月球而言，而是下一个存在的人为风险，也就是说人类在太空移民驻留期间，而不是在地球上。尽管存在种种挑战，总体而言，提出太空庇护概念，特别是月球定居概念，是人类的一种责任，以保证人类的长期延续。仅次于小行星的月球作为潜在原材料的来源，至少对未来定居者利用原地资源颇有用处。因此，月球符合自给自足栖息地的标准。有点自相矛盾的是，这类原材料不一定是矿物——然而，月球上氧气、氢气和水资源均价值不菲（阿南德，等，2012）——但太阳能可能是月球上最丰富和最有价值的原材料（克劳福德，2015）。可用资源是有限的，这些资源仍有待挖掘。只要人类没有任何备用的星球（可以假设地球上资源在不久的将来几乎完全耗尽），月球仍然可能是唯一的资源来源。

我们不知道对月球移民的关注是否排除了火星移民，不同专家和未来学家对这个问题有不同的看法。然而，我们有充分的理由认为，由于经济、技术和（或）政治原因，人类将决定不进行两个非常具有挑战性、长期的太空移民计划。在这种情况下，月球定居者应该大大减少对资源的开发，且限制于当前科学和技术的需求范围。月球定居的环境伦理应该允许资源的开发，从这个意义上说，这是一种结果主义伦理学，而不是义务论伦理学，这没有赋予空间资源内在价值。它们的价值是工具性的。然而，尽管这是一种工具，却服从于人类的生存。因此，应该谨慎地利用它们。

正如作者在其他出版物上（绍西克和赖斯，主编）所述，人类应该移民太空，以便能够继续从自然中汲取能量、生存和繁衍。我们怀疑存在人们限制自己的可能性，为了一种苦行的生活方式而放弃繁荣文化。出于这些原因，人类应该利用太空来满足其能源需求。但是，与对地球的破坏性开发导致人类和许多其他物种的近乎灭绝的情况相比，未来对太空的开发，包括月球、火星和小行星的开发，应该受到生态规则的限制。

其中一种可能性是所谓的八分之一原则（埃尔维斯和米利根，2019）。这一观点认为，人类应该开发不超过太阳系中所探测到的全部可用资源的1/8。当然，可以执行任何其他规则，这些规则将考虑使用当前的技术来利用资源。移民的最大数量将取决于可用资源与开发技术的可行性，也取决于星球开发的可持续性。因此，通过预防政策只能把一定数量的居民送到移民地，这样不仅能够维持其生存，而且不会造成可能危及子孙后代的过度开发消耗。

当人类利用月球和那些在满足当前人类技术发展阶段需要的小行星时会发生什么？这值得长时间思考，其答案取决于多种因素。在地球上没有人类生存时，我们可能会期待月球定居者的环保意识逐渐增强。然而，在至少有一些幸存者仍然生活在地球上时，答案取决于月球移民地的状况以及未来某个时候太空探索计划的特殊性。私营企业的任务将以投资回报为导向，而太空将作为采矿原材料市场的拓展。这里是即使在月球上也可能出现生物伦理问题的地方。可能包括与人类生殖权利相关的问题，可以调整生育政策，以避免月球移民地出现人口过剩的风险。在月球定居点中，人权的实现和个人自由的程度很可能与消费行为和环境政策直接相关。

13.9　结　论

月球定居概念在太空庇护方面提出了伦理问题，理论上其中一些是人类可以移民的所有天体所共有的问题。本章只关注其中两个天体：月球和火星。简而言之，月球在几乎所有可能引起伦理或生物学伦理争论的领域都比火星具有优势，只有一个除外，即月球上的重力是地球的1/6，而在火星上则约为1/3，但这并不意味着月球低重力会有害，而火星不会。理论上，越接近地球的重力，对人类的影响越小。至于其他潜在的伦理争论，月球要么完全没有这些问题——就像基因改造概念等生物伦理问题一样——要么问题更少，更容易解决。在火星任务之前，移民月球在医学、伦理和政治等领域提供了参照优势。无论载人登月任务只是暂时的科学和经济探索，还是建造人类未来的庇护所，为了避免过度开发和保证子孙后代的生存，实施预防政策似乎必不可少。

致谢　康拉德·绍西克得到了波兰国家学术交流局的支持，贝克纳瓦项目授权号为 PPN/BEK/2020/1/00012/DEC/1。

参 考 文 献

［1］ Anand，M.，Crawford，I. A.，Balat – Pichelin，M.，Abanades，S.，van Westrenen，W.，Péraudeau，G.，Jaumann，R.，& Seboldt，W. (2012). A brief review of chemical and mineralogical resources on the Moon and likely initial in situ resource utilization (ISRU) applications. Planetary and Space Science，74，42 – 48.

［2］ Baum，S. D.，Denkenberger，D. C.，& Haqq – Misra，J. (2015). Isolated refuges for surviving global catastrophes. Futures，72，45 – 56.

［3］ Crawford，I. (2003). Space：Next step is an international moon base. Nature，422，373 – 374.

［4］ Crawford，I. (2004). The scientific case for renewed human activities on the Moon. Space Policy，20，91 – 97.

［5］ Crawford，I. A. (2005). Towards an integrated scientific and social case for human space exploration. Earth，Moon，and Planets，94，245 – 266.

［6］ Crawford，I. A. (2015). Lunar resources：Areview. Progress in Physical Geography，39 (2)，137 – 167.

［7］ Elvis，M.，& Milligan，T. (2019). How much of the Solar System should we leave as wilderness? Acta Astronautica，162，574 – 580.

［8］ Haqq – Misra，J. (2019). Can deep altruism sustain space settlement? In K. Szocik (Ed.)，The human factor in a mission to mars：Space and society (pp. 145 – 155). Springer.

［9］ Jakhu，R.，& Buzdugan，M. (2008). Development of the natural resources of the moon and other celestial bodies：Economic and legal aspects. Astropolitics：The International Journal of Space Politics & Policy，6 (3)，201 – 250.

［10］ Jebari，K. (2015). Existential risks：Exploring a robust risk reduction strategy. Science and Engineering Ethics，21 (3)，541 – 554.

［11］ Mendell，W. W. (1991). Lunar base as a precursor to Mars exploration and settlement. NTRS – NASA Technical Reports Server. https：//ntrs. nasa. gov/citations/19920038015.

［12］ NASA. (2019). NASA's plan for sustained lunar exploration and development.

［13］ Rapp，D. (2018). Use of Extraterrestrial XE resources for human space missions to Moon or Mars (2nd ed.). Springer Praxis Books.

［14］ Schwartz，J. S. J. (2020). The accessible universe：On the choice to require bodily modification for space exploration. In K. Szocik (Eds.)，Human enhancements for space missions. Lunar，martian，and future missions to the outer planets. Space and Society. Springer，Cham Stoner，I. (2017). Humans should not colonize Mars. Journal of the American Philosophical Association，3 (3)，334 – 353.

［15］ Szocik，K. (2019). Should and could humans go to Mars? Yes，but not now and not in the near future. Futures，105，54 – 66.

［16］　Szocik，K.，Norman，Z.，&Reiss，M. J.（2020）. Ethical challenges in human space missions：A space refuge, scientific value，and human gene editing for space. Science and Engineering Ethics，26，1209 – 1227.

［17］　Szocik，K.，& M. Reiss.（in press）. Why only space colonisation may provide sustainable development：Climate ethics and the human future as a multi – planetary species.

［18］　Tachibana，K.（2020）. Virtue ethics and the value of saving humanity. In K. Szocik（Eds.），Human enhancements for space missions：Lunar，martian，and future missions to the outer planets （pp. 169 – 181）. Springer.

［19］　Witze，A.（2021，January 5）. Will increasing traffic to the Moon contaminate its precious ice? Nature. https：//www. nature. com/articles/d41586 – 020 – 03262 – 9? utm _ source ＝ Nature ＋ Briefing & utm _ campaign＝a6a2937a3b – briefing – dy – 20210106& utm _ medium＝email& utm _ term＝0 _ c9df d39373 – a6a2937a3b – 44694681.

第 14 章　月球环境道德观的产生

兹巴·诺曼　迈克尔·赖斯

摘　要　半个多世纪以来，人类一直在考虑应该如何开展和管理各种月球活动的问题。本章概述了各种哲学方法，月球（地球的卫星）上环境道德观可能从中产生。我们借鉴了环境伦理学中的现有思想，特别是关于荒野的思想，并考虑了宗教和哲学框架的多样性以及新的相关法律体系。商业竞争和利益考虑使参与者不会轻易采取共同的行为准则。尽管如此，仍然需要某类条约或其他形式的具有约束力的协议，可以由所有航天国家签署、批准和颁布，而不是像《南极条约》那样仅由所有直接参与该条约的国家签署。这种需求变得越来越迫切。

14.1　前言

1969 年 7 月 20 日，阿波罗 11 号登陆月球。几乎就在此后，如何管理月球以及其他可能的天体上活动的问题就已成为重点研究和关注的话题。《月球协定》（又称《月球条约》）在要求至少 5 个成员国签署之后，又过了 15 年才被批准。然而，尽管该条约提供了一份有价值的意向声明，但已被证明是无效的，原因如下所述。

月球活动的管理可以从法律、政治、科学和伦理等多个角度进行考察。本章的重点是考虑伦理方面的问题。我们的观点是，从有充分依据的环境伦理学中，可以学到很多东西，因为月球被认为是一种极端环境。因此，我们观察荒野，看看可以从中吸取什么教训。通过研究人类如何利用月球资源及获取什么，并考虑如何达成协议，我们最终得出结论。

14.2　环境伦理学的研究方法

伦理学是哲学的一个分支，关系着我们应该如何判定道德上的正误。自从智人进化以来，人类就一直受到伦理问题的影响。如果观察其他动物物种，我们可以识别出它们的行为规则。事实上，在与我们进化关系最近的类人猿身上，可以看到许多困扰我们相同的伦理问题证据。例如，简·古道尔关于黑猩猩的开创性研究表明，个体如何为互惠互利而结成联盟，它们的行为表现得好像它们具有一定的道德义务，经常试图欺骗其他黑猩猩（范·洛伊克-古道尔，1971）。

传统上，西方人类伦理学的规范解释，关注的是行为如何表现才得体，考察了康德等人的道义论方法（包括宗教的细化）、结果主义思想（尤其是杰里米·边沁的功利主义和约翰·斯图尔特·密尔对此的改进），最近转向美德伦理学（源自亚里士多德）。另一种不同的方法是调查研究人类学和社会科学的最新著作，以了解"普通人"（而不是学术伦理学家）如何看待道德上的对错，以及人们实际在做什么——针对伦理学的分支有时被称为"描述伦理学"。针对月球伦理学而言，采用规范性和描述性两种伦理学研究方法是非常有价值的。

最近一项重要研究分析了来自世界各地 60 个不同社会的种族对伦理的描述（柯里，等，2019）。研究发现了七条道德准则：帮助家人、帮助团队、回报他人、勇敢、服从上级、公平分配资源和尊重他人财产。其中多数规则在大部分社会中都能找到，没有任何一个社会认为这些行为不道德。值得注意的是，这些规则在各大洲都以同样的频率得到遵守：它们不是"西方"或任何其他地区的专属。

然而，这些规则的一个显著特征是它们只适用于人类。类似地，虽然宗教有一些适用于非人类的伦理戒律，但亚伯拉罕信仰的重点主要是人与人之间的关系，以及人与"上帝"之间的关系。事实上，在犹太教、基督教和苏菲教派中，人类被视为是按照"上帝"的形象和外貌被创造出来的，把人类置于其他被创造秩序之上。然而，在亚伯拉罕神学中已经采取了一些举措，以更深入地了解人类应该如何与整个创世联系起来。在某种程度上，这些举措是对生态考虑的高度认识所驱动（佩奇，1996）。

其他宗教更加一致地对将非人类纳入伦理考虑的范畴。佛教的核心戒律之一是对生命的慈悲，许多佛教徒都是素食主义者。印度教（尽管很难概括，因为与大多数宗教相比，它是许多传统和哲学的融合体）教导所有的生物都有灵魂，吃肉通常受到限制或应避免。耆那教徒不仅是素食主义者，而且避免食用土豆和洋葱等长在地下的蔬菜，以防止对土壤生物造成伤害。巴哈伊派的信仰强调，动物应该受到善待，并认识到管理自然环境的必要性。

世俗哲学也关注非人类。边沁因他的言论而被铭记："问题不在于'它们能推理吗？'，也不在于'它们能说话吗？'，而在于'它们会感受到痛苦吗？'为什么法律要拒绝保护任何敏感的生物？"（边沁，1789，1970：283n）。彼得·辛格（1975）等功利主义者发展了这一思路，即人类对非人类动物的许多态度和行为是物种歧视。本章关注的是更广泛的问题，即环境伦理。

长期以来，人们一直认为，本地社区可以拥有和运行环境伦理的丰富概念。这里存在着浪漫化的危险——我们应该记住，在世界许多地方，本地居民对环境退化负有责任。事实上，许多物种因过度开发而灭绝，尤其是大型哺乳动物和不能飞的鸟类（史密斯，等，2018）。然而，尽管有一系列机制（宗教传统、神话故事、长期非正式协议），许多原住民确实比现代人更能可持续地利用其环境资源（凯尔贝萨，2005）。在西方，18 世纪和 19 世纪，人们对荒野和土地的欣赏普遍有所增加（参见利奥波德，1949）。

在西方传统中，环境伦理的一个关键问题是"工具价值"和"内在价值"的区别。本质上，内在价值的概念只是康德绝对命令的延伸——人类（在康德的论据中）和环境（在环境伦理中）应该被重视和保护，不应该仅仅因为它们能为我们做什么（"生态系统服务"

方法），至少在一定程度上，是因为它们本身是什么。这种评估环境价值的方法在许多国家都得到了发展（布伦南和罗，2020）。在美国，利奥波德认为土地作为一个整体值得我们关注，这一观点得到了斯通（1972）的赞同，认为树木等自然物应该与公司一样具有同等的法律地位，罗尔斯顿三世（1975）认为人类有保护物种的道德责任，泰勒（1986）认为整个生态系统值得道德考虑。但挪威人阿恩·恩斯可能与这种运动的联系最密切，因为他呼吁"深层生态学"，再次支持自然内在价值的重要性，并拒绝将人类视为独立于世界的个体（布伦南和罗，2020）。涅斯生于1912年，1939年在奥斯陆大学担任哲学教授。他是一位很有成就的登山运动员，参与了绿党政治和非暴力环境行动，如1970年，他把自己束缚在马尔达尔瀑布的岩石上，以抗议一座计划中的大坝修建（克拉布，2010）。

作为这些考虑的一部分，还有一个问题是，如何行使我们人类的能力，包括我们的权利，甚至可能是对生命本身的义务，以在宇宙中开拓我们的位置，在这个过程中，发挥我们作为一个物种的潜力——"一种成就感的伦理"。这可能包括适应环境，认识到最完整意义上的管理不仅仅是保持事物的平衡，而是我们参与其中的一个动态过程（诺曼，2020）。

14.3 地球上的荒野

我们所说的"空间伦理"正处于它发展的早期阶段（绍西克，等，2020），与环境有关的问题才刚刚开始研究。我们可以通过观察关于地球上荒野的伦理态度和出现的问题来得出有益的结论。

荒野指地球上相对未受人类活动干扰的自然环境。传统上，荒野被认为是陆地环境，但现在关注更多的是海洋荒野环境。人类活动的迅速增长和全球化意味着，在过去的一个世纪，人们对荒野的兴趣毫不意外地增长。如果只关注一下我们两人所生活的国家——英国，我们会发现，近来所谓的"野生动物回归"现象正在迅速增长。野生动物回归是一种生态恢复形式，与需要花费大量时间和精力进行栖息地"管理"的传统保护方式相比，人类在更大程度上让其顺其自然。例如，大芬项目位于亨廷顿和彼得伯勒之间，由于采用饲养牛和羊方式进行栖息地管理，需要将土地从高强度的农作物耕地使用转移到低强度的牛肉和羊肉生产。虽然支持该项目的主要理由是为了增强野生动物多样性，但通过减少水土流失、减少洪水泛滥以及增加新的收入来源（如柳树和芦苇收获），预计也会为人类带来好处。野生动物的回归往往与重新引入那些因人类活动而濒临灭绝的物种密切相关，英国已经看到了许多动物的重新引入，包括海雕、红鸢、麻鸦、池蛙、黄条蟾蜍、沙蜥、滑鳞蛇、野猪、松貂、方格蝴蝶、瓢虫蜘蛛和欧亚海狸（野化英国，2021）。

加利福尼亚州的约翰·缪尔陆地荒野规模更大，占地约 2 350 km²（图 14 - 1）。荒野于1964年根据《荒野法案》命名，以苏格兰裔美国博物学家约翰·缪尔（John Muir，1838—1914年）的名字命名，他早期的环保活动帮助保护了约塞米蒂山谷和红杉国家公园。现在，最全面的荒野和其他保护区清单可在 https：//www. protectedplanet. net/en

上找到，并定期更新。

图 14 - 1　加利福尼亚州约翰·缪尔荒野麦克湖上方的小湖谷（简·理查森）来自维基共享
资源，CC BY - SA 3.0 https：//creativecommons. org/licenses/by - sa/3.0 来源于
https：//commons. wikimedia. org/wiki/File：Little _ Lakes _ Valley _ from _ above _ Mack _ Lake. jpg（见彩插）

　　就环境保护的可能性所引发的问题而言，地球上与月球最相似的陆地环境可能是南极洲，这是地球上唯一没有本地居民的大陆。有人呼吁从南极洲为外层空间吸取法律和政策经验（克雷斯特，2011；雷斯，2011）。1959 年，由当时活跃在南极的 12 个国家签署的《南极条约》生效（南极研究科学委员会 2020）。最初的条约随后增加了各种建议书、一项议定书和两项公约。现行《南极条约》中各项制度的主要目的是促进科学研究，搁置所有领土主张，并确保南极洲继续完全用于和平目的。截至 2019 年，该条约共有 53 个缔约国，其中 29 个（包括最初的 12 个签署国）拥有投票权。值得一提的还有，《南极条约》是在国际局势日益紧张之际制定的，是在"冷战期间"苏联和美国及其盟友之间达成的第一项军备控制协议。

14.4　空间环境伦理学

　　人类最初对待太空垃圾的态度似乎和对待海洋垃圾一样——只是简单假设太空、海洋浩瀚无比，我们对它几乎没有任何影响。然而，从 1957 年 10 月 4 日发射 Sputnik 1 号开始，所谓的"空间碎片"开始累积，该卫星在轨道上运行了几个月，然后又坠入地球大气

层。欧洲空间局空间碎片办公室使用统计模型估计，绕地球轨道运行的人造碎片物体中有
3.4 万个直径大于 10 cm，90 万个在 1~10 cm 范围内，1.28 亿个在 1~10 mm 范围内
（欧洲空间局，2021）。其中只有大约 20 000 颗（包括 2 500 多颗运行卫星）大到可以被追
踪，其余的因为变化的飞行路径无法避开，构成了危险因素。

　　空间碎片的来源包括废弃的航天器、丢失的设备、空间站故意丢弃的垃圾袋、助推火
箭以及反卫星武器试验的产物。与空间碎片碰撞造成的损害有小有大，小的只是划痕（可
能损害太阳能电池板、望远镜和照相机），大的则是大规模破坏。历史上首次卫星相撞大
事故发生在 2009 年 2 月 10 日，当时正在运行的 560 kg 商用通信卫星铱星-33 与已报废的
950 kg 俄罗斯军用通信卫星宇宙-2251 相撞。撞击的相对速度约为每小时 4.2 万千米，两
颗卫星瞬间解体，产生了数千块太空碎片。在 1978 年，NASA 科学家唐纳德·凯斯勒提
出了一种理论假设，后来被称为凯斯勒现象，指出碰撞产生的新碎片扩散引起级联效应，
会导致太空大量的物体（包括太空碎片）碰撞变得越来越频繁。在最糟糕情况下，这可能
会阻碍几代人的太空活动，包括卫星的使用。也许并不令人意外，有人呼吁制定一些类似
于评估陆地环境影响的程序，应用于管理太空环境（卡麦尔，2020）。

　　在早期研究中，探讨了空间探索对环境伦理的影响，哈特曼（1984）提出，新发现理
念提出了将采矿、精炼和制造业从地球长期转移到地球生态圈以外的可能性，可能会使地
球开始回归自然状态。然而，他也承认环保主义者对这种可能性的矛盾心理，许多人不相
信这种情况。有趣的是，他还写道："由于地球上的资源即将枯竭，我们可能要到 21 世纪
中叶才能进行太空探索，以缓解地球的环境问题。随后，工业基础可能太少，无法支持大
力空间探索和太空资源开发（哈特曼，1984：227）。"

　　最近，埃尔维斯和米利根（2019）提出了一个问题：我们应该把太阳系的多少地方
变成荒野。他们指出，人类不善于估计环境资源严重消耗的多长时间——海洋鱼类资源
和陆地各种不同资源，如泥炭、地下水和稀土金属的枯竭似乎证实了这一点。有限资源
的需求呈指数增长，受到其典型模式的影响，加剧了人类的这种局限性。因此，他们提
出了一条经验法则，即"作为一项固定政策，发展应限制在 1/8 以内，其余部分则应搁
置"（埃尔维斯和米利根，2019：574）。这个"1/8 原则"可能因有些武断而受到批评。
然而，历史的教训是，如果能够在早期阶段将原则写入国际条约，这些原则就能持久
有效。

　　用我们之前介绍的环境伦理语言来说，埃尔维斯和米利根的方法为太空环境保护提供
了重要的理由。其他作者要么基于内在理由进行论证，要么基于工具价值和内在价值进行
综合论证。也许施瓦茨（2020）提供了最持久的处理办法，他扩展了与其合作者米利根
（2014）提出的论点。施瓦茨的论点是基于对空间探索的工具价值和内在价值，主要关注
点是科学知识的生成及其理解。施瓦茨（2020）非常令人耳目一新的观点是揭示了空间探
索的一些标准论点。他认为，几乎没有证据表明在太空飞行上花钱会增加科学、技术、工
程和数学领域的毕业生数量；太空移民可能会导致不受欢迎的专制或极权政府；作为保护
人类的一种方式，空间定居点并不是迫切需要的，因为有更经济的方法可以做到这一点

（如改进小行星跟踪探测以避免碰撞，避免地球生态崩溃）。

施瓦茨仔细审查了保护地球免受来自太空的生命污染（逆向污染——参见《仙女座菌株》）和保护其他星体免受来自地球的生命污染（正向污染）的环境论据。他的大部分注意力都集中在正向污染上，他支持非地球生命具有内在价值的可能性，也支持即使没有非地球生命，也有理由保护太空环境的论点。基于霍尔姆斯·罗尔斯顿三世的论点，施瓦茨认为：

……我们不应该在假定已知太空环境中什么是有趣的、有价值的或值得保护的情况下，继续讨论行星保护的范围和理由……我们在太空探索中发现和学到的东西，将影响我们对什么感兴趣，对什么有价值……我们目前所需要的是对太空环境认识的增长而不是减弱（施瓦茨，2020：143-4）。

14.5　月球的特殊情况

目前，1967 年生效的《外层空间条约》规定了国际空间法的基本法律框架（包括月球开发）。该条约有 110 个缔约国，包括中国、印度、俄罗斯、美国以及大洋洲、欧洲和南美洲几乎所有国家。其要点是：禁止在太空放置核武器；月球和所有其他天体的使用仅限于和平目的；规定太空应可供所有国家自由探索和使用；主张任何国家不得对外层空间或任何天体主张主权（联合国裁军事务部，1967）。

然而，1967 年的《外层空间条约》对采矿等商业活动问题保持沉默。经过十年的谈判，1979 年达成了《月球协定》（联合国，1980），其中特别将月球及其自然资源视为"人类共同遗产"，并表示需要一个国际制度来管理月球资源的开发。然而，事实证明这种想法过于理想化。该条约只有 18 个缔约国，这意味着他们准备支持进一步拓展该条约的进程。至关重要的是，这并不意味着他们批准了该条约，并因此同意受其约束。印度虽然是签署国，但尚未批准该条约。中国、俄罗斯和美国甚至还没有走那么远，就已经明确表示，包括最近美国政府的行政命令，无意沿着这条路线走下去。就印度而言，有人呼吁完全退出《月球协定》（钦奈，2020）。联合国和平利用外层空间委员会（COPUOS）意识到制定原则的重要性，于 2018 年举行了一次高级别会议，试图就外层空间可持续发展的法律框架达成共识，但失败了（奥布赖恩，2019）。

在没有关于如何开发（或不开发）月球资源的国际协议的情况下，出现越来越多"狂野西部"的自由放任迹象也就不足为奇了。2020 年，时任美国总统签署了一项行政命令，支持在月球和其他地方采矿（沃尔，2020）。其中包括以下声明：

在符合适用法律的情况下，美国人应该有权从事对外层空间资源的商业探索、回收和使用。无论在法律上还是物理上，外层空间都是人类活动的独特领域，美国并不将它视为全球公共领域（福斯特，2020）。

在撰写本文时（拜登执政初期），美国计划在 2024 年进行 1 次载人（2 名宇航员中有

1 名女性）登月。此外，还计划从月球南极提取有价值的水冰沉积物。这些可用于在月球上制造火箭推进剂，作为月球经济的基础（林肯，2020）。所谓的《阿尔忒弥斯协议》——一套载人月球探索指南——只有八个国家（澳大利亚、加拿大、意大利、日本、卢森堡、阿拉伯联合酋长国、英国和美国）签署，俄罗斯表示该协议"过于以美国为中心"，因此不会签署（纽曼，2020）。

中国的探月活动正在扩展。中国探月项目是一系列正在进行的机器人月球探索任务，于 2007 年已经首次发射了嫦娥一号月球轨道飞行器。2019 年，嫦娥四号实现首次利用月球车对月球背面进行巡视（李，等，2019）。2017 年 11 月，中国与俄罗斯签署了月球和深空探测合作协议，戈斯瓦米（2018）认为中国探月的长期目标是满足其迅速增长的经济和能源需求。

事实上，利用现有技术，在月球或任何其他地外星球上采矿，以造福地球上的人类，在经济上可能是行不通的（克劳福德，2015）——就像深海采矿在最终开始发展之前被吹捧了几十年一样（在此过程中可能会造成相当大的环境破坏）。

然而，在月球上采矿很可能是为了宇航员的利益，最终造福于那里的居民。月球的岩石和尘埃通常含有 45％的氧（按质量计）。2020 年，英国的 Metalysis 公司获得了欧洲空间局的一份合同，研发将月球尘埃和岩石转化为氧气的技术（电化学），留下铝、铁、硅和其他成分供月球建筑工人使用。氧气本身可能用于呼吸或火箭推进系统。

此外，埃尔维斯等人（2021）强调了月球探索的环境伦理的必要性，他们指出，对于那些关注具有特殊价值且资源相对集中的人来说，月球上只有少数几个特别感兴趣（有开发价值）的区域。中央湾（Sinus Medii）是两个最适合安放月球升降机的地方之一（图 14－2）。如果对在月球上架设天文望远镜感兴趣，也会选择同样的地点。埃尔维斯等人得出结论："在这些地方，追求不兼容目标的不同参与者可能很快就会聚集在一起，互相干扰，使几乎所有参与者的处境都变得更糟。如果不采取积极措施来防止这些结果，月球参与者可能会遭受重大的机会损失。"来自中国、印度、日本、俄罗斯和美国等国家的至少 8 艘航天器将于 2024 年底飞往月球（维兹，2021）。

当然，地球上有历史的教训。因此，无论环境开发的伦理如何，人们都希望实用主义盛行，月球治理安排到位。此外，随着时间的推移，完全有可能出现一种新的月球文化，尤其在任何时候，月球上都有许多不同的种族群体出现。国际空间站的运行表明了，即使在国家之间地面紧张局势加剧的时候，国际竞争会如何发生。如果相互认识的宇航员处于危险之中或需要帮助时，这种合作尤其可能发生——国际合作在极端环境中尤为明显，这是值得关注的，例如在南极洲。这种合作有望为形成更正式的约定开辟路径。为了使一些读者放心，顺便说一句，已经有计划在月球上建立一个像 4G 一样的无线网络（可升级到5G），诺基亚公司在 2020 年为此获得了 1 400 万美元的研发合同（法新社，2020）。想必，我们有些人最终会拥有一个梦寐以求的@luna 电子邮件地址，@luna.edu 或可能以 lu 作为第一个行星邮件的后缀。

图 14-2　中央湾是月球升降机选址的两个理想位置之一，月球升降机是月球表面与太空对接端口之间的拟议转运系统（詹姆斯・斯图比基于 NASA 图像，公共领域，通过维基共享资源）

14.6　结 论

　　伴随着环境道德观的发展，仅仅通过联合国或其他一些现有的国际机构来建立一套管理月球活动的连贯的原则，这不太可能。所有迹象都表明，月球治理和环境道德观将是棘手的事情，需要审慎考虑，像在我们自己的家园地球上一样，要循序渐进。我们希望，未来十年计划中的多次登月任务将引起一种环境道德观的建立，这种道德观不仅仅基于短视的考虑，更将基于在道德哲学中利用各种传统进行深刻的伦理道德反思。此外，如果我们在太空中要持续存在下去，并帮助地球上的生命，那么最大限度的合作将是必要的。随着这种情况的出现，很可能将越来越多地推动更先进的合作机构。《阿尔忒弥斯协议》的某种发展有望形成一项条约，该条约可以由所有航天国家签署、批准和颁布，而不是像《南极条约》那样仅由所有直接参与该条约的国家签署、批准和颁布。

参 考 文 献

［1］ Bentham，J. (1789/1970). An introduction to the principles of morals and legislation，ed. by J. H Burns and HLA Hart. Oxford：Clarendon Press.

［2］ Brennan，A. ，& Lo，Y. S. (2020). Environmental ethics. In E. N. Zalta (Eds.)，The Stanford encyclopedia of philosophy. https：//plato. stanford. edu/archives/win2020/entries/ethics – environmental/.

［3］ Chennai，M. R. (2020). Why India should exit the Moon Agreement. The Hindu Business Line. 20 May. https：//www. thehindubusinessline. com/news/science/why – india – should – exit – the – moon – agr eement/article31634373. ece.

［4］ Curry，S. ，Mullins，D. A. ，& Whitehouse，H. (2019). Is It good to cooperate? Testing the theory of morality – as – cooperation in 60 societies. Current Anthropology，60 (1)，47 – 69.

［5］ Crawford，I. A. (2015). Lunar resources：A review. Progress in Physical Geography：Earth and Environment，39 (2)，137 – 167.

［6］ European Space Agency. (2021). Space debris by the numbers. https：//www. esa. int/Safety _ Security/Space _ Debris/Space _ debris _ by _ the _ numbers.

［7］ Elvis，M. ，& Milligan，T. (2019). How much of the solar system should we leave as wilderness? Acta Astronautica，162，574 – 580.

［8］ Elvis，M. ，Krolikowski，A. ，& Milligan，T. (2021). Concentrated lunar resources：Imminent implications for governance and justice. Philosophical Transactions of the Royal Society A，379，20190563. https：//doi. org/10. 1098/rsta. 2019. 0563.

［9］ Foust，J. (2020，April 6). White house looks for international support for spaceresource rights. SpaceNews. https：//spacenews. com/white – house – looks – for – international – support – for – space – resource – rights/.

［10］ France – Presse，A. (2020，October 20). Talking on the moon：Nasa and Nokia to install 4G on lunar surface. The Guardian. https：//www. theguardian. com/science/2020/oct/20/talking – on – the – moonnasa – and – nokia – to – install – 4g – on – lunar – surface.

［11］ Goswami，N. (2018). China in space：Ambitions and possible conflict. Strategic Studies Quarterly，12 (1)，74 – 97.

［12］ Hartmann，W. K. (1984). Space exploration and environmental issues. Environmental Ethics，6 (3)，227 – 239.

［13］ Kelbessa，W. (2005). The rehabilitation of indigenous environmental ethics in Africa. Diogenes，52 (3)，17 – 34.

［14］ Kerrest，A. (2011). Outer space as international space：Lessons from Antarctica. In P. A. Berkman，M. A. Lang，D. W. H. Walton，&O. R. Young (Eds.)，Science diplomacy：Antarctica，science，and the governance of international spaces (pp. 133 – 142). Smithsonian

Institution Scholarly Press.

[15] Krabbe, E. C. W. (2010). Arne Nñss (1912 - 2009). Argumentation, 24, 527 - 530.

[16] Kramer, W. R. (2020). A framework for extraterrestrial environmental assessment. Space Policy, 53, 101385.

[17] Leopold, A. (1949). A sand county almanac. Oxford University Press.

[18] Li, C., Wang, C., Wei, Y., & Lin, Y. (2019). China's present and future lunar exploration program. Science, 365 (6450), 238 - 239.

[19] Milligan, T. (2014). Nobody owns theMoon: The ethics of space exploitation. Jefferson: McFarland & Co.

[20] Newman, C. (2020, October 19). Artemis Accords: Why many countries are refusing to sign Moon exploration agreement. The Conversation. https: //theconversation. com/artemis - accordswhy - many - countries - are - refusing - to - sign - moon - exploration - agreement - 148134.

[21] Norman, Z. (2020, February 11). Conservation v colonisation: The ethics of a human presence in space. APEX talk delivered at University College London. https: //mediacentral. ucl. ac. uk/Play/ 22303 (video recording), http: //zibanorman. co. uk/ZibaNorman - Conservation - vs - Colonisation. pdf (text).

[22] O'Brien, D. C. (2019, January 21). Beyond UNISPACE: It's time for the Moon treaty. The Space Review. https: //www. thespacereview. com/article/3642/1Page, R. (1996). God and the web of creation. SCM.

[23] Race, M. S. (2011). Policies for scientific exploration and environmental protection: Comparison of the Antarctic and Outer Space Treaties. In P. A. Berkman, M. A. Lang, D. W. H. Walton, & O. R. Young (Eds.), Science diplomacy: Antarctica, science, and the governance of international spaces (pp. 143 - 152). Smithsonian Institution Scholarly Press.

[24] Rewilding Britain. (2021). Reintroductions and bringing back species. https: //www. . rewildingbritain. org. uk/explore - rewilding/ecology - of - rewilding/reintroductions - and - bringing - back - species.

[25] Rincon, P. (2020, September 22). NASA outlines plan for first woman on Moon by 2024. BVC News. https: //www. bbc. co. uk/news/science - environment - 54246485.

[26] Rolston, H. (1975). Is there an ecological ethic? Ethics, 85, 93 - 109.

[27] Sample, I. (2020, November 9). UK firm to turn moon rock into oxygen and building materials. The Guardian. https: //www. theguardian. com/science/2020/nov/09/uk - firm - to - turn - moonrock - into - oxygen - and - building - materials.

[28] Schwartz, J. S. J. (2020). The value of science in space exploration. Oxford University Press. Scientific Committee on Antarctic Research. (2020). The Antarctic treaty system. https: // www. scar. org/policy/antarctic - treaty - system/.

[29] Singer, P. (1975). Animal liberation: A new ethics for our treatment of animals. HarperCollins.

[30] Smith, F. A., Elliott Smith, R. E., Lyons, S. K., & Payne, J. L. (2018). Body size downgrading of mammals over the late quaternary. Science, 360 (6386), 310 - 313.

[31] Stone, C. D. (1972). Should trees have standing? Southern California Law Review, 45, 450 - 501.

[32] Szocik, K., Norman, Z., &Reiss, M. J. (2020). Ethical challenges in human space missions: A space refuge, scientific value, and human gene editing for space. Science and Engineering Ethics, 26,

1209 - 1227.

[33] Taylor, P. W. (1986). Respect for nature: A theory of environmental ethics. Princeton University Press.

[34] United Nations for Disarmament Affairs. (1967). Treaty on principles governing the activities of states in the exploration and use of outer space, including the Moon and other celestial bodies. http: //disarmament. un. org/treaties/t/outer _ space/text.

[35] United Nations. (1980). Agreement governing the activities of states on the Moon and other celestial bodies. New York: United Nations. https: //treaties. un. org/doc/Treaties/1984/07/19840711% 2001 - 51%20AM/Ch _ XXIV _ 02. pdf van Lawick - Goodall, J. (1971). In the shadow of man. Collins.

[36] Wall, M. (2020, April 6). Trump signs executive order to support moon mining, tap asteroid resources. Space. com. https: //www. space. com/trump - moon - mining - space - resources - executiveorder. html.

[37] Witze, A. (2021). Will increasing traffic to the Moon contaminate its precious ice? Nature, 589, 180 - 181.

第 15 章 早期月球居民的环境和职业行为准则：建立未来地球外定居点的指导方针

埃维·肯德尔

摘 要 月球定居有可能减轻地球上人口过多造成的环境影响，并为研究和采矿提供机会，同时也需关注月球及其未来居民的职业安全和环境保护。月球是否应该作为未来人类的旅游胜地，特别是阿波罗登月地点是否应该被视为文化遗产，这一问题反映了人们对适当使用天体的共同关切。而《外层空间条约》（联合国外层空间事务办公室，1967 年关于各国探索和利用包括月球和其他天体在内的外层空间活动原则的相关条约可在线查阅 https：//www. unoosa. org/oosa/en/ourwork/spacelaw/treaties/introouterspacetreaty. html）明确表示，月球不得由个人或国家侵占。在定居点开始形成之前，可接受的商业和住宅用途的边界仍需进一步讨论。这将包括关于使用月球任何采矿设施的工人权利和安全标准的考虑，在地外定居点出生的儿童的公民身份问题，以及居住在月球定居点的人是否应该优先考虑从月球获得自然资源。本章将使用传统和推测性的生物伦理框架来考虑这些问题。

15.1 简介

月球定居有可能减轻地球上人口过多对环境的影响，并为研究和采矿提供机会，同时也需要人们考虑关于月球及其未来居民的职业安全和环境保护的问题。无论是出于内在价值，还是出于对未来太空旅游的商业潜力，月球景观是否应该得到保护的问题，反映了对适当使用天体的共同关切。虽然《外层空间条约》（1967）明确规定，月球不得由个人或国家的侵占，但可接受商业和住宅使用的边界需要在定居点形成之前进行进一步的伦理-法律讨论。本章将探讨建立人类月球定居点的一些原因，并考虑如何在与世隔绝的环境中提升工人的权利和职业安全。然后，将简要探讨未来在月球定居点出生的儿童的公民身份和就业问题，以及居住在月球栖息地的人是否应该优先从月球获得任何自然资源，基于他们独特的脆弱性和依赖性，以及资源与采集者在精神和物质上的亲密关系。

15.2 为什么去月球？

考虑在制定月球定居的相关行为准则之前，要问的第一个问题是：人类是否应该重返月球？公众和私人企业可能会重视太空探索和月球定居，而不是科学探索，这有很多原因，包括月球表面存在许多有用的自然资源。月球岩石和土壤的组成已经众所周知，可以从月球上提取的资源包括氧、硅、氢、氮、铝、铁、钙和镁等（埃勒里，2020；霍夫施塔特，1994）。这些有用资源以自然或熔合的形式存在，人们普遍认为，在局部区域利用这些资源将极大地提升未来人类定居月球的可行性（克劳福，2015）。月球风化层中还发现了各种稀土元素，如果可回收，可能会增加采矿作业的商业可行性（埃勒里，2020）。月球上水冰的发现进一步激发了关于建立有利可图的月球经济的讨论，月球上的氢和氧产品有可能满足生命支持系统和燃料需求（柯尔努塔，等，2019）。空间资源对地球经济的潜在经济价值的估计差异很大，索尔斯和德雷尔（2019）声称，"地月空间的强劲商业经济"可以"在21世纪为地球经济增加数万亿美元"。对大多数人来说，月球表面或附近小行星和彗星的勘探和采矿成本，是建立一个具有商业可行性的月球基地的限制因素，需要进一步研究具有成本效益的资源开采和矿物加工方法，以满足未来任何月球定居点的资源需求（塞莱斯，等，2020；普勒奇，等，2019）。

　　除了自然资源外，月球的旅游目的地还因其提供的独特的研究机会而具有吸引力。这些研究一般包括宇宙学和空间科学领域，也包括医学科学和天体生物学的特定领域，如探索重力对生物系统的影响（ISECG，2017）。至于为什么人类应该回到月球，后续可能需要进一步的研讨。一些人认为，航空航天医学的进步和对开发地外生命支持系统的研究，并不能成为进行月球探索的令人信服的理由，因为只要我们待在地球上，就可以避免此类研究的"需要"。正如科克雷尔（2010）所指出的：

　　"在此之前已经指出，许多在月球天体生物学中被认为是重要的东西，如开发生命支持系统，是同义同源的。从某种意义上说，如果我们不去月球，首先就不需要在月球上测试这些技术。"

　　科克雷尔简要介绍了未来可能给月球探索和定居带来极大帮助的另外两个重要的研究领域：一是了解月球对地球生态系统的影响以及星球上生命的出现，二是研究极端温度电离辐射和重力改变的影响。这可能与其他空间环境有关，但也可能用于预测极端气候变化对地球的影响。国际空间探索协调小组（ISECG）在2017年发布的一份白皮书中还指出，月球上的远观存在可以为观测这种气候变化提供便利。有朝一日，在月球上建立人类定居点还可能减轻由于人口过剩而造成的气候变化对陆地的影响，并防止由于地球资源开采而导致的环境进一步恶化。我们也可以想象，随着国内外就业机会的减少，月球定居点将成为经济难民的避难所。然而，后一点带来了许多伦理问题，需要作为对月球工作条件的职业健康和安全分析的一部分加以探讨，因为地外就业可能会加剧雇员与其服务的公司之间的脆弱性。

15.3　工人权利、安全与受剥削的风险

　　鉴于工人的权利就是人权（OHCHR，2016），驻扎在地外定居点的研究人员和采矿工人应该与地球上的同行享有同样的权利和保护，这似乎是一个合理的出发点。然而，考虑到月球环境作为一个潜在工作地点的复杂性，由于这种环境对人类健康造成的独特威胁，确保平等的保护是不够的。在失重状态下工作不仅与肾损伤、心血管变化和免疫功能受损有关，还与骨丢失、肌肉萎缩、骨质疏松和其他问题有关（布拉伯，等，2010；曼

恩，等，2019；乌利和海温，2005）。太空旅行的隔离和压力，加上宇航员有限的娱乐选择，也被证明会影响心理健康、睡眠和认知表现（马努斯可，等，2014）。此外，暴露于高水平的宇宙辐射与生育和感觉丧失有关。因此，未来的月球劳动可以被视为职业伤害的高风险，有必要制定更严格的工作场所安全标准，以保护工人的身心健康。然而，从后勤上讲，为外星球的工人提供同等水平甚至更高的职业健康和安全并非易事，这需要进行详细的成本效益分析，作为首先证明建立这样一支劳动力队伍所进行的尝试的一部分。毕竟，如果发现为月球工人提供与地球工人同等水平的基本安全保障的成本高得令人望而却步，这就成了一个公平的问题，即地球以外的工人可能会处于不公平的不利地位，虽然在地球上，暴露在工作场所的危险并不少见，但出于令人信服的道德原因，限制或禁止一些特别危险的雇佣行为（见雷斯尼克，2019），对于月球工人来说，风险规模和普遍性使这种情况变得独特。其中一些问题以及它们可能赋予外部雇主的相关责任已在其他地方详细讨论（绍西克和武伊托维奇，2019；肯德尔，2020；绍西克，等，2019），因此，本节将考虑月球员工在其行业可能面临的社会危害，而不是关注潜在的生理和心理风险。

在地球上，有偿就业往往受到高度重视，因为它带来了许多社会福利，而不仅仅是收入保障。考虑到失业的共同后果，最好认识到这些问题：较差的健康结果、身份和自尊的丧失以及减少的社会机会（桑德斯，2002）。因此，在雇员和提供就业福利的雇主之间已经存在着一种权力失衡，这种失衡可能会进一步加剧，例如，在雇主资助的美国医疗保险计划中，需要继续就业才能获得医疗或人寿保险。然而，如果我们考虑月球上的劳动力，对雇主提供的资源依赖可能会延伸到生存栖息地和氧气供应——也就是工人呼吸的空气！生活在地外世界的独特脆弱性使得未来的月球工人特别容易受到剥削，尤其是考虑到如果一个员工想要离开某一职位或公司，可能没有其他可用的就业来源。例如，月球上的矿工可能会感到被迫工作或劳动时间不合理，因为如果他们被拒绝获得公司的资源，将没有其他方法来维持生计。考虑到使用太阳能为月球上的商业和住宅服务供电的地理限制，很可能居住安排将与工作地点紧密联系在一起，为了保持月球栖息地的可持续性，将需要大规模的采矿作业（塞莱斯，等，2020）。最值得注意的是，这将涉及开发可靠的系统，从月球风化层生产高产量氧气（拉普，2013）。家庭和工作空间的重叠以及工人依赖雇主提供的基本资源，如果工作场所关系恶化，可能会使月球雇员处于不稳定的状况，使他们没有权利要求遵守安全标准或在必要时改善工作条件。对举报人保护法的审查以及对地球上采矿和矿产公司的反报复条款的需要，为地球以外的采矿员工描绘了一幅令人担忧的画面。那里距离监管机构可能太远，无法对不安全和（或）剥削性的工作做法起到威慑作用。

如果工人担忧在月球上工作将会遭遇的安全问题，再加上一旦居住在月球定居点，缺乏真正的替代就业选择，月球工人面临严重的不良影响，这表明需要强有力的法律保护所有签署在地外工作合同的公民。还需要建立严格的知情同意程序，以确保未来的工人意识到在空间环境中工作的职业危害，以及他们作为雇员的权利，尽可能免受这些危害（肯德尔，2020）。在允许任何载人商业企业在月球上运营之前，需要对任何未能履行对员工的职责或不遵守安全标准的公司进行严厉惩罚，此外还需要确定哪些国际机构将负责实施这些惩罚。随着当前公众和私人企业对空间探索和月球资源开采兴趣的剧增，包括马斯克的SpaceX 和以色列的非营利公司 SpaceIL（吉布尼，2019），是时候确保这种伦理法律保护在人类定居地外之前得到坚决的执行。然而，即使是这些指导方针可能也不足以应对月球劳动力特有的脆弱性，特别是因为在这种情况下，这不仅是实际存在的不利条件和剥削，这是一个伦理问题，同时，工人们对报复的洞察和恐惧可能会削弱他们保护自身利益的能力。换句话说，公司是否会威胁要惩罚一名员工，把他们从月球基地的雇主提供的住房中驱逐出去，就不那么重要了，要使这种情况成为潜在的胁迫，这样做就足够了。

当考虑到上述所有在地外环境中保护工人权利和条件的道德挑战时，出现了一些可能的解决方案。首先是要求所有工作合同都在地球上商定，确保工人抵达月球定居点后雇主不能再修改合同，增加一些不利于工人的条款，如延长工作时间和降低工资等。这还需要在地球上建立一个独立的监管机构来裁决分歧，并提供定期的审计服务，以确保合规。考虑到月球定居点提供的通信设施可能有限，还需要创建匿名报告工作场所虐待事件或安全地与地球上的行业联络人联系的方法。在这里，月球工人的独特脆弱性再次显现出来，不难想象这样一种场景：雇主控制着地外定居点的通信能力，这使得工人很难联系到监管机构。全球劳工权利的文化和国家标准存在巨大差异，这意味着拟议中的监管机构将需要有不同的国际代表和内部商定的统一标准。联合国经济及社会理事会是帮助制定这些标准的一个可能备选机构。有人可能会说，与地球上劳工权利的不一致否定了在地外应用这样一个标准的必要性，然而，在全球范围内改善更多受剥削工人的条件已经是我们在道德上应该做的事情。康德的原则"应该意味着可以"对太空环境尤其有意义，因为我们可以选择在任何月球劳动力形成之前建立严格的保护，从而避免当前想要改善工作条件的员工面临的事后重新谈判的障碍。为地外定居点制定的国际标准也有可能促进地球上受剥削工人的利益。然而，这类保护是否在地外推行，将取决于政治意愿，因为企业不太可能有动力自己推广这些保护措施，尤其是考虑到其中涉及的巨大开支。

一项旨在避免剥削月球劳动力的更实质性的承诺，将包括由公司承担为每一位潜在员工提供保证返回地球的"返程费"。根据商业企业的范围及其运输途径的不同，后者的费用可能高得令人望而却步或不切实际。然而，如果员工的处境发生变化，那么返回地球的权利可能是保护员工免受某些形式的虐待的唯一途径。另一种选择可能是建立一个社会福利系统，在月球定居点运行，这样所有居民都能保证获得他们的基本生存需求，无论就业状况如何。这样的企业可以由在月球定居点运营的公共和私人公司提供所需的资金，因为不太可能有足够大的工人基础来通过税收方式维持这个系统，至少在早期阶段是这样。

抛开采矿，考虑到月球科学家和其他研究人员的处境，上面提到的限制措施可能同样会保护劳动力群体免受剥削。然而，在医学研究的情况下，研究参与者还有其他需要解决的问题。想象这样一个场景：一个在月球工作的雇主资助在月球重力环境下工作对生产力的影响研究，要参加这样的项目，员工可能会因为与上述工作条件有关的原因而感到有压力。因此，为了研究的目的，建议将月球定居点的居民视为脆弱和受限制的人口。这将对该人群进行的研究种类进行一定的限制，通常要求研究带来的利益与该群体直接相关（见2018 年《NHMRC》或类似的国家关于人类研究的指导文件）。同样，这可能需要在太空旅行开始之前就如何参与研究进行协商，以促进研究参与者之间的自主决策。与所有医学研究一样，必须表明如果拒绝参加某项研究试验或调查项目不会导致偏见或得不到医疗保健。在医疗设施必然受到限制的情况下（可能只有一个月球医疗设施），而且医疗服务提供者和医疗研究人员的角色可能会有些重叠时，这一点就显得尤为重要。

15.4　保护与榨取和挪用问题

在为地球以外的人类居住区制定指导方针时，另一个伦理考虑涉及对空间环境的潜在义务，在本例中是对月球的义务。保护月球不受过度开采的影响，或者让它在没有人类干预的情况下继续发展，这在伦理上是否有必要？一些人猜测，这种发展可能在许多代人的时间内产生生命的迹象。爱丽丝·戈尔曼在空间考古学方面的工作还提出，将阿波罗着陆地点等地作为文化遗产保存下来，供子孙后代享用，可能是一种道德义务（戈尔曼，2021）。至少，为了保护环境，对在月球上的公共和私人活动设置一些限制似乎是公平的。考虑到劳尼厄斯所称的登月的"神话意义"以及许多人与月球和人类太空探索历史的浪漫联系，破坏月球表面重要文化地标的风险也值得注意（劳尼厄斯，2012）。许多涉及月球的商业利益集中在资源开采、货物运输或游客，所有这些都以破坏月球环境为代价（道森，2012）。把环境影响报告作为任何月球工业项目的必要组成部分的提议，似乎是一个适度的要求。一个更大胆的保护策略可能还要求企业有积极的义务，采用破坏性最小的方式开展业务，即使这涉及效率的牺牲，并表明将如何避免对月球环境造成不必要的损害。还需要执行废物管理政策，以防止月球成为工业废物或公司的垃圾场，进一步加剧当前的空间碎片问题（戈尔曼，2021）。

在开采主义者对资源开采的关注中，最核心的伦理问题是资源占用。《外层空间条约》（1967）明确规定，月球和其他天体不能被侵占，即它们不能被任何国家或公司"拥有"。在月球或小行星上采矿是否构成违反这一原则的行为？这一点存在重大分歧，如果是这样，条约的这一内容是否需要修改，使之更接近于在这一范围之外对财产权的共同看法。如果鼓励公司通过采矿、研究和旅游从事空间经济，情况尤其如此。法律学者霍夫施塔特（1994）声称，条约中关于空间是"全人类的领地"的措辞的起源通常被认为与罗马人的res commut 概念有关，res commut 是一种"自由进入和使用共同体共有财产的权利，而不是所有权的权利"。接下来的问题是，为了维持一个月球定居点而进行的采矿，是应该被认为是"使用"月球资源或被认为是"挪用"月球资源。当然，在考虑不可再生资源时，这一点尤其重要。霍夫施塔特（1994）声称，在《外层空间条约》中，诸如"职责范围""共同遗产"和"公平分享"资源在平等意义上的确切含义模糊不清，阻碍了私人对月球采矿的投资。很少有国家有关于太空私人采矿的具体政策，但美国和卢森堡已经立法规定，公司有权保留他们开采的任何太空资源（福斯特，2016）。这一立场受到了许多其他国家的批评，洛施（2019）将其作为一个主要例子，说明为什么我们需要共同制定一种"地球可持续性伦理规范"，以防止对空间探索和扩张采取"狂野西部"的态度。这也引出了本章伦理考虑的最后一点——谁应该优先使用月球的资源，这对月球居民的后代有什么影响？

15.5　对月球居民和后代的影响

想象未来在人类建立的月球定居点上从事大规模的采矿和月球研究是地球上产生重大经济效益的项目，并不难预测未来会有这样一个分歧：从月球获得的资源应该集中存放在哪里。鉴于月球工人面临的职业风险增加，有一种令人信服的观点认为，月球工人活动的利益应该分配给他们自己和他们的直接社区，而不是地球上遥远的股东。而宜居住宅的维护无论从伦理上还是实践上对月球上的工人来说是持续需要的，来自月球的获利首先应该致力于改善生活条件，而不是增加公司的利润。换句话说，如果其他人从月球劳动力中赚取了可观的利润，那么仅为月球劳动力提供基本的生存必需品是不够的。当考虑到一种稀有元素在月球定居点和地球上都有很高的需求时，事情变得更加复杂。在这种情况下，谁的利益应占上风？假设有一种经济有效的运输方式，也许会有更多的人通过把资源送到地球而受益，但月球居民是否因为他们离地球很近，并参与到回收中来，就对这种元素拥有更高的权利呢？

要回答这些假设，需要了解道德亲密的概念。在传统的生物伦理学中，这一理论与特定的"拯救"附近有危险的人的"义务"有关（米勒，2004）。这个理论允许我们在援助对象上有一定程度的偏袒，在道义上，在某些情况下，更倾向于近在咫尺的人。例如，帮助一个需要帮助的家庭成员或照顾一个在我们前面的街道上摔倒的孩子是强烈的道德责任，相比之下，向一个关注距离我们非常遥远的陌生人需求的国际慈善机构捐款是较弱的责任。在伦理决策中考虑道德亲密性的论点与促进道德公正和平等对待所有需求的伦理理论相冲突。在一场关于资源的辩论中，道义上的亲密关系将证明，资源首先应该提供给月球定居点的那些需要的人，因为这些人与资源开采相关的人在社会和地理上十分接近。亲密伦理学优先考虑那些我们已有关系的人的道德责任，优先考虑那些与我们有直接交际的人，甚至以牺牲那些可能更需要的人的利益为代价（米尔沃德，2003）。采用这种方法来解决月球定居点和地球上的公司之间的资源争端将进一步有助于避免剥削地外的工人，确保只有那些超出定居点维护和有针对性的扩张所需的资源才输出。

虽然上面提到了月球工人未来的孩子们拥有维持他们在定居点生存所必需的资源，但对于月球居民的后代来说，另一个需要考虑的问题是他们是否可以被认为有权利返回地球。特别是考虑到外太空有限的就业机会。联合国《救援协定》（1967）要求各方在自己或无人认领区向遇险的宇航员提供切实的援助，一旦人类定居点开始在地外形成，该协议的局限性也可能受到考验。例如，如果一个月球工人或他们的家人在月球基地发生事故，哪些相关方可能有义务提供援助？月球工人的孩子很可能会和他们的亲生父母一样拥有地球公民身份，然而，我们还需要关于星际往返的明确法律。还有一个问题是建立多代公民协议，以及月球人类定居点是否应该被允许发展自己的民族身份。确定对地外工人子女的具体道德义务，包括是否所有人都可以被认为拥有在我们的地球上居住的固有权利，而不论出生在哪里，仍然是一个开放的辩论领域。

15.6　结 论

从职业健康和安全的角度来看，在月球环境中工作，面临许多方面的挑战。但是，通过人类在月球定居点形成之前确定各方的权利和责任，就有可能防止或减少对月球工人的各种伤害，包括剥削，并努力保护和维护月球环境。鉴于这一工人群体的独特脆弱性，以及空间环境对人类健康和福祉的潜在危害，现在应该制定严格的伦理法律要求，以保护未来地外工人的利益。

参 考 文 献

［1］ Blaber, E., Marñal, H., & Burns, B. P. (2010). Bioastronautics: The influence of microgravity on astronaut health. Astrobiology, 10 (5), 463 – 473.

［2］ Cilliers, J. J., Rasera, J. N., & Hadler, K. (2020). Estimating the scale of Space Resource Utilisation (SRU) operations to satisfy lunar oxygen demand. Planetary and Space Science, 180, 104749.

［3］ Cockrell, C. S. (2010) Astrobiology—What can we do on the moon? Earth, Moon, Planets, 107, 3 – 10.

［4］ Crawford, I. A. (2015). Lunar resources: Areview. Progress in Physical Geography, 39 (2), 137 – 167.

［5］ Dawson, L. (2012). The politics and perils of space exploration: Who will compete? Who will dominate? Springer.

［6］ Ellery, A. (2020). Sustainable in – situ resource utilization on the moon. Planetary and Space Science, 184, 104870.

［7］ Foster, C. (2016). Excuse me, you're mining my asteroid: Space property rights and the U. S. space resource exploration and utilization act of 2015. Journal of Law, Technology & Policy, 407 – 430.

［8］ Gibney, E. (2019). First private Moon lander sparks new lunar space race. Nature, 566, 434 – 436.

［9］ Gorman, A. (2021). Dr Space Junk vs. the universe: Archaeology and the future. Cambridge: MIT Press.

［10］ Hoffstadt, B. M. (1994). Moving the heavens: Lunar mining and the common heritage of mankind in the Moon Treaty. UCLA Law Review, 42 (2), 575 – 621.

［11］ Kendal, E. (2020). Biological modification as prophylaxis: How extreme environments challenge the treatment/enhancement divide. In K. Szocik (Eds.), Human enhancements for space missions (pp. 35 – 46). Cham: Space and Society, Springer.

［12］ Kornuta, D., Abbud – Madrid, A., Atkinson, J., Barr, J., Barnhard, G., & Bienhoff, D., et al. (2019). Commercial lunar propellant architecture: A collaborative study of lunar propellant production. Reach, 13, 100026.

［13］ Launius, R. D. (2012). Why go to the moon? The many faces of lunar policy. Acta Astronautica, 70, 165 – 175.

［14］ Losch, A. (2019). The need for an ethics of planetary sustainability. International Journal of Astrobiology, 18 (3), 259 – 266.

［15］ Mann, V., Sundaresan, A., Mehta, S. K., Crucian, B., Doursout, M. F., & Devakottai, S. (2019). Effects of microgravity and other space stressors in immunosuppression and viral reactivation with potential nervous system involvement. Neurology India, 67 (2), S198 – 203.

［16］ Marušič, U., Meeusen, R., Pišot, R., & Kavcic, V. (2014). The brain in micro – and hypergravity：The effects of changing gravity on the brain electrocortical activity. European Journal of Sport Science, 14 (8), 813 – 822.

[17]　Miller, R. W. (2004). Moral closeness and world community. In D. K. Chatterjee & D. Maclean (Eds.), The ethics of assistance：Morality and the distant needy (pp. 101 – 111). Cambridge：University Press.

[18]　Myhrvold, T. (2003). The exclusion of the other：Challenges to the ethics of closeness. Nursing Philosophy, 4, 33 – 43.

[19]　National Health and Medical Research Council (NHMRC). (2018). The national statement on ethical conduct in human research (2007) – Updated 2018. https：//www. nhmrc. gov. au/about – us/publications/national – statement – ethical – conduct – human – research – 2007 – updated – 2018.

[20]　Pelech, T. M. , Roesler, G. , & Saydam, S. (2019). Technical evaluation of Off – Earth ice mining scenarios through an opportunity cost approach. Acta Astronautica , 162, 388 – 404.

[21]　Rapp, D. (2013). Use of extraterrestrial resources for human space missions to Moon or Mars (2nd ed.). Springer.

[22]　Resnik, D. B. (2019). Occupational health and the built environment：Ethical issues. In A. C. Mastroianni, J. P. Kahn, &N. E. Kass (Eds.), Oxford Handbook of Public Health Ethics (pp. 718 – 727). Oxford University Press.

[23]　Saunders, P. (2002). The direct and indirect effects of unemployment on poverty and inequality. Australian Journal of Labour Economics, 5 (4), 507 – 529.

[24]　International Space Exploration Coordination Group (ISECG). (2017). Scientific opportunities enabled by human exploration beyond low – earth orbit：An ISECG white paper. Noordwijk：European Space Research and Technology (ESTEC).

[25]　Sowers, G. F. , & Dreyer, C. B. (2019). Ice mining in lunar permanently shadowed regions. New Space, 7 (4), 235 – 244.

[26]　Szocik, K. , Campa, R. , Rappaport, M. , & Corbally, C. (2019). Changing the paradigm on human enhancements：The special case of modifications to counter bone loss for mannedMars missions. Space Policy, 48, 68 – 75.

[27]　Szocik, K. , & Wójtowicz, T. (2019). Human enhancement in space missions：From moral controversy to technological duty. Technology in Society , 59, 101156.

[28]　United Nations Human Rights Office of the Commissioner (OHCHR). (2016). Statement by Maina Kiai, Special Rapporteur on the rights and freedom of peaceful assembly and of association at the 71st session of the general assembly. https：//www. ohchr. org/en/newsevents/pages/DisplayNews. aspx? NewsID＝20727&LangID＝E.

[29]　United Nations Office for Outer Space Affairs (UNOOSA). (1967). Treaty on principles governing the activities of states in the exploration and use of outer space, including the Moon and other celestial bodies. https：//www. unoosa. org/oosa/en/ourwork/spacelaw/treaties/introoutersp acetreaty. html.

[30]　Uri, J. J. , & Haven, C. P. (2005). Accomplishments in bioastronautics research aboard International Space Station. Acta Astronautica, 56, 883 – 889.

第 16 章 地球以外的科学与信仰

克里斯托弗·伊姆佩

摘　要　生活在另一个星球的移民者在物理上与他们出生的星球分离，生活在一个高度管理的人工环境中，为了各项实验成功，他们将面临巨大的压力。月球移民者将为此付出数年甚至终生。地球上唯一能与月球移民地的隔离状态相比较的是供科考人员越冬的南极科考站，或者是可供宇航员生活一年或更久的国际空间站。本章讨论宗教信仰对未来月球移民地的影响。移民者的选拔将根据其特殊技能、团队合作意愿和处理应激的能力来进行。对移民地的资助可能会只针对一个群体，比如一个国家的公民或仅仅是科学家。但移民者更有可能体现出性别、国籍、职业、种族和信仰的多样性。在非常恶劣的环境中建立一个自给自足的栖息地，对移民者的技术和技能有很高要求，因此人们还认为，选拔移民者时偏向于科学家和工程师群体。掌握一定程度的技术技能将是首批移民者具备的必要条件。在这种背景下，考虑信仰和宗教在未来月球居民生活中可能扮演的角色，这非常有趣。

16.1　科学和信仰的概况

信仰是一个通用术语，表示对某人、某事或概念的信任或信心，它与科学的区别在于，不需要任何证据或证明来支持。月球移民者将依靠科学在月球上生存，但许多月球居民可能依赖于他们的信仰来维持其远离地球生活的动机，信仰是一个微妙的概念。信仰有许多变量，包括生存信心、对"上帝"揭示的具体真理的理解，相信"上帝"和相信"上帝"的存在，以及源于相信"上帝"存在的实际承诺等（毕晓普，2016）。信仰可以适用于一个社区及其共同的宗教实践，或者适用于那些有自己的精神修养的人。宗教被定义为一群人的行为和实践的社会文化系统，这些人拥有某些超自然的和卓越的信仰。对于什么是宗教，学术上还没有达成共识（农布里，2013），但是，计划建造月球移民地的人将必须满足移民者的宗教和精神需求，就像必须满足他们的锻炼和娱乐需要一样。针对远离地球的移民者来说，与宗教相关的是指导道德决策的方式，它可以提供意图和目的的方式，及其要求从业者的仪式。专家也可能需要指导各种宗教活动。

科学在本质上是国际化的，科学的方法在所有学科和国家都被普遍接受，其成功取决于透明度和信息的自由流动。英语是科学领域的通用语言，即使发展中国家创建了自己的科学企业，跨国主义的吸引力也掩盖了沙文主义的趋势（克劳福德，等，1993）。科学是一种利基职业，2013 年，全球约有 800 万名科学研究人员（联合国教科文组织，2015），相比之下，宗教信仰是无处不在的，种类也因地理和文化而有所不同，世界上超过 80% 的人口有一种宗教隶属，每一种主要宗教都分散在许多国家，尽管印度教徒、穆斯林教徒和佛教徒集中在亚洲（皮尤研究中心，2012）。值得记住的是，没有宗教隶属的数十亿人构成了第三大群体，人数仅次于基督徒和穆斯林教徒。

　　具有宗教信仰的趋势很重要，因为月球移民者将主要来自一群还没有出生的人，宗教在全球范围内都在衰落，尤其是在过去的几十年里。在世界范围内，随着社会的发展，生存变得更加可靠，随着预期寿命的延长，人们感到更有安全感，往往变得不那么虔诚。在全球范围内，总体人口预计将在 2040 年左右达到峰值（皮尤研究中心，2015）。在美国，无宗教信仰的发展趋势尤为强烈，在 20 世纪 50 年代太空时代的初期，只有 2％的美国人不信教。这一比例出现了两次激增，从阿波罗登月时代开始第一次上升到 7％～8％，在互联网问世前后开始第二次超过 25％。有人认为这不是一个巧合，科学的快速发展和网络信息的便捷获取可能削弱了文化规范的凝聚力，比如有组织的宗教（瓦克，2019）。对于那些选择生活在远离地球的人来说，信奉一种主要宗教的人将成为少数，这完全有可能。有信仰的人比科学家多得多，但这两个群体之间有多少重叠呢？针对科学家宗教信仰的唯一的大型调查是 2009 年对美国科学促进会成员的调查（皮尤研究中心，2009）。科学家相信上帝或更高权力的可能性大约是普通民众的一半。这些数字已经稳定了近一个世纪，近一半科学家没有宗教信仰，相比之下公众只有 17％。在这些有信仰的科学家中，不太可能出现的是新教徒或天主教徒，而更有可能的是犹太人（图 16 - 1）。月球移民者可能会来自许多国家，所以有关信仰的国际数据可以提供帮助。对世界上八个地区的生物学家和物理学家的调查发现，他们比每个地区的普通民众更世俗（埃克隆，等，2016）。欧洲和美国的差距大约是 2 倍，而世界其他地方，差距更小（图 16 - 2）。在这次调查中，科学家们并不认为科学和宗教是冲突的。在一项对 20 世纪获得诺贝尔奖的精英科学家的研究中，刚刚超过一半的人是基督教徒，24％是犹太人，远远高于美国科学家占人口数量的总体比例，6％是无神论者和不可知论者，远远低于科学家的总体比例（沙列夫，2005）。

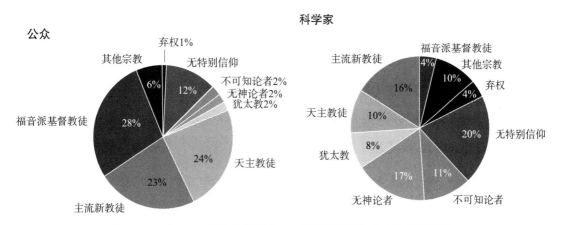

图 16 - 1　在 2009 年进行的调查中，美国科学家和公众的宗教信仰

（资料来源：皮尤研究中心，2009）（见彩插）

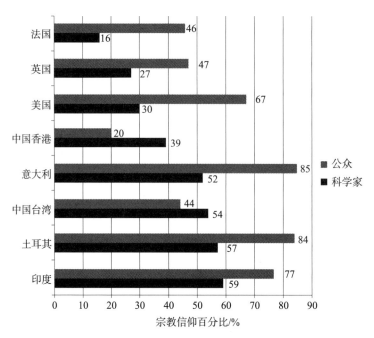

图 16 - 2　各地有宗教信仰的物理学家和生物学家在其总人口中所占的百分比
（资料来源：埃克隆，等，2016）

16.2　太空中的宗教实践

开启太空时代已经有 60 年了，自从尤里·加加林在 1961 年 4 月 12 日完成了人类首次围绕地球飞行以来，在地球轨道上完成飞行任务的乘员接近 600 人，只有 24 人离开地球前往月球。我们目前正处于空间探索活动扩张的新阶段，政府颁布了新举措（克拉克，2020），同时私营企业也参与其中（格雷迪，2016）。在月球和火星上建立移民地是这些空间探索计划的一部分，很可能在 30 年内实现（伊姆佩，2016）。人类在地球轨道上停留一段有限的时间，可以忍受物质的缺少和活动的限制。月球移民者将承诺在一个地外星球的移民地生活多年，他们想要带来尽可能多的生活方式，这可以理解。这包括他们自身的精神或宗教。在最好的情况下，宗教信仰可以帮助移民者适应他们居住的陌生环境，通过加强从善或厌恶的态度，在逆境中滋养希望。

太空旅行者正变得越来越多样化。美国和苏联最初的几批宇航员几乎都是白人男性，他们均是试飞员和军人。逐渐地，妇女、少数民族和来自其他国家的宇航员有了机会，可以获得零重力和以全球视角俯瞰地球的独特体验（史密斯，等，2020）。水星、双子星和阿波罗任务的宇航员几乎是单一文化的，主要来自美国中西部的新教徒。在自由表达宗教、NASA 的世俗宪章以及美国宪法的政教分离制度之间，出现了紧张态势。在 1968 年圣诞夜，阿波罗 8 号宇航员绕着月球飞行期间，阅读了《创世纪》的前十节。这引发了美国无神论的创始人马达林·默里·奥黑尔的诉讼，其声称违反了宪法第一修正案。该案被法院驳回，在随后的六年里，NASA 收到了 800 万封信件和请愿书签名，支持美国宇航员在太空中进行自由的宗教活动（奥利弗，2013a）。阿波罗 15 号的指令长大卫·斯科特在一次舱外活动中在月球车上留下了一本圣经。这些基督教的公开展示与俄罗斯的意识形态形成了鲜明对比，后者将太空探索活动作为证明无神论的一种手段（波普，2009）。

随着太空时代的发展，宗教活动的多样性也在增加。巴斯·奥尔德林是一名长老会教徒，他用教堂提供给他的材料在月球上为自己做圣餐仪式。由于对阿波罗 8 号宇航员阅读《创世纪》的争议，劝阻他不再向地球进行广播活动（奥尔德林，1970）。1994 年，航天飞机上的三名宇航员和 2013 年国际空间站上的一名宇航员分别食用了在天主教弥撒中供奉的圣餐饼（萨多夫斯基，2016）。随着苏联的解体，宇航员开始在太空中做东正教仪式（波普，2009），太空中的穆斯林在面对麦加跪拜祷告时遇到的一个特殊问题是，如何在失重状态下（刘易斯，2013）在高速飞行的飞行器中完成。国家宗教委员会被迫修改了宇航员的伊斯兰仪式，以解决这些问题（美联社，2007）。由于太空旅行的限制（重量、体积），宗教器物通常以微型的形式运送。一本微缩版圣经被带到月球，随后被拍卖；一本微缩版圣经于 2013 年被送入地球轨道（帕特森，2021）。可以预见，月球移民者将带着他们的信仰和宗教实践来到这个令人生畏的世界，这合乎逻辑。

16.3　地球上的说明性案例

人类是社会性动物，即使在我们狩猎采集的几万年间，一个不到一百人的移动单位维持着一个更大的联系网络，并嵌入到一个庞大而复杂的社会中（伯德，等，2019）。在人类文明史上，人们已经把自己的宗教带到了地球上一些最偏远和最孤立的地方。如住在亚利桑那州峡谷底部的哈瓦苏派部落成员、大西洋中部特里斯坦·德库尼亚岛的 300 名居民、建在阿拉斯加北部的永久冻土层上的乌基亚格维克镇的（居民）、挤在位于维多利亚湖的米金戈岛上的 500 人、位于秘鲁安第斯山脉海拔 16 000 ft 的拉林科纳达原始采矿定居点（居民）。美国为宗教和世俗目的建立了隔离定居点，其丰富历史独一无二（萨顿，2003，2004）。这些团体中的大多数受"乌托邦"理想的激励，他们在一片荒芜土地上开拓出一种新的生活方式（凯斯滕，2003；汤古，2004），首批月球移民地将需要只有政府才能提供的大量投资。然而，我们可以想象，月球上有各种各样的定居点，包括存在一些单一文化国家的驻留点，一种宗教或一种意识形态的驻留点，而另一些则试图成为人类的缩影。这些定居点的一些空间可能会被预留用于宗教或精神活动。地面的类似建筑是机场教堂，最早出现在 20 世纪 50 年代，最终扩展到世界上大多数主要机场（卡奇，2018）。这些已经发展成为多信仰空间，在医院、学校和其他公共空间也可以找到（博布罗维茨，2018）。

南极提供了一个类似于月球的孤立和极端环境的物理条件（图 16 - 3），人们已经有几项关于南极长期居民的研究，意识到这些项研究与未来太空旅行直接相关（罗思布卢姆，1990；泰勒，1987），越冬居民将面临长达 8 个月的黑暗和极度隔离，可能导致严重的行为异常和医学问题（帕林卡斯，1992）。根据一位老水手的格言："南纬 40° 以下没有法律；

南纬 50°以下没有上帝。"但是，这里仍有七个教堂。大多数南极科考站都有一个多功能的房间，用作临时教堂。尽管罗斯岛麦克默多站的雪神教堂也向巴哈伊人和佛教徒开放，但所有的专用教堂都为基督徒服务（赖德尔，2016）。最不寻常的礼拜场所是位于科茨岛的阿根廷基地的冰洞天主教教堂。印度教徒和穆斯林在这片大陆上没有特定的礼拜场所。尽管远离大陆，南极洲仍然配置了大部分有关信仰和宗教的装备。

图 16-3　美国南极站，部分被雪覆盖；冬季科考队员在极度隔离中生活长达 8 个月
（资料来源：乔什·兰迪斯，美国国家科学基金会）（见彩插）

这些地球上模拟忽略了月球体验的一个重要因素：与熟悉居住地和月球上产生地球视角的不匹配。几十年来，宇航员们已经报告了他们对太空经历产生的强烈情感反应——一种对人类和整个地球的认同感，这被称为"总观效应"（亚登，等，2016）。对大多数人来说，这种意识起源于从月球上观看地球升起的戏剧性照片，照片为阿波罗 8 号宇航员在阅读《圣经》的同一日拍摄（普尔，2010），这张照片被认为是激励现代环保运动的一部分（亨利和泰勒，2009）。总体来看，宇航员精神状态没有明显改变，相反，这是一种更加人性化思维方式的激励（卡纳斯，2020），月球移民者将不得不经历与特定囚犯一样的限制和与特定拓荒者一样的节俭。他们每天都能体会到地球家园的美丽和脆弱。

16.4　月球上东西方文化相遇

一般来说，月球移民的宗教问题与火星移民的宗教问题类似（奥维耶多，2019；绍西克，2017）。在不同的宗教传统中，对太空探索的支持并不一致。美国的一项调查发现，福音派新教徒对太空的了解最少，对太空探索的欣赏最少，对太空政策的支持也最低。犹太人和那些信奉东方传统的人，如佛教徒和印度教徒，构成了关注太空活动宗教公众的核心（安布罗修斯，2015）。甚至有人认为，倡导太空探索具有赋予其宗教特征的属性（劳尼厄斯，2013）。当我们考虑信仰在远离地球之外的作用时，回顾基于基督教和伊斯兰教等信仰的宗教与基于佛教和神道教等宗教之间的区别，这非常重要（特拉哈根，2020）。虽然可以争论信仰和科学之间的绝对区别，但在西方文化中，宗教和科学之间的紧张关系在东方文化中基本不存在（克罗斯卑尔根，2018）。

　　参与阿波罗计划的 NASA 职员，普遍肩负一种基督教使命（奥利弗，2015），NASA 是一个民用机构，因此在其月球移民计划中将避免任何此类联系（杨，2019）。如果我们预测未来的几十年，也就是在月球上建立移民地所需要的时间，我们应该记住，全世界有 12 亿人没有宗教信仰。其中很多人都声称自己是有"精神"的，但不是指坚持任何一套信条（或教义）。这个数字还在增长，尤其是在美国，在过去的十年里，基督教徒的比例从 77％下降到 65％，而无宗教信仰的比例从 17％上升到 26％（皮尤研究中心，2019）。这一趋势加上维持传统宗教仪式的困难，以及距离"母教会"很遥远，意味着有组织的宗教可能不是月球移民者的规范。现代精神（心灵）模式多种多样，它们可以表现为一种统一感或与抽象的更高境界的亲近感、超越感觉或与人类或自然的联系（戴维斯，等，2015）。对有组织宗教的束缚可能会进一步放松，可以产生新型宗教模式；如果移民者在月球上生活和死亡，在那里建立家庭，则形成了自 5 万年前我们离开非洲以来人类"树"的第一个新分支（图 16－4）。

图 16－4　月球移民者将不得不生活在高度受控的人工环境中，这给移民社会互动交流带来障碍。这位艺术家的构思显示了 NASA 计划中的阿尔忒弥斯基地（资料来源：欧洲空间局，皮埃尔·卡里尔）（见彩插）

当东西方文化在月球上相遇时，最大影响可能来自居住在这个移民地的佛教徒。佛教徒对太空居住和太空资源利用有着独特的看法。如81％的佛教徒认为，月球和地球以外的其他星球应该受到重视和保护，即使它们没有生命；而对照人群，只有21％的人这样认为（卡珀，2020）。此外，他们也反对在全球范围内改变任何行星生态的观点。这些观点与佛教哲学中不伤害和相互联系的原则是一致的（伊鲁达亚达森，2013）。佛教徒没有固守这种思维方式，多样化的基督教也包括那些强烈支持保护自然资源的教派。

佛教与其说是一种宗教，不如说是一种哲学和一种生活方式，佛教可以消除文化和意识形态的障碍（麦克马汉和布劳恩，2017；赖特，2017）。作为一种经验实践，佛教与推动创立第一个可行的月球移民地的科学相一致（伊姆佩）。佛教的冥想练习可以增加社会联系、减少偏见（克里平、法里亚斯和巴西，2018），有益于免疫系统（戴维森，等，2003），减少大脑自然萎缩（勒德斯，等，2015）。所有这些益处都是宝贵的，因为移民者必须适应地外生存的身体和心理上的挑战。

参 考 文 献

[1]   Aldrin, B. (1970). When Buzz Aldrin took communion on the Moon. Guideposts. https://
www. guideposts. org/better – living/life – advice/finding – life – purpose/guideposts – classics –
when –buzz – aldrintook – communion – on – the – moon.

[2]   Ambrosius, J. D. (2015). Separation of church and space: Religious influences on public support for
U. S space exploration policy. Space Policy, 32, 17 – 31.

[3]   Associated Press. (2007). Astronaut to grapple with daily prayer ritual. NBC News. https://
www. nbcnews. com/id/wbna20894077.

[4]   Bird, D. W., Bird, R. B., Codding, B. F., & Zeanah, D. W. (2019). Variability in the
organization and size of hunter – gatherer groups: Foragers do not live in small – scale societies.
Journal of Human Evolution, 131, 96 – 108.

[5]   Bishop, J. C. (2016). Faith, Stanford Encyclopedia of Philosophy. https://plato. stanford. edu/
entries/faith/.

[6]   Bobrowicz, R. (2018). Multi – faith spaces uncover secular premises behind the multi – faith
paradigm. Religions, 9, 37 – 44.

[7]   Cadge, W. (2018). A brief history of airport chapels. Smithsonian Magazine. https://
www. smiths onianmag. com/travel/airport – chapels – brief – history – 180967765/.

[8]   Capper, D. (2020). Buddhism and space environments. https://www. buddhismandspace. org/
miningour – moon.

[9]   Clark, S. (2020). ESA and NASA Unveil Bold Plans for the Future of Space Exploration. BBC
Science Focus Magazine. https://www. sciencefocus. com/news/esa – and – nasa – unveil – bold –
plansfor – the – future – of – space – exploration/.

[10]   Crawford, E., Shinn, T., & Sorlin, S. (eds.). (1993). Denationalizing science: The contexts of
international scientific practice. Boston, MA: Kluwer Academic Publishers.

[11]   Davidson, R. J., Kabat – Zinn, J., Schumacher, J., Rozenkranz, M., Muller, D., Santorelli, S.
F., Urbanowski, F., Harrington, A., Bonus, K., & Sheridan, J. F. (2003). Alterations in brain
and immune function produced by mindfulness meditation. Psychosomatic Medicine, 65, 564 – 570.

[12]   Davis, D. E., Rice, K., Hook, J. N., Van Tongeren, D. R., DeBlaere, C., Choe, E., &
Worthington, E. (2015). Development of the sources of spirituality scale. Journal of Counseling
Psychology, 62, 503 – 513.

[13]   Ecklund, E. H., Johnson, D. R., Scheitle, C. P., Matthews, K. R. W. & Lewis, S. W. (2016).
Religion among scientists in an international context: A new study of scientists in eight regions.
Socius: Sociological Research for a Dynamic World, 2, 1 – 9.

[14]   Grady, N. (2017). Private companies are launching a new space race – here's what to expect. The
Conversation. https://theconversation. com/private – companies – are – launching – a – new – space –

raceheres – what – to – expect – 80697.

[15]　Henry，H.，& Taylor，A. （2009）. Re – thinking apollo：Envisaging environmentalism in space. The Sociological Review，57，190 – 203.

[16]　Impey，C. D. （2016）. Beyond：Our future in space. New York，NY：W. W. Norton.

[17]　Impey，C. D. （2020）. What Buddhism and science can teach each other – and us – about the universe. TheConversation. https：//theconversation. com/what – buddhism – and – science – can – teacheach – other – and – us – about – the – universe – 134322.

[18]　Inglehart，R. F. （2020）. Giving up on god：The global decline of religion. Foreign Affairs. https：//www. foreignaffairs. com/articles/world/2020 – 08 – 11/religion – giving – god.

[19]　Irudayadason，N. A. （2013）. Thewonder called cosmic oneness：Toward astroethics fromHindu and Buddhist wisdom and worldviews. In C. Impey，A. H. Spitz，& W. Stoeger （eds. ），Encountering life in the universe：Ethical foundations and social implications of astrobiology （pp. 94 – 119）. Tucson，AZ：University of Arizona Press.

[20]　Kanas，N. （2020）. Spirituality，humanism，and the overview effect during manned space missions. Acta Astronautica，166，525 – 528.

[21]　Kreplin，U.，Farias，M.，& Brazil，I. A. （2018）. The limited prosocial effects of meditation：A systematic review and meta – analysis. Scientific Reports，8，Number 2403.

[22]　Kesten，S. R. （1993）. Utopian episodes：Daily life in experimental colonies dedicated to changing the world. Syracuse，NY：Syracuse University Press. Kroesbergen，H. （2018）. An absolute distinction between faith and science：Contrast without compartmentalization. Zygon，53，9 – 28.

[23]　Launius，R. D. （2013）. Escaping earth：Human spaceflight as religion. Astropolitics，11，45 – 64.

[24]　Lewis，C. S. （2013）. Muslims in space：Observing religious rites in a newenvironment. Astropolitics，11，108 – 115.

[25]　Luders，E.，Cherbuin，N.，& Kurth，F. （2015）. Forever Young （er）：Potential age – defying effects of long – term meditation on gray matter atrophy. Frontiers in Psychology. https：// doi. org/10. 3389/fpsyg. 2014. 01551.

[26]　McMahan，D. L.，& Braun，E. （eds. ）. （2017）. Meditation，Buddhism，and science. Oxford，England：Oxford University Press.

[27]　Nongbri，B. （2013）. Before religion：A history of amodern concept. NewHaven，CT：YaleUniversity Press.

[28]　Oliver，K. （2013）. The Apollo 8 genesis reading and religion in the space age. Astropolitics，11，116 – 121.

[29]　Oliver，K （2013b）. To touch the face of god：The sacred，the profane，and the American space program，1957 – 1975. Baltimore，MD：Johns Hopkins University Press.

[30]　Oviedo，L. （2019）. Religion for a spatial colony：Asking the right questions，In K. Szocik （eds. ），The human factor in a mission to Mars. London，England：Springer Nature.

[31]　Palinkas，L. A. （1992）. Going to extremes：The cultural context of stress，illness and coping in Antarctica. Social Science and Medicine，35，651 – 664.

[32]　Patterson，T. （2011）. The surprising history of prayer in space，CNN Religion Blog. https：// religion. blogs. cnn. com/2011/07/07/the – surprising – history – of – prayer – in – space/.

[33] Pew Research Center. (2009). Religion and Science in the United States. In Pew forum on religion and public life. Washington, DC: Pew Research Center. https: //www. pewforum. org/2009/11/ 05/an – overview – of – religion – and – science – in – the – united – states/.

[34] Pew Research Center. (2012). The global religious landscape. Pew forum on religion and public life. Washington, DC: Pew Research Center. https: //www. pewforum. org/2012/12/18/global – religious – landscape – exec/.

[35] Pew Research Center. (2015). The future of world religions: Population growth projections, 2010 – 2050. Washington, DC: Pew Research Center. https: //www. pewforum. org/2015/04/02/ religiousprojections – 2010 – 2050/.

[36] PewResearch Center. (2019). InU. S. , decline of Christianity continues at a rapid pace. Washington, DC: PewResearch Center. https: //www. pewforum. org/2019/10/17/in – u – s – decline – of – christianitycontinues – at – rapid – pace/.

[37] Poole, R. (2010). Earthrise: How man first saw the earth. New Haven, CN: Yale University Press.

[38] Pop, V. (2009). Space and religion in Russia: Cosmonaut worship to orthodox revival. Astropolitics, 7, 150 – 163.

[39] Reidel, K. (2016). Faith in Antarctica: Religion in the land of eternal snow. Polar News. https: // polar – news. com/antarctic/society/174 – faith – in – antarctica – religion – in – the – land – of – eternal – snow.

[40] Rothblum, E. D. (1990). Psychological factors in the Antarctic. Journal of Psychology, 124, 253 – 273.

[41] Sadowski, D. (2016). For catholic astronauts, flying to space doesn't mean giving up faith. Catholic News Service. https: //www. catholicnews. com/services/englishnews/2016/for – cat holic – astronauts – flying – to – space – doesnt – mean – giving – up – the – faith. cfm.

[42] Shalev, B. A. (2005). 100 years of Nobel prizes. New Delhi, India: Atlantic Publishers.

[43] Smith, M. G. , Kelley, M. , & Basner, M. (2020). A brief history of spaceflight from 1961 to 2020: An analysis of missions and astronaut demographics. Acta Astronautica, 175, 290 – 299.

[44] Sutton, R. P. (2003). Communal utopias and the American experience: Religious communities, 1732 – 2000. Westport, CN: Praeger.

[45] Sutton, R. P. (2004). Communal utopias and the American experience: Secular communities, 1824 – 2000. Westport, CN: Praeger.

[46] Szocik, K. (2017). Religion in a future Mars colony? Spaceflight, 59, 92 – 97.

[47] Taylor, A. J. W. (1987). Antarctic psychology. DSIR Bulletin No. 244, Vilnius, Lithuania: Scientific Information Publishing Center.

[48] Traphagan, J. W. (2020). Religion, science, and space exploration from a non – western perspective. Religions, 11, 397 – 406.

[49] UNESCO. (2015). UNESCO science report: Towards 2030. Paris, France: United Nations Educational, Scientific and Cultural Organization.

[50] Vacker, B. (2019). The decline in religious belief in America: The role of NASA and media technologies. MediumOnlineMagazine. https: //medium. com/explosion – of – awareness/the – decline –

inreligious – belief – in – america – the – role – of – nasa – and – media – technologies – 7e8ef3d0b919.

［51］　Wright，R. （2017）. Why Buddhism is true：The science and philosophy of meditation and enlightenment. New York，NY：Simon and Schuster.

［52］　Yaden，D. B.，Iwry，J.，Slack，K. J.，Eichstaedt，J. C.，Zhao，Y.，Vaillant，G. E.，& Newburg，A. B. （2016）. The overview effect：Awe and self – transcendent experience in space flight. Psychology of Consciousness：Theory，Research，and Practice，3，1 – 11.

［53］　Yang，J. （2019）. Spaceflight and spirituality，a complicated relationship. Wired Magazine. https：//www. wired. com/story/apollo – 11 – spaceflight – spirituality – complicated – relationship/.

［54］　Yuko，E. （2020）. These forward – thinking Utopias changed design forever. Architectural Digest. https：//www. architecturaldigest. com/story/utopian – communities – the – future.

第 6 部分
人类月球体验的社会学透视

第 17 章　月球上认知探索与宗教信仰

路易斯·奥维耶多

摘　要　月球全新的截然不同的环境将促使人类开展认知研究项目，包括宗教信仰和感知项目，以及对月球和地球上环境保护日益敏感的课题。由于宗教经验不是纯粹的主观体验，而是一种具体的、融入我们自身和生活环境的生存感知，我们可以预见一个截然不同的环境，就像人们在月球上所期待的那样，将改变任何自我超越的感知的内容和质量，直接影响一个人感知世界以及与他人的交往方式，因为这种意识越来越与我们对自然环境的敏感度有关。在月球表面，宗教观念发生日渐强烈和显著的变化，可能会导致人们更加致力于保护自然宇宙环境，包括我们生存的地球、月球以及更远的星球。

17.1　简介：月球认知的范式转变

最近，人类认知的研究朝着一个看起来相当奇怪的方向发展，这是科学进步所能期望的——我指的是更简单、更简化、更简约的成就。通过研究过去 20 年发表的文献可知，我们已经把认知简化为很少可识别的线索（类似于计算系统，并可追溯到大脑或神经元结构），转向更复杂的模型，在这些模型中，思维似乎体现并包含在一个由环境和文化因素构成的厚厚的网络中（纽文，等，2018）。其结果就像一个由不同的、相互竞争力量组成的领域。所以我们开展研究得越多，并试图更好地理解和认识人类的心灵，就越显得错综复杂。思维的神秘地位可能不仅适用于意识和相关特征，正如几位学者已经指出，它甚至适用于整个心灵，包括语言、信仰、希望和道德评判。

前一种范式很好地反映在宗教科学研究中，它复制了一个类似的过程：从简单和简化，到复杂以及不同层次和维度的整合，这是一个丰富的体验，不只是一个维度。这是可以预料到的事情。心理和认知研究的发展必然会对宗教研究产生影响，宗教是一种涉及认知的心理活动，宗教体验似乎比之前设想的更具体、富有融合性和情境敏感性，而之前设想的焦点是允许想象超自然的认知结构（德，2007；巴雷特，2010；安吉尔，等，2017）。它似乎缺乏足够的结构来满足人们对更深层次、更广泛的体验的感知，包括社会和文化方面。在这两种情况下——对于一般的认知和具体的宗教——还原法都没有帮助，除了它作为一种启发式策略，用来描述一个复杂过程中的几个因素，但总是太少（麦考利，2013）。

在这里，当我试图在未来场景中设想宗教时，我是在寻找一个更新颖的架构，这个未来场景为服务科学和其他目标而建立的月球定居点，能够让参与不同活动的宇航员驻留相对较长时间。即使在这样一个极具挑战性的项目中（从纯粹技术和实践角度来看），宗教似乎是一个相对不重要的方面，这提供了一个很好的机会来检测和评估宗教体验在多大程度上与背景和一个截然不同的环境有关。随着结果的揭晓，这将非常有趣。

一个新的月球环境的假设特征让我们尽可能以最谨慎的方式来表述人类将忍受的生存条件，以及这些生存条件会如何影响人们不同的体验，如态度、关系、情感和宗教信仰。显然，这些方面属于所谓的"人的因素"。宗教信仰的重要性与成功执行任务所需要的技术、经济和建筑结构方面相比，也许微不足道。然而，忽视人类和社会的这些方面是错误的，因为它们是那个地外世界的反映。它也是另一种假设情况的主题：深空探索或火星驻留（奥维耶多，2019），这可能与自我超越的体验有关（亚登，等，2017）。

17.2　太空中的宗教、认知和精神体验

如前所述，宗教可以从几个不同角度来研究，这些方法可以组成一种马赛克，也许更准确地说，一个模型，类似于一个存在多个矢量的物理场，存在许多张力、吸引力和排斥力，以及影响——积极的和消极的，努力确定体验的意义和方向。同样地，人类的进化也可以被认为是一个至少包含四个过程的组合——遗传、表观遗传、发育和文化——正如伊娃贾布·隆卡和马里恩·兰姆已有的深刻描述（2005）。在他们的研究中，人类的思维是一个复杂过程中若干决定性变量的结果。宗教也可以更好地描述为一个复杂的过程，是不同特征和特点之间复杂的相互作用的结果。

宗教复杂性和考虑多种因素的必要性可以在神经学层面加以说明。回想神经学家马里奥·博勒加德如何为一系列研究设定终点，试图发现"上帝斑点"或探寻神经网络和宗教体验基础的机制，这是一件令人感兴趣的事情（纽伯格，阿奎理和罗伊斯，2002）。事实是，大脑中有太多区域参与了这种体验（博瑞德，2007），因此，他认为任何试图还原的尝试都将是科学上的失败。这个教训还没有完全吸取，我们仍能看到一种孜孜不倦的努力，用最简单的术语来解释宗教，也许是那些在认知或行为层面上最容易控制和操作的术语，以及那些可以获得的最容易管理的理论。宗教体验源于许多相互作用的特质：内在的和外部的、个人的和社会的、精神的和物质的、认知的和文化的。试图孤立并概括出一两个是没有意义的。大量文献可以确定这些因素的数量，以及它们如何影响这种体验。这些因素总是处于一个不确定的过程中，这个过程总是在变化，并随时接受新的输入（唐纳森，2015，琼斯，2015，范艾根，2018）。

在这些复杂因素中，外部因素或环境显得相当有趣，尤其是像月球这样不同的环境。历史证据表明，在有记录的世界宗教中，有多少重要宗教经历与偏远之地、沙漠和荒野有关，这些地方远离拥挤的城镇和繁忙的都市。这可能是一个显而易见的事实：宗教非常依赖于环境，孤独和极端的条件都能让人远离世俗的干扰，获得高峰体验。然而，外界条件在多大程度上能够引发和支持某种类型的精神意识，或者让人们更能感受到一种自我超越的感觉，超越我们日常承受的身体状态和烦扰，这尚不清楚，需要开展更多的研究。鼓舞人心的风景、特殊的天气条件，或唤起超自然现象存在的超自然事件，都能激发我们的想象力。它们可以唤起鼓励精神意识的记忆，即使与那些特殊地方和事件相关联的敬畏绝不

普遍，但大多数是分享（范卡佩伦和萨拉格鲁，2012）。

当考虑月球环境时，要记住一个很好的教训：宗教由其自身的社会和自然环境构成，很少与外部特性分离。现在出现了关于特殊环境和宗教或精神体验之间的相关性问题。例如，哪种体验的灵感主要来自沙漠？哪一种在暴风雨中出现，或者是在恢复平静之后出现？鼓舞人心的风景怎么样？当我们试图确定太空旅行的独特条件和像月球定居点这样的环境时，也会出现类似的问题，然后，它们如何影响广泛理解的自我超越的感知，包括特定宗教或有神论经验，或更模糊的精神经验。

这种可以被描述为"走出这个世界"的体验，已经成为宇航员在轨道空间站待了很长一段时间后留下许多感言的主题。甚至是那些在月球上行走或绕着我们的卫星——月球飞行的人。有很多出版的书可供选择，可以告诉我们这些经历，以及他们是如何感知的，而探索者离开了地球，改变了自己的生活方式，赋予了他们生命新的意义。有些推荐书是自助式的书籍，影响力较大的优秀著作如下：莎莉·瑞德和苏珊·奥基的《往返太空》（1986）、迈克尔·科林斯的《飞向月球：一个宇航员的故事》（1994）、克里斯·哈德菲尔德的《宇航员地球生活指南》（2013）、斯科特·凯利的《耐力：我在太空的一年，探索的一生》（2017）。快速浏览一下这些书就会发现，作者对宗教、"上帝"或灵魂相当不感兴趣。然而不可否认的是，对于他们所有人来说，在太空中，远离地球的经历改变了他们的生活，使他们感激生命，以不同方式看待这个世界及其他问题。

值得注意的是，早期首批宇航员登陆月球的故事提供了更多宗教或精神上的见解，一些文章试图探究这些经历，与这个问题相关的是弗兰克·怀特的著作——《概述：太空探索与人类进化》（1987）；该著作提出，从外部观察地球，作为一个整体，会产生敬畏的感觉，甚至是一种新意识，对我们的地球及其居民更加关注，在某些情况下是一种精神或宗教体验。第二本著作专门探讨了包括登月任务在内的太空探索早期阶段的宗教体验和维度。该著作为肯德里克·奥利弗的《触摸"上帝"的脸：神圣、世俗与美国太空计划，1957 - 1975》（2013）。这本书收集了许多宇航员的评价报告，特别是那些登上月球的人，他们在那陌生的、遥远的可怕场景中见证了深刻的宗教或精神体验。丹尼尔·奥伯豪斯在《连线》杂志上发表的一篇文章中的总结特别具有启发性：

米切尔，报告者之一，报告了一种"普遍连通"的感觉，同时，阿波罗 15 号宇航员詹姆斯·欧文说他感觉"上帝"就在他身边。事实上，欧文受到在月球表面经历的极大影响，他问他的同事大卫·斯科特，他们是否可以在离开月球之前在附近的山上举行一场宗教仪式。斯科特最终拒绝了他的请求，于是欧文引用了《诗篇》第 121 篇："我要举目望山，从那里寻求帮助"。欧文后来说，这段经历是"我内心发生某种深刻变化的开始"，其标志是对上帝力量的深刻信仰（奥伯豪斯，2019）。

奥伯豪斯在同一篇文章中声称，"在这个词被创造出来的 30 年里，宇航员们已经多次报告说他们经历过来自国际空间站的总观效应（Over view effect）"。他甚至认为，这种影响可能会产生重要的后果，有助于提高人们对我们星球目前面临的重大问题的认识，比如气候变化。他报告说，试图通过新的技术手段来增强觉醒体验——比如太空旅行模拟——以建立一种与宗教信仰和伦理关怀相联系的新意识。

当考虑到这些关于宇航员讲述的文献时，人们的普遍印象是精神或宗教层面似乎更与太空和月球探索的早期阶段联系更紧密，而这些东西可能在后期阶段逐渐消失。人们不禁会说，在 20 世纪 60 年代和 70 年代初的美国，宗教信仰的普遍增强是最重要的（尽管肯定不是对每个人都是如此），它可能是这种看法的决定性因素。如果这是真的，那么后来世俗化和宗教兴趣的丧失可能会使总观效应变得不那么普遍。如果是这样的话，那么原因可能不是太空和月球的特殊条件，而是文化背景，以及人们对这些感知的普遍敏感性。在这些极端条件下，宗教或精神体验的决定性因素是什么，这仍然是一个有待研究的课题。

事实上，正如哈德菲尔德（2013）和凯利（2017）在书中引用的那样，后来的宇航员明确宣称自己无宗教信仰，忽略了其他人从外太空报告的那种精神体验。然而，他们是绕着地球飞行的（即使是很长一段时间），而且离开地球的距离没有登月宇航员那么远。目前还不清楚他们是否能感受到总观效应，或者他们是否以一种完全世俗的方式感受到，而没有任何自我超越的暗示。这是他们报告中的说法，凯利写道，"这是一个有利的位置（从太空看地球），从来没有给我创造任何特别的精神洞察力"（2018）。这种"较为艰涩的观点"可能会使怀特和奥伯豪斯提出的远大期望落空，这些期望是关于"走出这个世界"的特殊效应，甚至当月球旅行成为常规事件且风险更低的时候。在伟大的德国社会学家尼克拉斯·卢曼（1977）看来，所谓的卢曼定律可能可以得到证实。可以这样说：如果宗教是一种应对更大风险或不确定性的方法，那么在危险或不寻常的情况下精神感知可能会被激活。换句话说，超越可以被视为一种应对更大风险和不确定性的策略，而且一旦这些风险水平降低，我们所期望的宗教兴趣就会减少。一旦生活条件变得更加令人安心，宗教信仰就会逐渐消失。这又是一个需要进一步研究的课题（绍西克和范艾根，2021）。

17.3　预测在月球站上宗教体验的类型

现在，当我们试图预测未来月球定居点的宗教体验会是什么样子的时候，根据可靠的证言引发的反思，从经验层面发展成了假说。我们可以根据人们生活在极端孤立、不稳定和高风险条件下的前期经验来建立我们的期望，在这些条件下，工作可能无法进行，生活本身可能受到危险的损害。然而，这不是重点。旅行到月球，如果有足够的时间，生活条件将变得更加常态化和令人放心。关键在于，长期居住在月球上可能需要某种程度的精神感悟，遵循怀特关于总观效应的提示，或作为一种视角或感悟而出现的类似物。这种预期并不像人们可能认为的那样具有推测性，因为在新的、不寻常的环境中，人类经常会获得相似类型和同等水平的感悟和知觉。考虑到可用的数据，更谨慎的做法是少依赖一种假设的"转换故事"，这可能由遥远旅行和极端生活条件引发，更多的是指向"连续性故事"，甚至是一些"确认偏差"。宗教皈依不会发生在人们访问一些遥远的神社或移动的圣地之时，而是发生在人们开始有兴趣访问这些地方或向遥远寺庙致敬时。

这一切的关键在于人们在参与一个重要太空任务时所持的信仰和信仰过程，以及他们具有巨大的责任感和奉献精神（康纳斯和哈利根，2015；安吉尔，等，2017）。前往月球旅行，并在那里驻留一段时间可能会证实宗教人士的信仰，甚至滋养丰富的神秘体验。相反，对于那些缺乏宗教信仰或精神寄托的人来说，长期旅行可能不会提高他们的精神意识。所谓的"马修定律"适用于此，《福音书》中有句话："凡是有的，还要加给他，让他更加富足。但没有的人，甚至他有的也会被拿走。"（Mt 14，29）或者简单地说，相信的人会更相信，不相信的人会证实他们的非宗教情感。

信仰和信仰的中心地位通过不同的人在相同场景和环境中的不同经历得到更好的感知，有些人的反应带有宗教色彩，而另一些人的反应则至多带有些敬畏，但却能以纯粹世俗的方式被理解——没有什么可以超越。在月球上的经历可能会延长，并证实那些为了长期任务而离开地球的人之前的经历。更世俗化的时代和文化背景不允许有精神观点，总是需要一些超越的框架或宗教信仰来滋养和理解这些新的感知。

然而，不能排除的是，皈依和启示发生在极其特殊条件下，一种新的精神意识可能会在这种情况下诞生。让我们重新陈述一下对事件背景和宗教认知的初步概述：我们头脑中的模型是一个领域——在物理意义上——在这个领域中，元素和作用力以一种复杂的方式相互作用，可能更适合我们的情况。事件背景固然重要，但只有在与我们内心的信念、它们能引发的情感以及我们生活的社交网络相结合时才会起作用。现在的问题是，是否有宗教信仰，会对那些去月球旅行并必须在那里建立定居点的人产生差异。

与在遥远环境中所需要的技能、耐力以及身体机能和心理素质相比，宗教信仰可能不是一个重要的因素。在这种情况下，关键在于，哪种信念在应对月球极端环境、各种风险和不确定性时最有帮助和最有效。这是我在之前研究中提出的一个问题，研究对象是假想的火星和深空旅行中的宗教（奥维耶多，2019，2020）。类似的反映也适用于这种离地球更近的情况，由于离地球更近，风险可能更小。毕竟，宇航员将冒着生命危险参与这项任务。当然，有些宗教形式提供了更高层次的耐力和度过困难时期所需的品质，就像过去男女苦行僧的例子所证明的那样。然而，宗教并不是提供这些品质和能力的唯一途径。

有趣的是，月球的经历如何影响虔诚教徒的宗教信仰以及不那么虔诚的教徒的宗教信仰。解决这个问题的实验方法可以建立在一些需要更多证据和测试的假设的基础之上。问题是，有宗教信仰的人是否会用居住在月球的经历来证实他们的信仰。让人产生疑虑的是，这可能会改变人们的部分信仰；或者，在危机中产生一种不同的信仰体系，丰富以前的宗教感悟或宗教意识。

我们已经有了进行这类研究的工具和方法，在奥地利格拉茨开展的信仰项目，以及利用这种方法的几项不同实验，鼓励我们继续开展进一步的研究，以观察、记录和评估信仰是如何形成、保持和受到影响的，甚至被新的观念所替代，尤其是环境的影响（塞茨和安吉尔，2014）。该方法基于一个已知的系统，该系统评估认知、情感和文化，并获得一系列信念，需要一次又一次整合新的输入，以调整和重新稳定整个系统。用这种工具来研究月球上的信仰问题，可以揭示宗教信仰在多大程度上是稳定的、不容易改变的实体，或者宗教是否会在充满挑战的情况之前（或之后）适应不断变化的环境。

他们的期望是，这样的研究项目可以有助于更好地理解人类认知的一个方面——宗教信仰和感知——这在任何人类社区或定居点都是绝对不可避免的。如果过去是未来的预兆，那么它已经并将在每一个人类定居点和许多活动中发挥重要作用。它将人类生活的宗教和世俗层面联系起来，最终，它必须这样做，因为需要依靠信念来指导自己的生活，并做出重要的决定，至少在月球环境中，这可能意味着基地机组人员的生和死。在这种情况下，问题在于，哪些信念在新环境下变得更实用、更有效，以及如何培育信念？这里指宗教和非宗教，因为在月球任务中，他们必须共同努力才能获得成功。

17.4　宗教与作为一个可持续发展行星体的月球

先前的分析表明，当我们试图从宗教的角度来接受月球体验时，这是一个非常开放的全景，即使所有的人类都有一个相似的认知结构来约束宗教认知。从这个角度来看，月球将成为一个大型的实验环境，在这里提出的认知和经验理论可以得到验证。特别有趣的是，它被描述为类似"一个张量场"，也就是说一个结合了不同力量的场，以调节和使宗教经验的表达成为可能。这些力量或"张量"可以包括：以前的宗教训练或经历、个人观点、信仰和态度、个人对任务和月球环境的看法、当前的含义体系（新旧），以及对月球基地和月球本身作为一个特殊环境所提供的新型物理环境和社会条件的客观措施。

在我们检验的这个假想概论中，还需要考虑另一个方面。正如怀特在其书中指出的那样，"总观效应"不仅仅是精神上的，还包括一种更宏观的思维意识，把我们的地球和人类作为一个整体来看待。关键是从远处观察地球的能力，即使是作为一个遥远的蓝色星球（只有在月球上定居的人才会看到的美景），常常提高了人们对地球及其滋养生命的关注程度，进而提高了对地球可持续性发展的关注。根据一些人的评价，这种独特体验属于那些能够从远处看地球、重新定义小困扰或小问题的人，因此关注人类及其生存的普遍问题（怀特，1987）。

也许，仍然在假设领域中寻找未来的经验证据，所描述的"关注地球"的感觉可能会被宗教和非宗教的机组人员所分享。或者，可能是一个独立的因素，与宗教强弱无关，正如地球上的许多研究所显示。研究表明，对环境的关注往往与宗教信仰无关（霍普和琼斯，2014，丘维埃科，等，2016）。如果是这样的话，我们的期望以及关于月球体验的巨大希望是什么，是不是每个人都能在特殊的环境中融合——超越了特定的信仰，不管是否存在宗教信仰，因为我们坚信，保护地球生态系统是当务之急；克服人类群体之间的差异，找到确保所有人之间更和平的生活和更平等的方法。这自然会拓展到月球环境——我们可以驻留的一个新家园。

这并不意味着月球一定会成为人类最终可以克服分歧，实现永久和平，甚至超越宗教差异和冲突的地方。关键是这样一个环境可以促进宗教思想的成熟和进化，因此，这种新的观点将鼓励与人类当前的需要和条件有关的更新的理念，这一观点不需要"克服传统宗教"，而是由更符合目前形势的新形式所取代。它暗示了一种健康而有益的文化和宗教进化，这种进化源于月球上的新经历，并被凝视遥远的地球所唤醒。就像人类历史上的每一次发现和每一次科技发展一样，宗教思想也将被不断塑造（在很多情况下有助于增强意识和产生更适应的宗教信仰）。因此，我们可以预期，月球定居点的建立将会产生类似的作用。

这种观点绝不是自发的，或者只是期待它能给人类的自然良性进化提供帮助。这仍然可能出错：月球和火星的太空竞赛可能会加剧竞争和民族主义情绪（见本卷第 10、11 章）。我们所预期的普遍性和环境性问题可能会变成一个特殊的、自私的项目，因为可能会出错，没有人能确保我们所期待的情况一定会发生。换句话说，因为太空探索、宗教信仰，包括治疗和救赎，涉及了太多的风险，在计划尽最大努力在月球上建立人类定居点时，仍然需要做深入考量。

参 考 文 献

［1］ Angel，H. F.，Oviedo，L.，Paloutzian，R. F.，Runehov，A. L.，& Seitz，R. J. （2017）Processes of believing：The acquisition，maintenance，and change in creditions. Springer.

［2］ Barrett，N. F. （2010）. Toward an alternative evolutionary theory of religion：Looking past computational evolutionary psychology to a wider field of possibilities. Journal of the American Academy of Religion，78 （3），583 – 621.

［3］ Beauregard，M.，&O'Leary，D. （2007）. The spiritual brain：A neuroscientist's case for the existence of the soul. Harper One.

［4］ Chuvieco，E.，Burgui，M.，& Gallego – álvarez，I. （2016）. Impacts of religious beliefs on environmental indicators：Is christianity more aggressive than other religions? Worldviews，20 （3），251 – 271. https：//doi. org/10. 2307/26552264.

［5］ Collins，M. （1994）. Flying to the Moon：An Astronaut's Story. Farrar，Strauss & Giroux.

［6］ Connors，M. H.，& Halligan，P. W. （2015）. A cognitive account of belief：A tentative roadmap. Frontiers in Psychology，5，1588.

［7］ Day，M. （2007）. Let's Be realistic：Evolutionary complexity，epistemic probabilism，and the cognitive science of religion. Harvard Theological Review，100 （1），47 – 64.

［8］ Donaldson，S. （2015）. Dimensions of faith：Understanding faith through the lens of science and religion. Lutterworth Press.

［9］ Hadfield，Ch. （2013）. An astronaut guide to life on Earth. Little Brown.

［10］ Hope，A. L. B.，& Jones，C. R. （2014）. The impact of religious faith on attitudes to environmental issues and Carbon Capture and Storage （CCS） technologies：A mixed methods study. Technology in Society，38，48 – 59. https：//doi. org/10. 1016/j. techsoc. 2014. 02. 003.

［11］ Jablonka，E.，& Lamb，M. （2005）. Evolution in four dimensions：Genetic，epigenetic，behavioral，and symbolic variation in the history of life. MIT Press.

［12］ Jones，J. W. （2015）. Can science explain religion?：The cognitive science debate Oxford. Oxford University Press.

［13］ Kelly，K. （2017）. Endurance：Myyear in space，a lifetime of discovery. NewYork：Knopf – Doubleday Luhmann，N. （1977）. Funktion der Religion，Frankfurt a. M：Suhrkamp.

［14］ McCauley，R. （2013）. Explanatory pluralism and the cognitive science of religion：Why scholars in religious studies should stop worrying about reductionism. In D. Xygalatas & W. W. McCorkle Jr （Eds.），Mental Culture （pp. 11 – 32）. London：Routledge.

［15］ Newberg，A. B.，D'Aquili，E. G.，& Rause，V. （2002）. Why god won't go away：Brain science and the biology of belief . Ballantine Books.

［16］ Newen，A.，De Bruin，L.，& Gallagher，Sh. （2018）. The Oxford handbook of 4E cognition. Oxford University Press.

［17］　Oberhaus，D.（2019，July 16）. Spaceflight and spirituality，a Complicated Relationship，Wired. https：//www. wired. com/story/apollo－11－spaceflight－spirituality－complicated－relationship/.

［18］　Oliver，K.（2013）. To touch the face of god：The sacred，the profane，and the american space program，1957－1975（2013）. Johns Hopkins University Press.

［19］　Oviedo，L.（2019）. Religion for a Mars colony：Raising the right questions. In K. Szocik（Ed.），The human factor in a mission to Mars（pp. 217－231）. Springer.

［20］　Oviedo，L.（2020）. Religion as human enhancer：Prospects for deep spatial travel. In K. Szocik（Eds.），Human enhancements for space missions：Lunar，martian，and future missions to the outer planets（pp. 279－288）. Dordrecht：Springer.

［21］　Ride，S.，& Okie，S.（1986）. To space and back. Harper Collins.

［22］　Seitz，R. J.，& Angel，H. F.（2014）. Psychology of religion and spirituality：Meaning－making and processes of believing. Religion，Brain & Behavior. https：//doi. org/10. 1080/2153599X. 2014. 891249.

［23］　Szocik，K.，& Van Eyghen，H.（2021）. Revising cognitive and evolutionary science of religion. Springer.

［24］　Van Cappellen，P.，& Saroglou，V.（2012）. Awe activates religious and spiritual feelings and behavioral intentions. Psychology of Religion and Spirituality，4（3），223－236. https：//doi. org/10. 1037/a0025986.

［25］　Van Eyghen，H.（2018）. What cognitive science of religion can learn from John Dewey. ” Contemporary Pragmatism 15（3），387－406.

［26］　White，F.（1987）. The overview effect：Space exploration and human evolution. Houghton Mifflin.

［27］　Yaden，D. B.，Haidt，J.，Hood Jr，R. W.，Vago，D. R.，& Newberg，A. B.（2017，May 1）. The varieties of self－transcendent experience. Review of General Psychology，21（2），143－160. http：//dx. doi. org/https：//doi. org/10. 1037/gpr0000102.

第 18 章　月球驻留中的宗教：一种人类学评估

杰拉尔德·默瑞

摘　要　本章预测月球驻留可能对被称为"宗教"的文化产生的影响，我们研究了一个既不禁止宗教也不促进新宗教的假设驻留点，但其容纳了定居者现有的宗教习俗。首先，我们将宗教定义为具有不同认知、行为和组织成分的系统：精神信仰、仪式和专职人员（神职人员），每个组成部分都将受到月球环境的不同影响。在讨论了现有有关宇航员宗教和宇宙学的研究之后，我们确定了在月球上可能保持稳定也可能不稳定的宗教实践。最后，我们对设置不同驻留者的宗教机构提出了建议。对一些驻留者来说，月球环境中客观危险所要求的长期身体限制和运动受限，对驻留者将产生可预见的更高强度的主观精神压力。现有宗教有增强宁静的冥想练习，但现在基本上没有得到充分利用，如果这种方法与非宗教的冥想练习一起使用，可以减轻月球环境产生的内在压力。

18.1　前言

本章讨论了生活在月球定居点可能对被称为"宗教"的信仰和实践产生的影响。在月球定居时，人们认为宗教不会被禁止，也不会设计和传播一种新的宗教。几种因果因素将决定月球上的宗教活动：（1）从地球带来的宗教特征；（2）主导国的宗教政策；（3）月球环境的特征将促进或阻碍（通常是后者）地球宗教的全面复现。

18.2　概念和信息来源

本节有四个部分：（1）对本章术语"宗教"定义；（2）对定居者和宇航员的现有数据进行汇集检验，以进行经验性的地面预测；（3）识别在月球上可以或不能轻易复现的宗教信仰和实践；（4）一项在月球定居点设置宗教机构的建议。

提出的宗教实施性定义涵盖了三个不同的系统要素——认知、行为和组织——在经验上表现在人类的宗教中。在这里，将宗教定义为一种信仰-行为系统，其组成要素主要有：（1）相信无形灵魂的存在；（2）从事与这些灵魂互动的行为（仪式）；（3）在执业专职人员的指导下进行。这不是人类学的定义，没有这样一个公认的定义存在，只是类似的存在（温克尔曼和贝克，2010，克拉波，2003）。其他因素也存在于一些宗教中（如圣经、食物禁忌、道德准则、性行为准则）。但为了简洁起见，我们将研究三个可能在月球上出现的普遍核心元素。

每个元素都需要自己的定义，这里的"灵魂"是一种无形的存在，被想象为有意识的、活跃的代表：上帝或众神、天使、魔鬼、逝者灵魂、鬼魂，以及其他。他们通常有名字，通常被认为拥有一些影响人类的力量，反过来也可以被人类影响（或阻止）。这里的"仪式"是一种针对灵魂的行为（集体的或私人的），为瓜达卢佩圣母举行的游行在这里视为一种仪式。尽管讲英语者可能会宽泛地给它贴上仪式标签，但是 7 月 4 日的游行不是的。用以赎罪的斋戒是一种宗教仪式，禁食减肥则不然。对于"宗教、仪式、精神和其他多义词的真实本质意义"，我们可以通过简单地实施性使用这些术语的标准来避免无谓的挑剔。

最后陈述两个典型的观点。我们将讨论"宗教系统"。不同的核心要素——精神、仪式、专职人员——在逻辑上是相互关联的。佛教僧侣不举行天主教弥撒来崇拜真主，穆斯林伊玛目不会在赎罪日仪式上敬拜耶稣。系统内的精神、仪式和专职人员之间存在逻辑上的一致性。分解特定系统组分有助于预测什么可以或不可以带到月球。

最后，我们认为区分系统的组成部分和系统的功能是必要的。这些组成部分是一个宗教体系的要素，这些功能是人们追求的目的，或者发生的意想不到的效应。例如，按系统组分定义，"刀"是一个具有短刀片和手柄的工具。我们可以安全地应用它"用于切割"的功用，因为这与它的核心功用一致。在宗教功能上——它的预期目的或意想不到的后果——没有这样的一致性存在。分析师经常注入自己喜欢的（不喜欢的）功能，如社会团结、敬畏情绪、阶级间剥削——作为宗教的"真正"功能。临时的功能应该是一个研究的课题，而不是建立在宗教定义中。据预测，地面宗教的许多核心要素在月球上能保持稳定，其功能可能会根据月球环境的某些特征而改变。

18.3　经验性范例：生活在地球上的移民者和宇航员

尽管在某些福音派创造论者圈子中存在一些异议，他们认为地外探索是"由人类对上帝的反叛所驱动……以证明进化论"（韦贝尔，2017），但当代宗教系统在很大程度上都支持太空旅行。明确的制度支持在天主教很强大，在 16 世纪开始了天文学研究（由耶稣会的利玛窦带到中国）。罗马附近由耶稣会管理的梵蒂冈天文台在亚利桑那州山区开设了一个天文分台，以避免罗马的光污染干扰。这个美国天文台积极与 NASA 开展合作（德雷克，2008）。NASA 附近休斯敦的一个卡梅尔教会启动了规范程序，委托天主教宇航员作为圣餐牧师，在轨道上进行圣餐服务，送了一个卡梅尔女士的无袖外衣进入多个轨道，为 1986 年"挑战者"号的遇难者举办了普世祈祷仪式（卡梅尔教徒，2007）。由于参与制度不太明确，其他宗教系统也鼓励太空旅行。甚至还有一种流行的有关太空旅行的新教流派科幻小说出现。

虽然地球上的宗教权威们赞成太空旅行，但月球上的宗教会发生什么呢？三方面信息来源将有助于经验地预测：（1）历史上记录的定居者在地球上的宗教行为；（2）研究太空旅行对宇航员宇宙学和宗教的影响；（3）识别可能对地球宗教产生因果影响的月球环境特征。

第（1）项是常规性知识。地球上的大多数移民者既没有抛弃自己的宗教，也没有发明新的宗教。他们带来的原有宗教信仰常常改变了当地人，正如西班牙、法国和阿拉伯征服者。（英国新教定居者对改变 17 世纪美洲印第安人的信仰不感兴趣；19 世纪和 20 世纪的以色列犹太移民对让巴勒斯坦穆斯林皈依犹太教没有兴趣）在将地球上定居者的知识外推到月球时必须谨慎。太空旅行者拥有先进的工程学或航空学方面的知识，属于任何人口群体中的一个非典型子集。尽管如此，我们根据经验知晓，他们中的许多人都有宗教信仰。因此，根据地球上的先例，我们可以合理地预测，他们将把这些信仰带到月球，但并没有改变信仰，月球上没有可促使改变其宗教的原住民。考虑到美国盛行的 MYOB 文化规范，定居者 X 不太可能让定居者 Y 接受真正的宗教——即定居者 X 的宗教。有关太空旅行对宇航员宇宙学和宗教信仰影响的报告和正式研究，是向月球传播宗教信仰的基础。几位宇航员作者讨论了他们的宗教信仰（欧文和爱默生，1973；威廉姆斯，2010；琼斯，2006）。

部分宇航员在太空中开展宗教活动。1968 年，一组宇航员返回地球后朗读了节选自《创世纪》中的部分段落（随后，宗教自由激进分子对 NASA 提起诉讼，但未获成功）（德克斯特，2016）。天主教宇航员在太空举行过圣餐仪式（德雷克，2008）。一位犹太宇航员在轨道上祝她的犹太同胞光明节快乐，给他们看她的袜子，还有烛台和大卫之星（以色列时报，2019）。一名以色列宇航员将犹太洁食带入轨道（哈里里，2008），其中一人为赎罪日而斋戒。简而言之，许多（但不是所有）宇航员在太空中都表达了对宗教传统活动的参与（苏联和后来的俄罗斯宇航员没有表现出这种倾向）。

关于这个问题有系统的资料，在《总观效应》一书中，怀特收集了 30 名宇航员 100 多页的陈述，其中只有少数是美国人的。主要关注太空旅行（大部分是绕地球飞行）对宇航员世界观的影响（怀特，2014），可以归纳出主要的宗教模式：

• 宇航员之间存在宗教差异：新教、天主教、犹太教、摩门教和伊斯兰教的频次都在下降（后两个各有一个）；一名非宗教宇航员后来探讨了佛教。

• 强大的认知洞察力和情感反应都是人文主义的，而不是宗教主义的。几名宇航员报告说，他们突然洞察到地球的地理统一性，国家之间人为划定的边界，人类种族的基本统一性。但实际上，所有的反应都与宗教无关。很少有宇航员提到上帝或其他神灵。当"精神"这个词出现时，通常是指超越地心引力障碍的"人类精神"。

• 已经存在的宗教信仰和情感在很大程度上得到了认可，而不是受到了挑战。一个恰当的例子：一名宇航员被问及太空旅行是否会影响人类进化，他回答："我是一个基督教徒。我相信我们是被创造出来的，而不是进化出来的。"（怀特，2014：272）（最近，五位教皇都鼓励进化论研究，他们的基督教地位显然受到质疑。）宇航员依靠科学文献，用于工程、航空航天或医学目的。但至少他们中的一些人认为，依靠圣经文献来获取关于人类起源的信息并不矛盾。一名福音派宇航员回到地球寻找诺亚方舟的残骸。一项测试怀特"总观效应"的研究表明，太空旅行对地球和人性的统一性有显著影响。而宗教信仰在统计学上保持不变（喀纳斯，2020），其他关于太空旅行对世界观的影响的研究也是（亚登，等，2016；苏菲尔德和魏茨贝克，2014；苏菲尔德，等，2010；伊尔，等，2006）。

总之，现有信息表明：（1）美国宇航员对宗教的虔诚程度和多样性与普通民众相当；（2）宗教信仰在很大程度上不受外太空旅行的影响。一些宇航员在回到地球后变得更加虔诚，没有人报告放弃宗教信仰。

那么在月球上会发生什么呢？几个可行的假设将给出答案：（1）月球定居点将由个别国家建立，这些国家将有不同的宗教政策。沙特定居点的宗教不同于中国定居点。我们将在这里讨论一个假设的美国移民地。（2）我们不是抽象地讨论"宗教"，而是研究在美国定居点中最有可能拥有最多月球信徒的宗教。该分析程序将酌情修订后适用于其他宗教。

18.4 在月球上的灵魂

信仰者认为，我们看不见的灵魂，将在月球上继续存在。宗教系统的认知成分即精神信仰，将被轻松地搬到月球上。

18.5 月球上的仪式

月球上的仪式可能不是宗教的行为组成，而是与灵魂互动的仪式。仪式范围可能会有问题，某些仪式物品可以很容易地被运送到月球，并在月球上使用，没有任何问题：穆斯林祈祷珠，犹太教祈祷门柱圣卷（门柱上的神圣文字），天主教念珠。集体仪式可能会更成问题。虽然一些公共集体仪式也可以在非宗教场所举行，但这些仪式通常还是在教堂、犹太教堂、清真寺、寺庙、道场等场所举行。没有严格要求有专门的建筑，犹太律法服务、天主教弥撒、五旬节仪式和伊斯兰教祈祷可以成功地在私人家庭中举办。但是教会仪式包括洗礼、婚礼、坚信礼和标志着生命周期转变的成人仪式，通常在特殊宗教场所举办，有特定的宗教建筑和装饰。这在一个封闭、隔绝的月球定居点几乎不可能，那里的居民信仰五六种不同的宗教。即使有空间可用，但如果由定居者投票，我们也可以预测他们会优先选择电影院、星巴克、傲虎车和健身房，而不是五座神圣的建筑，一座神圣的建筑可能就够了。

而且它必须是淡化的、通用的，没有宗派的纹饰或装饰。许多新教徒和犹太人会拒绝进入有圣徒或圣母玛利亚雕像的天主教教堂。有些人看到天主教的十字架就畏缩不前——十字架上挂着耶稣的圣像，传统的天主教徒会对一个被淡化的普通崇拜场所感到愤怒，以安抚福音派敏感的心灵。

宗教内部的宗派问题在月球上的犹太人中会更加严重（在美国皈依犹太教的犹太人中，约有38%是改革派，33%是保守派，22%是东正教，7%是其他派），更高的出生率和宗教内婚制可能最终会创造一个正统派占多数的群体（富沃德，2018）。目前的分歧可能会给月球犹太教带来问题。犹太教是不寻常的，也许是独一无二的，它要求至少10名犹太人参加一个完整的律法仪式。东正教要求10名男性的祈祷班，在男性和女性之间设置一个屏障（物理障碍），只让男性参加律法活动（阿利亚）。自由的改革派和保守派将女性纳入祈祷班，男女座位混合，让女性参加律法活动。无论是在地球上，还是在月球上，东正教都将坚决地拒绝参加男女混合的活动。可以预见的是，自由主义的犹太人会对抵制做出回应，拒绝在女性得不到"阿利约特"甚至不被计入祈祷班的地方祈祷。但"谁是犹太人"作为犹太教堂的目的，即使是自由派也存在分歧。保守派遵循传统，要求有犹太母亲（或有效的皈依者）才可以被视为犹太人；对于改革派来说，有一个犹太母亲或父亲便足以参加仪式。

因此，即使月球上有 20 名犹太人，10 名男性和 10 名女性——按比例分布在不同的人流中，可能需要一个奇迹来组织一个祈祷班，让 10 名月球犹太人参加。犹太人的团结作为一个民族跨越了内部的宗教多样性。但是这种团结是种族性的，而不是宗教的。有一个犹太笑话，一个救援小组终于找到了一名多年前在一个岛上遭遇海难的犹太人。他们注意到他已经建了两个犹太教堂，"你为什么需要两个犹太教堂呢!?""这是我祈祷所用的犹太教堂，另一个是我不会死在里面的教堂。"

除了宗派问题之外，月球环境本身会对许多仪式造成破坏，特别是历法仪式。根据《创世记》的记载，亚伯拉罕通常制度是六天工作，然后是一个宗教安息日。这在传统犹太人中是非常严格的。周五日落前开始了一整天的严格仪式（对伊斯兰教来说，星期五是清真寺的礼拜日，而不是休息日）。

在月球上，基督徒和犹太人都面临一些问题。月球绕轴自转大约需要 29.5 个地球日。月球日出之间的"天"，大约持续一个月。在月球上每周工作 6 天，然后在安息日休息 1 天，这意味着要连续工作 6 个月，然后在下一个月休息。安息日更像是一个月的假期而不是 24 小时的休息。当然，我们必须做出一种彻底的适应调整。

这是可以调整的。国际空间站上的宇航员面临着相反的困境：每 90 分钟出现一次日出。一名犹太宇航员想要观察从日落到日落的赎罪日斋戒，90 分钟的禁食似乎不够忏悔，禁食应该在什么时候开始和结束呢？国际空间站的总体解决方案是基于格林尼治时间＋0 的工作-睡眠时间表——俄罗斯和美国时区之间的折中方案。类似的解决方案在月球上也是可行的，月球"日"将与月球的日出和日落分离，校准到某个地球时区。有宗教信仰的犹太人或穆斯林可能更喜欢耶路撒冷或麦加时间，天主教徒不会特别为梵蒂冈时间而争执。在美国解决方案中，用休斯敦时间校准可能会胜出，以方便与 NASA 工作人员的沟通。

18.6　宗教专职人员

让我们来看看宗教体系的第三个要素：宗教专职人员。在月球上，需要对经任命的神职人员举行的仪式可能很难实现。天主教会受到特别的挑战，要求任命的牧师发挥三种主要的圣礼功用：（1）弥撒时将面包和酒转化为被认为是基督身体和血液的真实存在；（2）在忏悔后授予圣礼赦免；（3）给病人涂敷膏油（以前称为涂油仪式）。16 世纪的新教团体都废除了牧师赦免，大多数都消除了真实存在的信仰。至于成人仪式（如洗礼和婚礼），新教作为一个整体，需要任命的牧师。针对常规的每周礼拜仪式，在美国，新教徒可以在月球上举行他们标准的周日礼拜，包括读圣经、唱赞美诗、祈祷，甚至可能是布道，且不需要牧师。

相比而言，如果没有牧师，月球教徒将无法面对面地参加两大仪式：弥撒和圣礼赦免。在没有弥撒的情况下，存在着规范的调整：一种简短的诵读经文的仪式，然后分发之前供奉的圣人，绕过祭品和正典。无祭司长的其他安排包括：当圣餐不可用时的"精神交流"行为，以及等待圣礼赦免时的"完全忏悔"行为。一个随意的外部观察者可能会问：有什么问题？为什么教皇不直接授权天主教宇航员奉献圣餐，宽恕罪恶呢？简单答复：教皇不能这样做，甚至连一个阿根廷的耶稣会教皇都不能这样做。

犹太教不存在类似的专职人员困难。在遥远的过去，科哈尼姆（犹太牧师）被要求每天进行强制性动物祭祀，他们只能这样做，而且只在耶路撒冷圣殿进行。当罗马人在公元 70 年摧毁圣殿时，科哈尼姆人突然失业，剥夺了他们存在的主要理由。拉比成为犹太教的唯一权威。在当代的拉比犹太教中，犹太教堂的仪式不需要任命拉比，只要其中一人能大声朗读希伯来语，十个普通犹太人就可以举行律法服务仪式（最好能懂希伯来语，但不是必需的）。至少在美国犹太人中，月球律法服务的主要障碍将是之前讨论过的内部宗派分歧，而不是没有拉比。

其他的宗教仪式则需要适应月球上的环境，印度教和佛教也面临着类似的挑战，其中大多数是可以解决的。没有篇幅进行详尽的介绍，这里重点是方法论。系统范式的使用分解出精神、仪式和专职人员三个要素，为讨论"月球上的宗教"提供了一个人类种族学框架，允许讨论特定系统中的特定困境。

18.7　规划月球对地球宗教系统的适应

那么，如果可能的话，月球驻留者应该对宗教采取什么样的立场呢？首先，采取一些现实主义策略。在面临技术挑战和风险的月球定居初期，宗教偏好的适应选择在制度优先考虑的名单上理所当然地排在后面。例如，国际空间站有一个小型健身房（豪厄尔，2018），但没有小型教堂。2020 年，美国宇航员在进入国际空间站之前先在龙飞船上睡觉，他们预先设定了一个带有叫醒音乐的闹钟，选择的音乐不是《奇异恩典》或格里高利圣歌，而是黑色安息日（巴特尔斯，2020）。那不是犹太卡巴拉音乐，而是一支英国重金属摇滚乐队的音乐。音乐的选择为宇航员或月球移民提供了一种健康的对抗手段，避免了将宗教问题过度映射到他们的脑海中。

在美国，有适合不同宗教的月球探索先例：（1）军事牧师；（2）公立医院和机场的无教派小教堂。有几个因素使牧师问题复杂化了。按照美国的宗教分布，假设有 1 000 人驻留，那么其中 490 人是新教徒，210 人是天主教徒，摩门教徒和犹太人各有 20 人，穆斯林、佛教徒和印度教徒各有 10 人，230 人是独立身份。你如何选择月球上的牧师？月球驻留的职业名额将被严重限制。如果可以选择的话，月球驻留者自己可能会投票给医生或牙医，而不是神父、牧师或拉比。

牧师还有一个职位可选择。除了承担仪式角色外，牧师也在人们感到压力或悲伤时给予安抚。这可以通过地-月远程通信咨询来实现，定居者 A 的信息大约需要 1.3 秒才能到达地球上的牧师 B。回复也同样迅速。远程通信解决方案存在局限性，如在现行教规下，天主教牧师不能进行远程奉献圣餐，或给予远程赦免。但宗教远程咨询在各个宗教领域都是可能的，如实际上远程咨询在有六种宗教的驻留点上具有优势，在一个驻留点，不可能保留六个常驻牧师。但是远程咨询可以让人们联系到任何宗教的牧师（在新冠疫情后的世界，远程咨询和远程医疗可能会成为永久的选择）。

第二种支持方案在公立医院和机场的"无教派教堂"的基础上建立。月球上的建筑或房间可以单独用于宗教或准宗教的聚会场所，不应该被贴上"小教堂"的标签，这个宗教术语可能会引发警报，引发日益激进的美国宗教自由活动人士的诉讼。我们可以称之为冥想中心。除了预定的礼拜仪式或教育活动，它将是一个安静回忆的地方，无论是个人还是团体。

可以说，它最强大的功能确实应该是鼓励冥想，冥想练习现在同时存在于世俗和宗教界，并且可以合法地得到公共资金的支持。现在经常听到这样的断言："我不相信宗教，但我相信灵魂。""灵魂"的定义比"宗教"更难以捉摸，但与增强的意识和冥想状态有关。自 20 世纪 70 年代以来，冥想和意识状态的改变（ASC）已经从神秘边缘进入世俗主流。披头士式的超验冥想在 60 年代开始流行，但它的印度教宗师、秘密分配的祈祷文和必要的入会仪式却让世俗人士感到惊讶。相反，本森的"放松反应"（本森，1976）和卡巴特-津恩的"正念冥想"（2016）都受到了世俗学者的推崇。随后的脑电图和功能磁共振成像研究已经验证了这些方法和其他方法是如何影响大脑的。例如，除了神经相关因素之外，梅奥诊所还报告了冥想的积极医学效应：缓解压力、焦虑、疼痛、抑郁、失眠和高血压（梅奥诊所职员，2018）。

在月球上，对冥想和其他精神控制技能的需要可能特别紧迫，长期定居月球的宇航员中出现负面心理波动和慢性压力的情况将比绕地球轨道短期飞行的宇航员更严重。地球轨道飞行为宇航员提供了壮观的、不断变化的美景，包括日出、日落、大陆、岛屿、山脉、河流、森林和海洋等。如上所述，它激发了改变思维的人文主义洞察力。而月球上的生活将有所不同，当新鲜感消失后，在月球无菌环境下的保护性住所中长期禁闭——两周在黑暗中，两周在灼热的阳光下——更容易导致令人沮丧的无聊，拥挤环境中的人际关系紧张，以及内心的焦虑和压力（参见瓦科奇，2019）。这里没有森林可以让你暂时逃避，没有溪流可以欣赏，没有鸟鸣可以聆听。在过去的几个世纪里，如果可以成行，月球可能会被选为惩罚罪犯的流放地。目前，它肯定会被视为一个危险的、临时的艰苦场地，不太可能有人会带他们的孩子在那里生活。

反对意见：这难道不会吸引爱冒险的人吗？它确实会，尤其是那些有足够现金去支持往返月球旅行的探险游客。但是那些到达珠穆朗玛峰或北极的冒险家们都是归心似箭，然后获得赞誉而去，他们不会试图在那里住下来。月球探险者同样也不想在那里长期生活直至去世。对于那些在月球执行长期任务的宇航员来说，冥想技巧温和地摆脱月球环境产生的不可避免的压力和焦虑，可能和日常体育锻炼一样重要。从这个角度来看，西方人日常冥想，无论是世俗的还是宗教的，可能在那些受教育程度较高的人中更为普遍。从这个意义上说，受过高等教育的月球旅行者可能更愿意进行冥想练习，作为缓解月球环境特殊压力的对抗措施。

宗教信仰适合在哪里呢？早在世俗冥想之前，世界上的宗教在"冥想""沉思""灵性"及"神秘主义"的指导下，发展出了改变意识状态的古老技术。西方人对佛教和印度教在这方面的评价很高，因为他们不熟悉自己宗教的神秘传统，所以涌向东方寻求启蒙。天主教的冥想传统始于 3 世纪的沙漠神父，后来有十字架的约翰，阿维拉的特蕾莎，洛约拉的伊格内修斯，未知的匿名克劳德，以及最近利西厄的特里萨和托马斯·默顿（参见弗莱明，1978）。西多会的僧侣现在提倡"集中祈祷"，其中包含了佛教冥想中常见的清空心灵技巧（基特恩格，2009）；最近的新教徒对神秘主义的冒险也有记录（福斯特，2017）。犹太冥想源于几个世纪前的卡巴拉传统，与 16 世纪的名字有关，如亚伯拉罕·亚布拉菲亚、艾萨克·卢里亚，在后来的几个世纪里，与巴勒·谢姆·托夫和施内尔·扎尔曼有关（卡普兰，1989；卡普兰和萨顿，1990），伊斯兰神秘主义和改变意识状态与苏菲运动有关（斯基梅尔，2011）。

有这种倾向的人对宗教冥想利用将构成前面提及的"功能性调整"。首先，一份分析警示，神圣和宗教的神秘体验经常被错误地归类为宗教的核心组成成分，其实不是。越来越多的空教堂表明，宗教上的无聊，尤其是在年轻人中，比高唱欢快的赞美诗来得频繁。充满敬畏的洞察力增强意识被更好地分析为宗教系统可以（偶尔）发挥的多种功能之一。

这是一种有用的积极功能，可以对大脑产生可测量的影响。神经科学家在冥想期间研究了卡梅尔派修女（波瑞德和帕奎特，2021），以及佛教僧侣（约西波维奇，2013）。一项研究结合功能磁共振成像和脑电图来探索狂喜冥想的神经相关性（哈格蒂，等，2013），另一份文件记录了冥想训练对注意力的益处（麦克莱恩，等，2010），还有一篇文章讨论了三种不同的冥想方法在神经系统上的差异（约西波维奇，等，2012）。与此类宗教冥想研究类似的是上述对比主要世俗传统方法的科学研究。与此相关的研究为由前宇航员埃德加·米切尔创立的思维科学研究所对意识改变的研究，他们研究冥想就是一个例子（德洛姆，2019）。

总之，科学研究不仅存在于神经相关方面，也在冥想对健康的积极影响方面。从心理健康角度来看，月球环境的威胁使冥想中心与月球健身房同等重要，不应强制要求使用任何特定的方法。用户可以选择各种方法，世俗的或宗教的。该中心也可用于安排传统的宗教服务，但有关冥想的信息将是其核心服务之一。

简而言之，这里的预测既不是月球上宗教的消失，也不是一种新宗教的出现，而是地球人带给月球的宗教功用的进化转变。许多历史上早期的宗教功用——解释自然、诊断疾病、社会政治控制——在月球上基本上是无关的。这开启了一种进化转变的方向，即关注与人类大脑潜在能力相关的宗教潜在的内在功能。然而，就像音乐、艺术和数学潜能一样，除非文化系统重视并激活改变意识状态的遗传能力，否则它将永远得不到开发。

"激活先天能力"的概念很重要。最近拉帕波特和科尔巴利主导的一项研究探索人类天生的"宗教能力"的进化（拉帕波特和科尔巴利，2019）。弗洛伊德式的中产阶级将宗教斥为由性压抑驱动的集体错觉——宗教是一种需要治愈的精神疾病，而不是一种需要培养的能力，这是一种别具一格的背离。当宗教被有害地使用时，它确实会造成伤害。当与冥想和心理健康联系在一起时，可以是增强意识、宁静内心和人际和谐的力量源泉。月球环境通过迫使弱化某些传统的神职人员主导的仪式模式，以及其增加压力水平的可能性，在功能上打开了一扇（但绝不保证）重新定义宗教信仰之门。

为此，不需要一种新的宗教，而是对那些存在的宗教进行功能性的重新聚焦。所有冥想者都希望拥有平和的心态和平静的情绪。宗教冥想者可以利用他们宗教传统的符号来做到这一点：犹太卡巴拉或伊斯兰塔法库尔或戴着珠子项链的迪克尔保持宁静的存在。基督徒可以在三位一体的寂静中冥想，或在圣子的化身中冥想，或（在天主教徒中）在圣母的安慰和爱中冥想。对一些冥想者来说，内心的宁静和平静本身就是他们的目的。对于宗教冥想者来说，这通常是通往超越的途径，被认为在高级阶段需要特殊支持——犹太教中的"沉思冥想"，天主教传统中的"冥想沉思"，苏菲神秘主义者所感受到真主的"吸引力"。月球冥想中心可以同时容纳和鼓励不同的探索者。

18.8　总　结

这些内容提出了一种系统的范式，可以识别出一些阻止地球上的宗教体系在月球上完全复现的障碍。有关障碍的坏消息带来了一些有关功能替代的潜在好消息。不是每个人都天生（或个人天赋）想成为一个神秘主义者或达到涅槃，就像不是所有人都能成为明星运动员或数学天才一样，但所有人都可以通过持续的自律努力来争取身体健康，所有人都可以学习乘法和除法。同样地，所有的人类都有基于大脑的遗传能力（通常未被开发），可以不断提高内在的思维清晰度和平静的情绪。月球定居点所处的密闭、险恶的环境可能有助于实现这一目标，因为它为这种内在追求创造了一种特殊的紧迫性，这不会自发地发生。在月球环境中，冥想程序可以也应该得到相关机构的认可和鼓励。

我们需要做一个简短的结论性说明，就像健身一样，偶尔为之也不会有什么收获。个体内在心灵的成长进步，无论是世俗的还是宗教的，都需要持续的、有纪律的练习。在探索外太空之前，我们可以也应该在地球上掌握探索内部心灵空间的策略。如果月球定居者不熟悉或对增强意识不感兴趣，月球冥想中心最终将在很大程度上得不到充分利用，用户数量将比隔壁的月球星巴克或健身房少得令人尴尬。

参 考 文 献

〔1〕 Bartels，M. (2020). SpaceX's first crewDragon…. at space station today. Space. com，May 31. https：//www. space. com/spacex－demo－2－astronauts－space－station－docking－webcast. html.

〔2〕 Beauregard，M. ，& Paquette，V. (2021). Neural correlates of a mystical experience in Carmelite nuns.

〔3〕 Benson，H. (1976). The relaxation response. Avon.

〔4〕 Carmelites. (2007). Carmel breaks the bonds of earth. Catholic Exchange，October 29，2007. https：//catholicexchange. com/carmel－breaks－the－bonds－of－earth.

〔5〕 Crapo，R. H. (2003). Anthropology of religion：The unity and diversity of religions. McGraw Hill.

〔6〕 Delorme，A. (2019). When the meditating mind wanders. Current Opinion in Psychology，28，133－137.

〔7〕 Demographics of Judaism. Georgetown University：Berkeley Center for Religion，Peace，& World Affairs. https：//berkleycenter. georgetown. edu/essays/demographics－of－judaism.

〔8〕 Dexter，P. (2016). Scripture from space. https：//pointofview. net/viewpoints/scripture－from－space/.

〔9〕 Drake，T. (2008). NASA Catholics mark 50 years. National Catholic Register，September 30，2008. https：//www. ncregister. com/site/article/nasa _ catholics _ mark _ 50 _ years.

〔10〕 Fleming，D. (Ed.). (1978). The fire and the cloud：An anthology of catholic spirituality. Paulist Press.

〔11〕 Forward. (2018). Dramatic orthodox growth is transforming the American Jewish community. https：//forward. com/news/402663/orthodox－will－dominate－american－jewry－in－coming－decades－as－population/.

〔12〕 Foster，R. (2017). Streams of living waters：Celebrating the great traditions of Christian faith. Hodder & Stoughton.

〔13〕 Hagerty，M. R. ，Isaacs，J. ，Brasington，L. ，Shupe，L. ，Fetz，E. E. ，& Cramer，S. C. (2013). Case study of ecstatic meditation：fMRI and EEG evidence of self－stimulating a reward system. Neural Plasticity.

〔14〕 Halily，Y. (2008). The kosher space shuttle. Ynetnews. com. April 6，2008.

〔15〕 Howell，E. (2018). International space station：Facts，history，& tracking. Space. com. https：//www. space. com/16748－international－space－station. html.

〔16〕 Ihle，E. C. ，Ritsher，J. B. ，& Kanas，N. (2006). Positive psychological outcomes of spaceflight：An empirical study. Aviation Space Environmental Medicine，77，93－101.

〔17〕 Irwin，J. ，& Emerson，W. A. (1973). To rule the night：The discovery voyage of astronaut Jim Irwin. A. J. Holman Co.

〔18〕 Jones，T. D. (2006). Sky walking：An astronaut's memoir. HarperCollins.

[19] Josipovic, Z., Dinstein, I., Weber, J., & Heeger, D. J. (2012). Influence of meditation on anticorrelated networks in the brain. Frontiers in Human Neuroscience.

[20] Josipovic, Z. (2013). Neural correlates of nondual awareness in meditation. Annals of the New York Academy of Sciences, 1307, 1 - 10.

[21] Kabat - Zinn, J. (2016). Mindfulness for beginners: Reclaiming the present moment and your life. Sounds True (publisher).

[22] Kanas, N. (2020). Spirituality, humanism, and the overview effect during manned space missions. Acta Astronautica, 166, 525 - 528.

[23] Kaplan, A. (1989). Meditation and Kabbalah. Weiser Books.

[24] Kaplan, A., & Sutton, A. (1990). Inner space: Introduction to Kabbalah, meditation, and prophecy. Moznaim Publishing Corp.

[25] Keatng, T. (2009). Intimacy with god: An introduction to centering prayer (3rd edn.). Crossroad.

[26] MacLean, K., Ferrer E., et al. (2010). Intensive meditation training improves perceptual discrimination and sustained attention. Psychological Science, 21 (6), 829 - 839.

[27] Mayo Clinic Staff. (2018). Consumer health: Mindfulness exercises. Mayo Clinic. https://www. may oclinic. org/healthy - lifestyle/consumer - health/in - depth/mindfulness - exercises/art - 20046356.

[28] Rappaport, M., & Corbally, Ch. J. (2019). The emergence of religion in human evolution. Routledge Studies in Neurotheology, Cognitive Science and Religion.

[29] Schimmel, A. (2011). Mystical dimensions of Islam. U. of N. Carolina Press.

[30] Suedfeld, P., & Weiszbeck, T. (2004). The impact of outer space on inner space. Aviation, Space and Environmental Medicine, 75 (7 Suppl), C6 - C9.

[31] Suedfeld, P., Legkaia, K., & Brcic, J. (2010). Changes in the hierarchy of value references associated with flying in space. Journal of Personality, 78, 1 - 25.

[32] Times of Israel. (2019). NASA astronaut proclaims 'Happy Hanukkah' from space. Times of Israel. December 23, 2019.

[33] Vakoch, D. (2019). Astronauts open up about depression and isolation in space. Psychology Today, Febuary 10, 2019. https://www. psychologytoday. com/us/blog/home - in - the - cosmos/201902/ast ronauts - open - about - depression - and - isolation - in - space.

[34] Weibel, D. (2017). Space exploration as religious experience. The Space Review, August 21, 2017. https://thespacereview. com/article/3310/1/.

[35] White, F. (2014). The overview effect: Space exploration and human evolution (3rd edn.). American Institute of Aeronautics and Astronautics.

[36] Williams, J. N. (2010). The work of his hands: A view of god's creation from space. Concordia Publishing.

[37] Winkelman, M., & Baker, J. (2010). Supernatural as natural: A biocultural approach to religion. Pearson Prentice Hall.

[38] Yaden, D. B., Iwry, J., Slack, K. J., Eichstaedt, J. C., Zhao, Y., Vaillant, G. E., & Newberg, A. B. (2016). The overvieweffect: Awe and and self - transcendent experience in space flight. Psychology of Consciousness: Theory, Research, and Practice, 3 (1), 1 - 11.

第 19 章　月球驻留的社会学

里卡多·坎帕

摘　要　在不久的将来，人类在月球上建立定居点的可能性越来越大。社会学知识让我们不要低估在危险的月球环境中可能出现的社会问题。不同文化的移民之间的社会秩序和有效合作等问题可能特别敏感。月球环境引起的定居者身体和生理应激可以放大任何工作环境特有的心理和社会压力。即使空气也是一种必不可少且罕见的好东西，个人或非融合群体的破坏对整个社区来说都可能是致命的。可能会出现失范和"搭便车"等不受欢迎的现象。社会学文献中关于太空探索的建议——特别是关于选拔和训练太空机组的建议——人类在月球上存在仅仅限于几十名宇航员和技术人员的基础上，可能有助于防止冲突的发生。研究表明，选择月球定居者不仅要考虑其专业技能和心理状态，还要考虑他们的"社会学想象力"。

19.1　背景

近年来，一些国家的航天机构已经表示打算建立一个永久的月球基地。2019 年 5 月 14 日，NASA 局长吉姆·布里登斯汀宣布，到 2024 年美国首位女性和一位男性宇航员将登陆月球，这个准备已久的项目名为阿尔忒弥斯计划，以希腊月亮女神的名字命名，她是太阳神阿波罗的妹妹，有关该计划的更多细节已于 2020 年 9 月公布。正如文件《阿尔忒弥斯计划》所述，NASA 及其合作伙伴将在月球南极建立一个阿尔忒弥斯大本营，以支持在月球表面进行更长时间的考察探索。该计划中的大本营基地包括电力系统、可居住移动平台（加压探测车）、月球地面车（LTV 非加压探测车）、月球基地居住单元模块、现场资源利用系统等（NASA，2020）。

NASA 还宣布，阿尔忒弥斯基地将与国际伙伴合作建立，国际伙伴包括欧洲空间局、日本宇宙航空研究开发机构、加拿大航天局、意大利航天局、澳大利亚航天局、英国航天局、阿拉伯联合酋长国航天局、乌克兰国家航天局和巴西航天局。同样重要的是，阿尔忒弥斯项目还涉及私人合作伙伴，特别是与 NASA 签约的美国航天公司。该基础设施的建立旨在使月球表面持续有人存在，也将为 NASA 及其合作伙伴的下一个雄心勃勃项目，即载人火星探索任务奠定基础。中国国家航天局已经宣布，打算在月球南极附近建立一个永久基地，并在大约 10 年内执行载人探月任务。

2016 年，我们从俄罗斯塔斯社获悉，俄罗斯还计划在 2030 年至 2035 年期间在月球上建立一个基地。俄罗斯航天局载人航天项目执行主任谢尔盖·克里卡列夫明确表示，宇航员将在 2030 年登陆月球。在接下来五年里，他们将建设月球基地项目，包括一个着陆和发射区、一个轨道卫星、一个太阳能电站、一个通信系统、一个技术站、一个科学实验室以及远程研究月球车（塔斯社，2016）。然而，俄罗斯航天局的作用仍不清楚。NASA 的阿特弥斯计划提到俄罗斯是一个潜在的合作伙伴，但在中国成功完成探月任务之后，俄罗斯航天局的负责人德米特里·罗戈津宣布，俄罗斯对参与美国的项目不再感兴趣，而是有意加入中国的探月项目（希茨和德扎诺娃，2020）。

总的来说，除非出现不可预见的情况，在未来几年，我们将在月球上见到两个或三个相邻的永久月球基地。这些基地的发展为人类在月球上建立永久的驻留地铺平了道路，这是一个值得从社会学角度分析的场景。

19.2　处理方法、理论知识和实施方法

"外太空社会学"和太空时代出现的时间一样长，至少可以追溯到 1957 年。在第一颗人造卫星发射的那一年，也就是美国国家航空航天局成立的前一年，《喷气推进》杂志在一个由美国火箭学会组织的会议上，报道了两个专门讨论"太空社会学"的小组（美国火箭学会，1957）。同时讨论了太空探索中人的因素，以及航天运载工具推进的工程解决方案。"社会学"一词的使用意义非常广泛，包括航天飞行的法律、生理和社会心理问题。值得注意的是，研究空间社会的另一个教派，即"天体社会学"，随着时间的推移也逐渐流行起来（罗斯，1964，1976；图赫，1998；帕斯，2006a；哈里斯，2009）。

过去 60 年发表的社会学文献主要关注太空探索的社会学（班布里奇，1976；布鲁斯，1983；伦德奎斯特，等，2011），以及太空移民的社会学（布鲁斯，1979，1981；帕斯，2007；鲁道夫，1996）。尽管如此，第一类文献在很大程度上超过了第二类文献，这是可以理解的。马克斯·韦伯（1949：51）强调了"存在主义知识"（即"是什么"）和"规范性知识"（即"应该是什么"），二者之间的逻辑区别。第一类知识至少在理想情况下是客观的，而第二类知识本质上是主观的。制定有约束力的标准和典范永远不会是经验科学的任务。社会学是一门实证科学，不管我们喜欢与否，它研究社会事实。如果把社会学家的使命放在太空社会学中，那么月球定居的社会学似乎就没有多少内容。由于太空移民还不存在，我们无法采访这些定居者，也无法从经验上评估人类在月球上的生活。然而，这种对社会学工作的看法有些过于极端和狭隘。韦伯（1949：52）也阐明："实现既定目标，方法的适当性问题无疑可以通过科学分析来解决。"换句话说，从事太空移民是否正确并不是一个科学问题，这是一个涉及政治制度和公众舆论的问题（班布里奇，1991，2015；埃茨奥尼，1964）。然而，一旦做出决定，就会要求社会学家提供社会技术支持建议。社会学家会利用过去积累的知识，甚至在不同的环境中，去探索可能的未来。毕竟，未来研究本身在很大程度上是社会学的产物（尚，2015）。因此，尽管太空移民仍处于萌芽阶段，但有关太空移民的社会学文献并不缺乏，这就不足为奇。

在本文中，我们将在现有文献的基础上，讨论一些被忽视或很少考虑的问题，从而提出一些关于月球定居计划中可预测问题的建议。由于该文可能也会被非社会学家阅读，有

必要介绍一个学科的常规前提条件。社会学是一门多范式的学科，这意味着社会学研究和理论有许多不同的形式。不同的思想流派，有其特定的教派（结构-功能主义、批判社会学、文化社会学、社会互动主义、实用主义社会学、分析社会学等）。这些流派采用不同的理论视角、方法和词汇，以至于不同取向的社会学家可能很难相互理解。

我不会把这个研究放在一个特定的范例中，因为这些社会学运动的很多相互批评都不是为了学术资源的分配而斗争。当一个人致力于跨多学科项目如太空探索和太空移民，一个人必须放弃学科内部的身份斗争。实现这一结果的唯一途径是关注"社会问题"，而不是"社会学问题"，因为前者也可以被非社会学家理解。

不同的社会学流派，除了专注于理论问题之外，还指出了不同的社会问题。我们将从基于单一标准的许多范式的实质性成就中横向挑选，即它们对月球定居点的社会工程效用。鉴于这一目标，并不是所有的社会问题都值得讨论，如月球上不太可能出现极端贫困。无家可归的失业者可以在洛杉矶或罗马生存，在这样一个连空气都是昂贵商品的恶劣环境下，情况就不一样（阿什肯纳齐，1992）。宇航局和太空公司不可能允许月球表面出现极端贫困。只有签了工作合同的人才有去月球的机会，那些在月球上失去工作的人将很可能被送回地球（赫本海默，1985）。

这个标准也适用于理论的选择。地球上不再流行的东西，在太空中仍然有用，如当代社会学家倾向于批评结构-功能主义（默顿，1968；帕森斯，1951）。因为这种方法过于关注秩序、和谐、平衡、稳定和合作，因而都被视为一个社会体系持续存在的先决条件。所谓的批判社会学家注意到，社会冲突并不一定是功能失调，因为可能带来积极的社会变化。换句话说，功能主义经常被指责为本质上的"保守"，因此与"进步"的社会观点不相容。这种观点在地球上可能富有成效，但在太空中却一无所获。我们不能改变一个还不存在的社会。如果我们的目标是建立一个能够在非常恶劣环境中生存、持续发展和繁衍的太空社会，关注社会秩序、社会行为或潜在功能等问题，比庆祝社会冲突的宣泄作用更有意义。这就是为什么我们将主要关注社会混乱的可能来源，这被视为月球定居的一个不必要的不良作用，以及防止这种情况的可能的解决方案。

19.3　造成功能失调冲突和社会障碍的可能来源

30 年前，迈克尔·阿什肯纳齐（1992：367）哀叹道："关于太空移民的讨论涉及社会学问题，如果太空移民真有可能的话，就好像太空生命只是地球生命延续一样。"他还补充道："考虑到地外生命的生存条件，这极不可能"，这是一个不少分析师不断跌入的陷阱。

我们永远不应该忘记，在太空定居不像在地球上，社会秩序是一个生死攸关的问题。由于社会心理压力的放大效应，治理的重要性不亚于工程系统设计。压力与人际冲突密切相关，既是原因又是后者的结果。换句话说，压力产生冲突，冲突产生更多压力的恶性循环，是家庭或公司等封闭的人类群体中经常形成的一种有害机制。这一机制在太空中备受关注，主要有两个原因。首先，太空中的冲突可能不仅对某些人的生命有害，就像地球上有时发生的一样，而且对整个定居点来说可能是致命的。早在 1977 年，包括社会学家戈登·萨顿在内的一组太空科学家强调，"定居点规模小，再加上相当不稳定的人造环境，可能会突显对内部安全的担忧"。在太空定居点，无论是轨道空间站还是月球基地，"任何个人或小团体都有可能通过向周围空间开放栖息地、中断电源或采取其他在地球环境中几乎没有相应形式的行动来摧毁整个驻留地"（约翰逊和霍尔布罗，1977：27）。正如阿什肯纳齐（1992：374）所说，"太空移民无法承受暴力革命者的存在，不管他们是不是巴库主义者。""如果心怀不满的可怜的革命者可能对地球上公共秩序和公共安全构成威胁；那么在太空移民地，他们便是危及每一个生物和整个生物群落的存在。"

社会秩序问题需要格外关注的第二个原因是，空间环境不仅可能提供地球上未知的身体和生物应激源，还可能提供额外的心理和社会应激源。此外，这两种应激密切相关。回到太空之初年代，邓拉普（1966：441）注意到"环境应激源的存在，如失重、电离辐射和大气污染物，可以降低太空探索者对心理和社会应激的耐受阈值。"他关注的是社会心理应激，如感觉剥夺、孤立和限制，以及小群体内部相互作用。他从对潜艇巡航、极地探险、战俘和灾难幸存者描述、感觉剥夺和社会隔离的实验研究，以及飞行员经验和太空舱模拟器研究中获得知识。他强调，封闭会导致个人出现焦虑、疲劳、易怒，以及敌意。从那时起，人们对实际太空任务进行了大量研究，以揭示长期生活在太空中的宇航员所经历的心理和社会问题。喀纳斯和费德森（1971）指出，"在孤立状态下，人际冲突被夸大，人们很少有机会出去发泄，或摆脱适应性困难。"最近，俄罗斯科学家分析了太空机组人员和任务控制中心之外监测人员之间的通信过程。研究人员对两个孤立的机组人员进行了135 天和 90 天的观察研究。随着时间的推移，研究人员观察到机组人员存在心理封闭和信息交流缺失。任务开始一个月后，总通信密度下降。研究人员得出结论："心理封闭、信息交流缺失以及组成监测团队小组的人员构成，会影响在轨受限制群体与外部监测人员之间的沟通。"（古欣，等，1997）。我们面临着在轨机组人员变得更加"以自我为中心"的趋势，这被称为"自主化"。交流沟通重任越来越多落在指挥官肩上，这些结果不仅对宇航员的心理健康有影响，而且对诸如团队治理和社会秩序等社会学问题也有影响。的确，"在这样环境条件下，利己主义的行为最终会弄巧成拙"（阿什肯纳齐，1992：368）。

NASA 监察长办公室的一份报告强调，"在任务期间，机组人员凝聚力可能会受到影响，长期睡眠不足可能会导致高血压、糖尿病、肥胖、心脏病、中风，并可能出现抑郁或严重焦虑等精神疾病"，这些心理问题可能会影响团体社会秩序。"虽然在国际空间站任务中，机组人员之间的冲突相对较少发生，但随着任务持续时间的延长以及密闭的空间环境，这些问题可能会变得更加重要"（NASA，2015）。

即使这些研究和报告主要集中在长期太空任务中，而不是永久太空定居点，对于我们研究的参考作用仍然是独一无二的。事实上，我们可以预测，这类问题也可能出现在月球上，至少在月球地球化发生之前是这样。为了最大限度地减少生理不适、无聊、幽闭恐怖症、沮丧、心理问题、功能失调冲突和社会障碍，在有效规划居住场所时，要求在设计月球基地和一个广泛框架中考虑专业人士的多样性。太空心理学家吉斯佩·乔根森（2010：258）明确指出："我们需要历史学家、社会学家、心理学家、艺术家、医生、工程师、信息技术专家和所有其他人，他们可以对任务设计程序发表自己的观点。"

特别是，社会学可以从群体相互作用和集体行为理论的角度来评估诸如社会失范和偏差等问题。由于这些问题取决于群体的规模，因此可以简化地设想月球移民的三个不同阶段，其标志是人口规模的扩大。

19.3.1　基地阶段

在起步阶段，月球只有一个基地，居住着少数人，主要是宇航员、科学家、工程师和后勤工作人员。在这个阶段，有可能出现一定程度的异常反应。正如邓拉普（1966：443）所强调的，"群体规范在一定程度上由该群体所属的更大社会所形成、加强和维护"，同时"长期脱离这个更大的社会环境可能导致群体标准和价值观向群体成员个体和利己价值观转变"。在非典型情况下，会出现以下现象：地位平等化、群体等级结构弱化、社会退缩、去社会化、群体凝聚力降低。这些情况可能会对群体结构和团结造成压力和威胁。然而，必须清楚的是，群体大小和结构稳定性之间没有线性关系。这在很大程度上取决于群体居住空间的质量和数量。1998 年国际空间站第一个组件进入轨道，此后在国际空间站上进行的观察和验证试验表明，"即使是为了改善状况而实施的改变，也可能产生意想不到的负面后果"（斯达德，2010）。有指导意义的案例是第 14 远征队改变为 3 人机组，第 16 远征队为多人机组，以及第 20 远征队为 6 人长期驻留机组。一方面，更多工作人员形成了更大的科学生产力，并使他们能够更好地安排烦琐的任务，如物资存储和后勤保障任务。另一方面，"机组人员人数的增加不可避免地产生了一系列的负面影响，比如运动器材的竞争加剧，失去隐私，以及人际冲突机会增多，等等"（斯达德，2010）。

19.3.2　村落阶段

让我们假设，由于人工重力或人类体质的增强，月球定居者的潜在健康问题得到了预防（绍西克，等，2019），科考站驻留区域（社区）可以在数量上扩展到一个村庄的规模。一般认为在轨道或行星移民地的定居者数量是 1 万人（约翰逊和霍尔布罗，1977；罗素，1978），但我们可以认为，有几百名定居者已经可以构成一个村庄。理论上，在这个阶段，孤立封闭问题应该终止。"随着团队规模的增加，成员在数量显现方式上变得更有组织、更高效。成员向两极分化，更容易出现领导和群众两个阶层。群体规模越大，领导者和追随者之间的关系越容易出现……"（喀纳斯和费德森，1971：43）。尽管如此，我们应该考虑到，月球村不会是一个小规模的、亲属关系密切的、以邻里为基础的社区，即德国社会学家费迪南德·唐尼斯赋予这个词的意义（2001）。由于选择移民将根据他们从事行业或科学研究项目的专业能力来实施，他们不太可能有共同的种族、文化背景和宗教。因此，不能排除在封闭环境中，长期封闭限制引发一定程度的异常反应。特别是如果社区意识较弱，可能会因为缺乏有效合作而出现社会混乱。正如爱尔斯特所述，"集体行动理论将搭便车问题确定为合作的主要障碍"，而"谈判理论认为，主要问题是未能就合作利益的分配达成一致"。粗略地说，当移民数量增加时，一定比例的人就容易搭便车。如果有人对维持移民地的贡献小于其他人，就可能产生冲突。此外，如果任何类型的偏见导致了对搭便车者的毫无根据的总体看法和不正确的判别，那么冲突就会明显增加。

19.3.3　城市阶段

让我们假设，在未来某个时刻，月球的地球化将成为现实，社区发展到了一个拥有成千上万居民的城市水平。在这个阶段，由于封闭在狭小空间而产生的社会（心理）病态将会减少。简单地说，如果个人或团体因为任何原因开始争吵或斗殴，他们最终可以通过出去散步来消除，同时由离经叛道的移民者的自我毁灭行为对整个移民地生存的威胁也将消失。然而，这种紧张局势的缓解将被大城市聚集区典型的失范和犯罪倾向重新挑起，"美国社会学家和精神病学家经常把城市描绘成有利于精神错乱的社会解体场所"（珀诺斯，2003）。相反，小城镇的农村生活被认为是促进心理健康的理想选择，这在很大程度上取决于这些假设的月球城市将如何形成。如果它们以一种有序的方式发展，以应对政府机构或私人公司提供的大量高质量工作，如涉及地外采矿，可以推测这些问题不会达到临界点。如果人类因为战争、全球变暖、污染、大病流行、地质灾难或其他生存风险而痛苦地从地球上大规模移民，试图在地球化的月球上生存，情况就不同了。在这种情况下，任何人都可以购买到月球和月球住所的旅行票，包括有钱的暴徒和恐怖分子。因此，社会学家监测的其他典型的社会现象，如社会分层、贫困、不平等、阶级斗争、有组织犯罪等，将成为相关问题。

针对考虑在月球土壤上建立多个城市展开讨论，这些城市可能由不同国家建立，具有不同的政治制度和文化背景，但这些城市之间的假设关系或许可以从政治学角度进行更好的分析。任何场景都值得关注，从城镇间的紧张关系到月球联盟的诞生，再到与地球制度完全不同的月球移民前景——科幻小说作家罗伯特·海因莱因已经设想过了。我们不会在场景分析中包括这些可能的发展，因为它们已经在其他研究中探讨过了（罗素，1978）。

19.4　尽量减少功能失调冲突和社会混乱的可能解决方案

在本节中，我们将尝试性地提出社会技术解决方案，以解决月球定居点可能发生的潜在功能失调冲突。经济学家冯·哈耶克强调，社会秩序有两种类型：一种是创造的、外生的、人为的、构建的秩序，这是一种组织类型；另一种是成长的、自我生成的、内生的、自发的秩序，这是市场经济类型。正如弗里德里希·哈耶克（1973：36）所说，"古典希腊语中比较幸运的是有不同的单词来表示这两种秩序，即 taxis 表示已制定的秩序，例如战斗的秩序，而 kosmos 表示已发展的秩序，最初意思为一个国家或一个社区的正确秩序。"显然，当谈到人类现象时，自然与人工的区别只能有一个启发式的目的，而不是一个明确的本体论基本原理。根据哈耶克（1973：286）所述，几乎任何政府干预的行为都会造成混乱。众所周知，社会政策的支持者认为这一结论在意识形态上承载了太多的内容，但是，没有必要为了认识到 taxis 和 kosmos 等概念的实用性而去赞成它。为了采取更中立的立场来完成任务，我们应该认识到，如果有两种秩序，相应地，必定有两种类型的问题，一种由政治权威的人为错误决定所致，另一种由自由个人的错误决定所致（这绝不可能总是理性的和最明智的）。在这个角度看，哈耶克的结论只是众多可能性中的一个特例。事实上，自上而下的监管也可能导致社会问题。为了提高生产力，这种监管过度地鼓励竞争，而不是合作。过度竞争可能导致冲突，从而导致混乱。具体情况的结果还取决于个人的个性特征和文化背景等变量。如果我们没有一个简单的算法来预测事后的秩序或混乱，可以用一些有用的概念来分析事后的情况，这样至少可以看到并解决正在形成的情况。对于上述三个阶段问题的解决方案是不同的。

19.4.1　基地阶段

各个国家的宇航局已经在人际关系、行为和文化背景方面储存了丰富的知识，以确保第一阶段月球驻留过程中的社会秩序。针对长期太空任务，机组人员的选拔和训练也应该适用于月球基地（尼古拉斯和福希，1990；桑蒂，1994；麦克法登，等，1994；托米，2007）。人们经常注意到，领导和群众之间的关系对群体的稳定尤为重要。不过，这种稳定是否可以通过军事化纪律或一定程度的组织结构的灵活性来确保，仍存在争议。事实上，当局可以为月球定居点设计一个特定的等级结构（taxis），但定居者可以非正式地、自发地将有效的领导权分配给级别较低的个人（kosmos）。根据个性特征和文化背景的不同，可能会造成紧张和冲突，或者只是基于普通的和默认的假设就可以很好地解决。在地球上，这种情况可以持续数年，而不会危及组织的目标。然而，在地球外太空中存在特别的社会心理应激，促使人们避免形成潜在的不稳定的组织结构。在地球上，一个组织的成员有其他社会角色（如为人父母、俱乐部成员、宗教活动人士、政治活跃分子等），这些角色在太空中不容易实现。工作外活动满足感的缺乏可能会加剧人际冲突。与任务中心管理人员的沟通不能占主导地位，因为这本身就有问题（卡纳斯，2000，2001，2007）。确保月球定居者和地面朋友之间的持续交流，应该会减少异常反应的危险。此外，月球基地人员的定期更替——这是预防健康问题所必需的——也应该有助于重建该定居点配套及物资构成的完美适配。如果有效，可以通过形式化自发秩序来实现，或者在社会系统中提供新的领导者或一组新的角色。

19.4.2　村落阶段

俄罗斯航天局的谢尔盖·克里卡列夫表示，"很可能在相当长的一段时间内，不会出现像村庄那样的定居点，人们在那里居住，饲养奶牛"（塔斯社，2016）。他可能是对的，但对这种情况的社会学分析似乎仍然有用。由于在月球南极附近将建立两个或三个基地，我们不能排除将围绕一个基地建立两个或三个独立的村庄。鉴于地球上存在的地缘政治紧张局势和相互的经济利益冲突，我们推测，第二种选择更为合理。每个宇航局都将努力通过确保持续的相互交流和让定居者相信他们自己是社会团体的重要组成部分，来消除发生异常现象的趋势。然而，自主发展的趋势不可避免。让我们假设将有三个村庄分别与美国、中国和俄罗斯月球基地相连。我们可以推测，如果某国提高了国际竞争和对抗的强度，定居点居民将不会盲目地跟随该国。生活在极端恶劣环境中，美国、中国和俄罗斯的月球定居者知道，在存在生存威胁的情况下，他们可能只会从邻居得到立即的帮助，不是相对遥远的祖国。换句话说，不管来自国家宇航局或相关私营企业的压力如何，为了研究或开发自然资源而进行的村间竞争，不太可能轻易地变成公开的冲突。

　　考虑到尽量减少村庄内部（或人际）冲突的需要，应执行比通常太空探索任务所采用的更严格的人员选拔标准。早在 20 世纪 80 年代，布鲁斯就注意到"一个月球定居点……不是一艘飞船。相反，它是一个设施——一个永久的'空间场所'，由来自许多国家、文化和社区的跨学科团队组成，他们作为团队将生活在一起，建造设施，并追求知识和信息"（布鲁斯，1988：665）。20 年后，天体社会学家吉姆·帕斯（2006b）正式提出"人类是多种多样的，因此，我们必须为以多种多样个体（例如根据社会阶级、种族、族裔、性别、权力、威望、年龄、宗教信仰）为特征的群体内部发生的冲突做好准备；我们不应该为了避免可能出现的冲突而争取群体的同质性，而应该尽可能地减少冲突。"

　　这些观察在预测上似乎是正确的，事实上，阿尔忒弥斯大本营发展而成的太空社区很可能是一个多元文化社区。然而，中国月球村的情况未必如此。如果我们从社会学（而不是纯伦理）的角度来看，明确选择异质或同质太空社区背后的基本原理很重要。政治正确性并不是技术-科学（或韦伯主义）这个词汇的基本意思。简单地说，有什么好的理由把我们在地球上面临的问题输出到其他世界？从直觉上看，一个同质社区更有可能避免发生破坏性的冲突，如果没有足够的回报，就没有理由承担风险。现有的社会学文献证实，文化同质性和异质性并不是太空上的无关变量（博伊德，等，2009；古欣，等，2001）。根据阿什肯纳齐（1992）的分析结论，在地球外太空这样一个极其险恶环境中，为了确保稳定和成功，不仅应该避免种族或宗教冲突，而且也应该避免过度的经济竞争。这就是为什么他建议采用一个类似集体农场的社区作为太空移民地的基本模式。

　　尽管如此，多元文化社区模式也可以从组织架构合理性的角度来捍卫。"在太空中，一个不到 10 万人的小型定居点必然需要来自地球的持续支持。如果地球和移民地之间没有稳定而大规模的物质和信息的流动，这种定居点几乎不可能持续下去"（约翰逊和霍尔布罗，1977：27）。一个多元文化的国家更有可能在经济上支持一个多元文化的月球定居区域，存在个体个性特征消失的情况，因为更大社会中各种成员总是会在定居点中找到一个个体或群体是"我们中的一个"。

　　然而，这并不意味着移民选拔是不准确的，或完全基于对专业技能和心理稳定的评估。除了一些明确的需要，如在性别和性取向方面规划一个平衡社区，以尽量减少性别混淆之外，还应考虑到其他基本的社会心理因素。从这一分析中得出的主要建议是从元文化而不仅仅是文化角度来看待选拔的问题。人们如何相信比人们相信或想知道什么更有意义。在一个脆弱太空社区中，人们不希望有教条的、狂热的、以自我为中心的个体存在，而不管他们的世界观或具体信仰如何。心理学家很清楚如何识别反社会者和受自恋型人格障碍影响的个体。但这里我们建议，选拔也应该排除那些不一定被诊断出有精神问题的个体。自私的人仍有能力在地球上过上正常甚至成功的生活，但他们很容易将月球脆弱社区的稳定置于危险之中。相反，哲学敏感性和社会学想象力将是地球外太空生存稳定的基本因素。正如赖特米尔斯（1959：7）所定义的那样，社会学想象力是"从一个角度转换到另一个角度的能力"和"从最客观和最遥远的转变到人类自我最亲密的特征——并看到两者之间的关系。"具有社会学想象力的人能够超越自身身世变迁所带来的认知局限，以更大范围的历史变迁来理解身世变迁。他们能够站在别人的角度看问题，因为他们获得了"一种新的思维方式"，经历了"对价值的重新评估"（赖特米尔斯，1959：7）。

特别是，选拔人员在招募那些不能理解"相信"和"知晓"之间区别的候选者时，应该三思而行。当我们认识到我们不知道或不能肯定地知道某件事，当我们不是事件的直接目击者时，必须对事件的来源给予一定程度的信任；当我们仍然可以合理地怀疑某一主张时，我们就开始相信。相信是合理的，因为我们不能对一切都有直接的经验。然而，并不是每个人都明白形而上学的思想，因为超出了最终的经验证明，不能像讨论是否下雨那样进行讨论。将太空中的宗教冲突最小化非常重要，因为月球定居点的可居住区域将是可预见的、有限的。如果信徒足够宽容，他们可能会同意共享一个独特的寺庙，用于所有不同的宗教象征、功能和仪式。非宗教定居者应采取同样宽容的态度。说到知识，重要的是要确保移民远离完全怀疑主义的两个极端，这可能导致无所作为和顽固的教条主义，进而可能导致"科学战争"。当面临的挑战是适应一个很大程度上尚未知晓的环境时，一定程度的认识论错误主义（以及随之而来的认知灵活性）至关重要。选拔人员者应该询问潜在的定居者：（1）他们过去是否犯错了；（2）他们是否公开认错了；（3）他们是否认为目前的知识在某种程度上是没有事实根据的；（4）他们对宇宙的奥秘感到多么无知。如果他们不承认自己曾经改变过对某件事的想法，或者他们在原则上仍然可能是错误的或无知的，那就应该像敲响警钟一样产生警示。

选拔具有社会学想象力的人很重要，不仅可以防止"搭便车"和缺乏合作导致的功能障碍，还可以防止过度僵化和缺乏同理心导致的冲突。厄尔斯特（1992：15）正确地观察到"集体行动失败往往是因为谈判失败。在通常情况下，要求每个人都为公共利益做出同等贡献是荒谬的。有些人比其他人的需求更多，而有的人贡献更大。"简单地说，女人可能会有男人没有的问题（反之亦然），或者年轻人可能会做老年人做不到的事情，等等。设身处地为他人着想的能力是决定在特定情况下谁应该做出贡献、谁应该被允许搭便车的基础。

19.4.3　城市阶段

我们不会用太多的文字来评估这个可能的月球定居阶段，基于两个主要原因：首先，由于微重力、辐射、极端温度、陨石、健康问题和其他众所周知的问题，一个数十万人居住的月球城镇在未来几十年似乎不可行。从经济角度来看，如果人类在月球上的存在能够获得利益，那么工业活动很可能会尽可能地实现自动化（坎帕，等，2019）。

其次，假设一个地球化的天体如月球或火星，有河流、耕地、可呼吸的空气、可忍受的天气条件，以及居住着数百万人类和动物，等等，将会呈现出与地球上的生命如此相似的特征，因此不需要特殊的社会技术手段来确保社会秩序。如果一个星球地球化演变成功，太空社区将在经济上独立于母亲地球，人口将开始就地繁殖，而不是物竞天择。从社会学角度来看，非常有趣的组织构型可能会出现，但对这种未来可能性的探索将使我们远离更紧迫的问题。的确，太空技术公司（SpaceX）的创始人埃隆·马斯克表示，他计划到2050年，通过每天发射三艘星舰，将100万人送上火星（麦克福尔-约翰森和莫舍，2020）。很难相信这个雄心勃勃的计划会变成现实，但我们会很乐意看到，（对马斯克的不信任）被证明是错误的。

19.5　结　论

总之，似乎有必要概述一下未来研究的潜在领域，在月球定居的任何阶段，社会学家不仅可以帮助选拔最合适的定居者，还可以监测社会生活在太空中是如何发展的。当定居点开始扩张时，或许可以将社会学研究与其他科学实验一起纳入宇航局管理的科学研究项目。社会学家借助问卷调查和录音录像设备，通过调查、或多或少结构化的深度访谈，可以收集和记录来自太空定居者的有价值信息，通过社会学理论来理解这些信息。这可以通过电信技术从地球上实现，但如果你想"深入"了解月球定居点的设计问题，那就得求助于人种学研究。如果天文社会学家有机会在现实生活中观察和（或）与月球居民互动，就能获得更多相关的行为信息。在组织功能退化为太空社区的实际威胁之前，社会学研究参与者的观察和定性分析可以帮助修复组织的功能障碍。

参 考 文 献

［1］ ARS. (1957). Space sociology, astronautics sessions highlight ARS spring meeting. Journal of Jet Propulsion. , 7 (3), 320 – 324.

［2］ Ashkenazi, M. (1992). Some alternatives in the sociology of space colonization: The Kibbutz as a space colony. Acta Astronautica, 26 (5), 367 – 375.

［3］ Bainbridge, W. S. (1976). The space flight revolution: A sociological study. Wiley.

［4］ Bainbridge, W. S. (2015). The meaning and value of spaceflight. Public perception. Springer.

［5］ Bainbridge, W. S. (1991). Goals in space: American values and the future of technology. State University of New York Press.

［6］ Bluth, B. J. (1988). Lunar settlements: A socio – economic outlook. Acta Astronautica, 17 (7), 659 – 667.

［7］ Bluth, B. J. (1979). Constructing space communities. A critical look at the paradigms. In R. Johnson et al. , (Eds.), The future of the U. S. space program. Advances in the astronautical sciences (Vol. 38). Univelt, Inc.

［8］ Bluth, B. J. (1981). Sociological aspects of permanent manned occupancy of space. AIAA Student Journal, 48, Fall, 11 – 15.

［9］ Bluth, B. J. (1983). Sociology and space development. In T. S. Cheston (Eds.), Space Social Science. Retrieved January 2nd, 2021, from https: //er. jsc. nasa. gov/SEH/sociology. html.

［10］ Boyd, J. E. , Kanas, N. A. , Salnitskiy, V. P. , Gushin, V. I. , Saylor, S. A. , Weiss, D. S. , & Marmar, C. R. (2009). Cultural differences in crew members and mission control personnel during two space station programs. Aviation, Space, and Environmental Medicine, 80 (6), 532 – 540. https: //doi. org/10. 3357/asem. 2430. 2009.

［11］ Campa, R. , Szocik, K. , & Braddock, M. (2019). Why space colonization will be fully automated. Technological Forecasting & Social Change, 143, 162 – 171. https: //doi. org/10. 1016/ j. techfore. 2019. 03. 021.

［12］ Dunlap, R. D. (1966). Psychology and the crew on mars missions. Paper presented at the American institute of aeronautics and astronautics, and american astronautical society stepping stones to mars meeting (Baltimore, Md.), Mar. 28 – 30, 441 – 445.

［13］ Elster, J. (1992). The cement of society. Cambridge University Press.

［14］ Etzioni, A. (1964). The moon – doggle: Domestic and international implications of the space race. Doubleday.

［15］ Gushin, V. I. , Zaprisa, N. S. , Kolinitchenko, T. B. , Efimov, V. A. , Smirnova, T. M. , Vinokhodova, A. G. , &Kanas, N. (1997). Content analysis of the crewcommunicationwith external communicants under prolonged isolation. Aviation, Space, and Environmental Medicine, 68, 1093 – 1098.

[16] Gushin, V. I., Pustynnikova, J. M., & Smirnova, T. M. (2001). Interrelations between the small isolated groups with homogeneous and heterogeneous composition. Human Performance in Extreme Environments, 6, 26 - 33.

[17] Harris, P. R. (2009). Space enterprise: Living and working offworld in the 21st century. Springer and Praxis.

[18] Hayek, F. A. (1973). Law, legislation and liberty (Vol. 1). The University of Chicago Press.

[19] Heinlein, R. A. (1966). The Moon is a harsh mistress. G. P. Putnam's Sons.

[20] Heppenheimer, T. A., et al. (1985). Resources and recollections of space colonization. In C. Holbrow (Ed.), Space colonization: Technology and the liberal arts (pp. 129 - 140). American Institute of Physics.

[21] Johnson, R., & Holbrow, C. (1977). Space settlements: A design study. Government Printing Office.

[22] Jorgensen, J. (2010). Humans: The strongest and the weakest joint in the chain. In H. Benaroya (Eds.), Lunar settlements. CRC Press.

[23] Kanas, N., Salnitskiy, V., Grund, E. M., Gushin, V., Weiss, D. S., Kozerenko, O., Sled, A., & Marmar, C. R. (2000). Interpersonal and cultural issues involving crews and ground personnel during Shuttle/Mir space missions. Aviation, Space, and Environmental Medicine, 71 (9), A11 - A16.

[24] Kanas, N., Salnitskiy, V., Weiss, D. S., Grund, E. M., Gushin, V., Kozerenko, O., Sled, A., Bostrom, A., & Marmar, C. R. (2001). Crew member and ground personnel interactions over time during Shuttle/Mir space missions. Aviation, Space, and Environmental Medicine, 72 (5), 453 - 461.

[25] Kanas, N. A., Salnitskiy, V. P., Boyd, J. E., Gushin, V. I., Weiss, D. S., Saylor, S. A., Kozerenko, O. P., & Marmar, C. R. (2007). Crew member and mission control personnel interactions during international station missions. Aviation, Space, and Environmental Medicine, 78 (6), 601 - 607.

[26] Kanas, N. A., & Fedderson, W. E. (1971). Behavioral, psychiatric, and sociological problems of long - duration space missions, NASA TM 58067, October.

[27] Lei, Z. (2020). Chang'e 5 lunar probe gathering moon samples, December 3rd, 2020. Retrieved January 2nd, 2021, from http://english.www.gov.cn/news/topnews/202012/03/content _ WS5fc828d1c6d0f725769412cd.html.

[28] Letzter, R. (2019). China plans to build a moon base near the lunar south pole, 27 April 2019. Retrieved January 2nd, 2021, from https://www.space.com/china - moon - base - 10 - years.html.

[29] Lundquist, C. A., Tarter, D., & Coleman, A. (2011). Identifying sociological factors for the success of space exploration. Physics Procedia, 20, 331 - 337.

[30] McFadden, T. J., Helmreich, R. L., Rose, R. M., & Fogg, L. F. (1994). Predicting astronaut effectiveness: A multivariate approach. Aviation, Space, and Environmental Medicine, 65 (10), 904 - 909.

[31] McFall - Johnsen, M., & Mosher, D. (2020, January 17). Elon Musk says he plans to send 1 million

people to mars by 2050 by launching 3 Starship rockets every day and creating 'a lot of jobs' on the red planet. Business Insider. Retrieved January 2nd，2021，from https：//www. businessinsider. com/elon - musk - plans - 1 - million - people - to - mars - by - 2050 - 2020 - 1？ IR＝T.

[32]　Merton，R. K. (1968). Social theory and social structure. The Free Press.

[33]　NASA. (2015). Nasa's efforts to manage health and human performance risks for space exploration. Office of Inspector General，Report No. IG - 16 - 003. October，29.

[34]　NASA. (2020). Artemis plan. NASA's lunar exploration program overview. National Aeronautics and Space Administration. Retrieved January 2nd，2021，from https：//www. nasa. gov/sites/def ault/files/atoms/files/artemis _ plan - 20200921. pdf.

[35]　Nicholas，J. M.，&Foushee，H. C. (1990). Organization，selection，and training of crews for extended spaceflight：Findings from analogs and implications. Journal of Spacecraft and Rockets，27 (5)，451 - 456.

[36]　Parsons，T. (1951). The social system. Routledge & Kegan Paul.

[37]　Pass，J. (2006). Viewpoint：Astrosociology as the missing perspective. Astropolitics，4，85 - 99.

[38]　Pass，J. (2006). The astrosociology of space colonies：Or the social construction of societies in space. AIP Conference Proceedings，813，1153. https：//doi. org/10. 1063/1. 2169297.

[39]　Pass，J. (2007). Moon bases as initial "Space Society" trials：Utilizing astrosociology to make space settlements livable. AIP Conference Proceedings，880 (1)，806. https：//doi. org/ 10. 1063/ 1. 2437520.

[40]　Pols，H. (2003). Anomie in the metropolis：The city in american sociology and psychiatry. Osiris，18，2nd series，194 - 211. Retrieved December 27th，2020，from http：//www. jstor. org/ stable/3655292.

[41]　Ross，H. E. (1964). A contribution to astrosociology. Spaceflight，6 (4)，July，120 - 124.

[42]　Ross，H. E. (1976). Guidelines to astrosociology. Spaceflight，18 (4)，April，135.

[43]　Rudoff，A. (1996). Societies in space. Peter Lang Publishing.

[44]　Russell，A. (1978). Human societies in interplanetary space：Toward a fructification of the utopian tradition. Technological Forecasting & Social Change，12，353 - 364.

[45]　Santy，P. A. (1994). Choosing the right stuff：The psychological selection of astronauts and cosmonauts. Praeger.

[46]　Sheetz，M.，& Dzhanova，Y. (2020). Top Russian space official dismisses NASA's moon plans，considering a lunar base with China instead，July 15th，2020. Retrieved January 2nd，2021，from https：//www. cnbc. com/2020/07/15/russia - space - chief - dmitry - rogozin - dismisses - nasas - moon - program - considering - china - lunar - base. html.

[47]　Son，H. (2015). The history of western futures studies：An exploration of the intellectual traditions and three - phase periodization. Futures，66，120 - 137. https：//doi. org/10. 1016/j. futures. 2014. 12. 013.

[48]　Stuster，J. (2010). Behavioral issues associated with long - duration space expeditions：Review and analysis of astronaut journals. Experiment 01 - E104 (Journals)：Final report. NASA/TM - 2010 - 216130. Houston，Texas：NASA/Johnson Space Center.

[49]　Szocik，K.，Campa，R.，Rappaport，M. B.，& Corbally，C. (2019). Changing the paradigm on human enhancements：The special case of modifications to counter bone loss for manned mars

missions. Space Policy, 48, 68 – 75.

[50] TASS. (2016). Russia plans to build lunar base in 2030 – 2035—space corporation, April 5th, 2016. Retrieved January 2, 2021, from https: //tass. com/science/867452.

[51] Tomi, L. , Kealey, D. , Lange, M. , Stefanowska, P. , & Doyle, V. (2007). Cross – cultural training requirements for long – duration space missions: Results of a survey of international space station astronauts and ground support personnel. Paper delivered at the Human Interactions in Space Symposium, May 21st, 2007, Beijing, China.

[52] Tönnies, F. (2001). Community and civil society. Cambridge University Press.

[53] Tough, A. (1998). Positive consequences of SETI before detection. Acta Astronautica, 42 (10 – 12), 745 – 748.

[54] Weber, M. (1949). The methodology of the social sciences. The Free Press.

[55] Wright Mills, C. (1959). The sociological imagination. Oxford University Press.

第 20 章　预测月球文化、生活和工作：将有何不同？

克里斯托弗·科尔巴利　玛格丽特·布恩·拉帕波特

摘　要　生活在月球上比生活在火星上需要更多的创新，虽然月球靠近地球有一定优势，但其引力只有火星引力的一半，或地球的六分之一。虽然还有很多不确定之处，但有研究指出了建立保障供给和基础设施的类型，比如适合公共生活和个体隐私的人类住所，这两者都是月球社区所需要的。在这些宽泛参数范围内，基础设施建筑和人类活动可以通过艺术、娱乐和利用水培农产品的食物来维持可持续发展。一种新的文化将会发展起来，要取得持久的成功，这种文化需要对月球环境保持敏感性。在本章中，我们将讨论生活和工作的四个方面：居住、娱乐、艺术和饮食，所有这些都在较低重力下进行，通常是在氧气供应有限的密闭空间里，且废物管理将是一个挑战，如果我们喜欢自家的家庭烹饪食谱，它们可能来自复制品。

20.1　月球文化出现的背景

这一章比本书的大多数章节让读者更深入地了解月球的未来，因此排在最后。我们将根据从今天科学和工程知识基础以及未来分析师的方法工具中得出的可比较结果，进行基于经验的预测（趋势分析，统计建模，德尔菲技术，模拟和推演，以及规范预测技术等）。事实上，针对现有人类月球生活模型知识，我们将逻辑推理应用于其中，增加了设想月球物质和社会文化的信心。这一章的预测内容对于人类长期存在于月球的第二阶段计划至关重要。

在第一阶段，正如 NASA 的阿尔忒弥斯计划（布克利，2020；NASA，2020A），先驱探索者将在那里建立一个立足点，可以说，超越了人类首次登陆月球的足迹。人类在苛刻的月球环境中面临的基本挑战将得到缓解，永久月球基地的选址也将确定。接下来的阶段，为月球上居民设定与地球上不同的生活方式，建设第一个月球村，作为向月球城市拓展的核心（欧洲空间局，2020；帕克斯，2019）。

我们预计，第二阶段的文化将由一件事主导：工作。一开始没有失业人员，甚至退休人员也是没有的。在月球定居的早期阶段，毫无疑问会有政治家、名人和富人来访。在第二阶段，可能在月球村建设接近尾声时，将为游客提供服务。毕竟，为了赢得他们的好感，让地球上每个人都参与到第一个月球定居点建设中来很重要。尽管如此，这个时期的活动包括：（1）建造建筑物和基础设施的活动将占主导地位，同时记住我们的需求；（2）娱乐（工作的需要）；（3）令人满意的美食；（4）创意艺术。

我们无法预料到这个新兴月球文化的一个特征：它的根源。我们无法预测来自非洲、东亚、欧洲和拉丁美洲文化的人口比例，也无法预测这些文化将如何结合和融入一个被称为"融合"的过程中。我们可以预见，英语将占主导地位，因为在目前和可预见的未来，英语是大多数国际会议尤其是科学会议的交流语言，也是参与国际交流的专家，特别是飞行员和飞行控制人员沟通交流的语言。因此，在这里我们所预见的文化将会受到移民到月球的人的种族根源的影响，但这些根源及其组合尚不清楚。

在本章中，我们将讨论月球文化、生活和工作的主要趋势，内容涉及建筑、娱乐、饮食和艺术。在其中，我们将发现与地球上相同文化部门有相似之处，但也有一些显著的差异。分析这些差异将有助于为火星上面临更大的挑战做准备。不可否认的是，月球移民地可能比火星移民地更依赖地球，因为火星距离地球远得多，这不仅仅是可能有更多的现成供给来提供一种"离家更近"的感觉。与在火星上观察地球相比，在月球上观察地球呈现给我们一个真正的"满眼"。尽管如此，在月球和火星上，生存和繁衍的挑战在许多方面是相似的，最主要的挑战是没有大气（月球）或有毒的大气（火星）。

康拉德·绍西克和他的同事，至少从西方人的角度进行探讨后认为，"火星人"在火星上建立一个可持续的人类移民地，将考虑诸多因素（2020）。这些因素将包括：（1）火星环境的生存威胁；（2）人类的心理；（3）技术进步；（4）互惠的"商业模式"；（5）鼓励未来发展的"试验计划"。

针对建立一个与火星相适应的、清楚易懂的、有组织的价值观和信仰体系，在美洲、澳大利亚、二战后德国和日本开展了先导性研究，正确地指出了其未来的重要性。同样情况也适用于月球，或其他任何来自地外的人类移民地（参考本书第 14 章对月球自然、生态环境的预测）。这些价值观和信仰将通过移民地的建筑、娱乐、美食和艺术所创造的文化反映出来。这是详细研究这些领域的主要原因。

20.2　建筑与生活

在月球上，人类不需要完全被埋在地下，然而在一个完全没有大气层的环境中，我们需要被适当加压的空气包围，充分保护我们免受恶劣的热应激、宇宙射线和微陨石的伤害。目前，应对这些挑战有两个主要的解决方案（曾经有过其他的设计方案），这两个方案在未来可能会改变。

解决方案 1：欧洲空间局（ESA）和建筑公司斯基德莫尔、奥因斯和美林公司（SOM），以及麻省理工学院的宇航系，正在设计高大的四层建筑结构，提供生活居住场所和实验室，可以相互连接起来（图 20 - 1）。每个建筑结构都有一个可充气的刚性框架外壳，所有材料都将从地球上运输过去。需要从地球运输辐射屏蔽层限制了辐射暴露的数量和质量，因此每个同期工作小组必须在月球上工作一年后返回地球（欧洲空间局，2020）。

解决方案 2：另一种解决方案是 NASA 和欧洲空间局正在开发的圆顶建筑结构（欧洲空间局，2014）。这些圆顶也可以连接起来，形成一个类似村庄的网络（图 20 - 2）。工业建筑的规模比居住和工作单元大得多，它也将成为一个不断扩大的、多用途的综合体的一

图 20 - 1　ESA - SOM 月球村模型（图片版权为 SOM/斜方有限公司拥有）（见彩插）

部分。解决方案 2 的辐射防护能力将远远优于解决方案 1，因此，即使是一个人也能安全地在月球上度过一生（帕克斯，2019）。把工作和居住的场所建设在地下或温室下面，也可以提供部分同样的保护（参见本书 5 章，卡萨利斯）。

图 20 - 2　正在建设中的 ESA - NASA 月球村

（图片版权为欧洲空间局/福斯特及合作伙伴拥有）（见彩插）

　　解决方案 2 所提供的额外保护将由两个关键因素决定：月球表面的风化层，以及月球表面本身（参见本书第 3 章，哈维兰）；使用增材制造（AM），更常见的方法是 3D 打印（本维努蒂，2013；卡丁和斯特劳布，2015；拉贝亚加-马丁内斯，2017）。在解决方案 2 中，每个建筑的框架将是一个刚性外壳，最初必须与 3D 打印过程中使用的黏结剂或"油墨"一起从地球上运输过来，用于加固覆盖所有建筑的厚的风化层。

20.2.1　增材制造的建筑与环境

　　我们详细检查增材制造过程中使用的建筑元素，因为这将决定月球上大部分生活和工作的空间。它在月球上的使用将是一个重要的考验，如果在月球上的应用被证实是成功的，那么也可以用于太阳系的其他星球上。这些建筑元素可以用于火星、小行星、谷神星（严格来说是小行星带中的一颗矮行星）、木卫二或人类探索太阳系的其他行星。

　　太空探索的一个结果就是对新形状建筑的重新定位。已经习惯于生活在矩形建筑的工业社会的人们，将需要重新习惯由充气外壳产生的主要为球形的空间。居住其内的居民和世界上许多传统社会中的民族一样，比如中亚高原的游牧民族，他们住在圆形的"蒙古包"里。房屋形状甚至在有记录的历史中都使用了圆形，比如保留在意大利阿尔贝贝罗的15 世纪特鲁洛房屋。在现代，我们将借助室内设计和家具设计师的帮助，他们为这些圆形、圆顶的月球空间构思了各种形式。这些设计将会很有趣，像地球上现有的原型构造一样，而不仅仅是那些针对潜艇水手的空间原型，他们也必须适应狭小的、弯曲的空间。

　　因此，对月球建筑的优化，无论是解决方案 1，还是解决方案 2，都将是一个加压的充气外壳。针对方案 2，覆盖半刚性外壳的强化和全保护性风化层将由 3D 打印巡游车一层一层地铺设，它可以收集风化层，产生混合物，然后爬上外壳，将混合物沉积成拱形形状。风化层会自然地流过壳层，形成均匀厚度的覆盖层（本维努蒂，2013，见图 20-2）。它必须足以防止以接近步枪子弹九倍的速度移动的陨石，该外壳还必须保护其内部不受太阳风、太阳耀斑和银河宇宙射线的影响（本维努蒂，2013，292-3）。这意味着有相当深的窗户可以让光线进入，所以它们最好被设想为天窗。在连续两个星期的月球黑夜，可利用的光将是地球反射的"地球光"，而不是直接来自我们的恒星——太阳的光。

　　使用以圆顶形式覆盖的厚的月球风化层来保护其内的居民或工人，具有明显的环境优势。这种建筑材料很容易获得，不需要从地球运输过来。此外，正如鼹鼠以及人类和地球上的其他动物所证实，最有效的热控制和保温居住的单体形状是球体。它具有最小表面积下的最大容积，因此最终将有助于节省用于加热和降温的燃料（艾利森，2015）。增材制造以一种有效且无污染的方式利用月球风化层这一丰富的自然资源，这与威廉·克莱默的《地外环境评估框架》（2020）非常吻合。正因为增材制造最初在地球上开发出来，将被带到月球和更远地方使用，它在月球上的应用反馈也会影响该方法在地球上的使用。在地球上，这对偏远军事基地的建设很重要（贾戈达，2020）。随着全球变暖的加剧，在未来，它可能被广泛用于控制人类居住建筑内部空间的温度。

20.2.2　针对资源限制、低重力和尘埃等的解决方案

在有限时间内，我们可以设法住在像国际空间站（ISS）这样的狭小空间里，或者住在天文台的小卧室里。然而，每个人在月球上需要 90 立方米的个人空间（德雷克，1998），对于夫妻来说，这可能会翻一倍。天窗可能会设置在公共区域，而不是个人宿舍。将特别设计窗户材料，以保护人类免受辐射暴露，并保存热量，从而限制能源的使用。在任何月球建筑中，天窗都是一种有限的资源，因为首先需要从地球运输过来。对于私人宿舍来说，在为期两周的月球白天，黑暗对于睡觉可能更方便。月球居民将习惯于每个房间的电子显示器面板，通过提供明亮的月球景观甚至地球景观来弥补窗户的不足。在地球上，许多室内空间都缺乏日光，但月球生活的不同之处在于白昼更长。节约资源不仅会限制天窗，还会限制许多其他曾经被认为是必需品的物品。

南极的生活表明了我们将在月球上发现的一些差异。的确，一位科考人员因参加收集陨石的考察活动，曾在南极冰原上生活了两个月，他说感觉自己就像生活在一个"外星世界"。同样，驻留在南极站的人们经历了长达几个月的持续白昼或黑夜，有助于我们更好地了解月球上生活可能是什么样。本书第 6 章布拉多克描述的温室肯定不会太遥远。作者详细阐述了温室或类似环境可以在地球上为月球的早期居民提供一个令人愉快的娱乐和运动锻炼的空间。

因为月球上没有大气环境，所以窗户不会打开——也就是说，除非月球上的巨大圆顶建筑、"室外"空间以及生活区能完全覆盖植物，这与地球上的某些工作领域没有什么不同。然而，月球空气供应将一直是人工供给，尽管温室实现了循环利用，而且空气将被小心控制。这种控制将允许绿色植物在生活区生长，这将有助于环境美观，也有助于将二氧化碳转化为可呼吸的氧气。尽管如此，仍然不可能有用来取暖或烧烤的明火存在，月球居民将依赖于室内装饰设计师和工程师来设计令人愉悦和温暖的替代方案，也许可以在大尺寸墙壁上实现。

多亏了阿波罗计划，我们看到了月球表面重力对人类步态的影响，其表面重力只有地球上的 1/6。月球上室内布局、家具和装饰都将允许乘员跳跃或将跳跃作为一个可选的步态，至少在建筑物之间。在室内，加重的或磁性靴子、拖鞋可能会有所帮助。作者思考的一个问题是，家里的狗是否能够应对月球 1/6 的重力，或者其他宠物最终的问题不会那么严重。

在月球驻留的最初阶段，单独房间将是一种奢侈品。针对大多数从事研究、行政、安全、军事、农业、餐饮和建筑工作的月球居民来讲，空间、光、保温和美食将是宝贵的资源。因此，单个的月球单元布局类似，仅仅限于睡眠和私人时间，无论他们的职业专长是什么。客厅、餐厅、厨房和储物间都是公用，附近肯定会有一间咖啡房，提供咖啡、茶和小吃，这些都是复制而来，还有一个健身房，配有经国际空间站验证的设备。作者设想了一个早期提供酒精饮料的酒吧，他们想知道如何制定规则和法规来允许药物使用（或者不允许）。一个无宗派的冥想中心对许多来自不同信仰或无信仰的人来说必不可少，因为进

行冥想可能是为了个人健康，而不是出于信仰的原因。正如默里在本书第18章所述，定期冥想可以减轻在"艰苦"环境中产生的压力，在过去几个世纪里，这种"艰苦"环境"可能被选为惩罚罪犯的流放地"。

我们还没有提到月球尘埃，它有可能给人类的舒适、清洁、健康和心智带来巨大压力。气闸会有所帮助，但正如阿波罗号宇航员发现的，月球尘埃具有很强的侵袭性和磨蚀性（多尔金，2019）。本章的两位作者都居住在亚利桑那州南部，那里的人们正在应对尘埃，可能会提出遏制月球尘埃的建议。然而，地球上很少有环境存在像玻璃碎片那样具有研磨性的灰尘。应对腐蚀性尘埃可能是月球生活中最困难的方面之一，"消除尘埃"可能会提高到很高的技术精度，它对维持人类健康非常重要。由于健康原因，它也可能使某些人不能在那里生存。

20.2.3　位置、位置、位置

去月球长时间驻留，考虑到我们所描述的所有挑战，人们可能会问，为什么人类要亲自去月球，而不是仅仅送机器人去（坎帕，等，2019）。即使是小说家金·斯坦利·罗宾逊在《红月亮》一书中抱怨道："月球上没有什么可以让人赚钱的东西"（埃迪，2019）。起初，这似乎是真的，因为与地球相比，月球显得如此贫瘠。然而，月球的巨大价值肯定会显现，主要是因为它所处的地理位置。

月球将成为前往小行星采矿计划的试验场，宇宙飞船前往火星的航路点，短期和长期行星探险的发射点、转移点，以及往返地球的各种商业批量物资分发点。在移民定居之初，人类将前往月球进行科学探索，观赏地球美丽且无与伦比的景观——那里是人类的家园。月球的运输和燃料设施将证明其作为前往太阳系其他星球的宇宙飞船良好发射平台的重要性。这也展现了月球以及所有环月空间在军事战略中的重要地位，正如斯图尔特和拉帕波特在本书第11章所述。

20.3　娱乐

一句古老格言说道："只工作不玩耍，聪明的孩子也变傻。"在可预见的未来，工作将主宰在月球、国际空间站和地球外其他星球的生活——除了所有辛勤工作的人们必需的娱乐时间。在某种程度上，这种工作主导生活的现象将会出现，因为往返月球和居住在月球上的费用非常高。每个人都想充分利用他们在那里的时间，特别是如果要限制不可避免的过度辐射暴露。

最终，将会有游客悠闲地凝视在月球天空中的地球，以及被月球居民习以为常的神秘之处。关于娱乐的想法，我们可以再次求助于金·斯坦利·罗宾逊，他以早期火星移民和对抗环境为背景来研究体育社会学。罗宾逊的系列电影《红色火星》（1992）、《绿色火星》（1993）和《蓝色火星》（1996）描述了一系列角色所追求的娱乐活动。如果有人曾经想象过在地球上滑翔，那就试想一下，在重力低得多的火星上滑翔多么令人振奋。人不是像鸟而是像仙女一样飞翔！然而，在月球上没有空气，而且重力只有地球的 1/6，所以任何形式的"空中滑翔"都需要个人携带动力包，比如在背部或身体两侧，有各种各样的设计。

20.3.1　极好的户外活动

阿波罗 16 号宇航员查尔斯·杜克在月球着陆时惊呼道："这是有史以来最美丽的沙漠之一"（科勒和斯图卡洛夫，2019）。在月球沙漠中徒步旅行将是一种很好的休闲选择。在月球沙漠中，有无数大小、高度不一的陨石坑，在重力为地球重力 1/6 的月球环境中，探索这些陨石坑将比在地球上同等位置更容易。月球上的山地被称为"高地"，将是安置徒步旅行者小屋，或者奥地利阿尔卑斯山那样的山上旅馆的主要目的地，这些旅馆曾为其中一位作者所熟知。另一位作者也知道，蓝岭山小径上的民间保护队小屋也如此。在月球上，从月球山上小屋的有利位置看风景会更好。

月球上进行夜间户外活动的机会比在地球上要多。正如月球会把太阳光反射到地球一样，地球也会把阳光反射到月球上。当月亮在夜空中呈现弯弯的新月时，人类可以通过寻找"地球光芒"来体验这一点（邱，等，2003）。此时，他们不仅可以看到被太阳照亮的部分月球，而且还可以模糊地看到被地球上阳光反射照亮的月球其他部分，这是地球之光。利用地球和月球的平均反照率及其角直径进行的简单计算，结果显示，月球上的地球光亮度大约是地球上月光的 40 倍，月球上户外运动应该受益于这种全天候照明。然而，这再次说明人类在圆形穹顶结构中的睡觉之处需要避光。因此，睡觉的地方不需要天窗。

户外运动的前提条件是要穿宇航服，这种宇航服的限制要比阿波罗登月宇航员在月球表面活动时穿的宇航服少得多。NASA 正在为阿尔忒弥斯宇航员开发一种新型舱外移动单元（xEMU）宇航服。这是在宇航服灵活性方面的一个重大进步，同时仍然需要一个笨重背包（NASA，2020b）。新型航天服的改进要求：（1）是紧身，对身体组织和血液保持压力；（2）能很好地抵抗风化层和岩石的磨蚀；（3）通过控制湿度，保持温暖或凉爽；（4）提供可靠的通信技术和可呼吸的空气。这是一个艰巨任务，但肯定会有所改进，然后我们就可以踏上月球之旅。

在恶劣的月球环境中，无论是室内还是室外，需要可靠的通信技术，这对个人安全至关重要。阿尔忒弥斯任务已经通过一个月面网络架构来连接机器人着陆器、漫游者巡视器和宇航员，还将支持定位、导航和授时服务（NASA，2020a，26）。人类在月球上仍将拥有自己的手机和 5G 通信技术，或类似设备。

20.3.2　体育运动和室内娱乐活动

户外运动将得益于轻便的宇航服，随着足球、板球和棒球等新运动形式出现在月球上，看看传统体育运动如何适应月球将是一件有趣的事情。运动场地可能要比地球上大得多。宇航员艾伦·谢泼德在阿波罗 14 号登月任务期间打出了臭名远扬的高尔夫球，估算其落地距离是在地球上完成相同击打时落地距离的 6 倍。

室内运动如篮球和壁球，可能会采用不同的重量或配置的球。这些运动将是月球体育馆内活动的重要补充，它们加在一起将对维持第一批月球定居者的健康、福祉和劳动产出至关重要。

至于其他娱乐游戏，我们可以推测，标准的 52 张扑克牌可能会延续到数字时代，在月球上也会如此。在失重状态下的太空旅行中打扑克牌绝对是个挑战。

20.4　饮食

20.4.1　食品、温室和营养

人类在月球上的进食经历已经超过 50 年。根据"去过那里的人"描述：

熏肉块是储存在登月舱的食物之一，据推算那顿饭是 A 套餐，这是人类在月球上吃的第一餐，包括熏肉块、桃子、糖饼、菠萝柚子饮料和咖啡。在月球宁静海着陆后，他们吃了历史上的月球第一餐，略微提前了用餐时间（舒尔茨，2014）。

人们不禁想象，这顿饭将在未来的宴会和庆典活动中名垂千古。毕竟，人类就是这样做的。他们用今天的仪式来庆祝过去，也提醒我们：人类在月球定居，有意识地经历了巨大的困难和努力，他们将在这种危险环境中获胜，就如在地球上一样。

阿波罗登月任务之后有很长一段时间的空白，但在航天飞机和国际空间站上进食已经填补了这段空白，至少食用了冷冻的脱水食物（乌里，2020）。针对阿尔忒弥斯计划，预先包装好的食物就足够。但我们设想，食物必须来自月球本身自给自足的供应。正如本书第 5 章卡萨利斯所述：水培温室已经被认为是这一供应的关键来源。满足人类所需的所有氨基酸的营养需求可以通过多个项目来实现。

纯素食饮食相对容易适应，对建筑至关重要的增材制造技术也可以帮我们制作一个过得去的纽约牛排（凯利，等，2019）。同样，增材制造也可以在特殊场合满足宗教饮食的制作。几年前，有报道称"现实生活中《星际迷航》的'复制机'在 30 秒内做好饭"（纳尔逊，2020；路透社，2015）。当然，在复制机在月球上投入使用之前，还需要额外的创新，但我们每个人都有理由希望，家里会有自己喜欢的食谱，以及特别为月球节日设计的月球美食。在未来月球人群庆祝节日的场合，这些特别的菜肴将非常重要。

20.4.2　新天文日历、节日、庆典和保护活动

庆祝活动对人类来说很重要，无论是在预期中，还是在实际发生时，它的价值是为了人类的欢乐或仅仅是在家里放松，而一顿饭通常是庆祝活动的高潮。毫无疑问，月球定居者将发明他们自己的年度庆祝活动日历。有些会继续举行宗教仪式，有些会是像生日这样的个人节日，还有一些可能是"季节性节日"。

"季节性"这个词在月球上会有不同的含义，月球是一个行星体，其自转轴实际上几乎垂直于其绕太阳转动的轨道路径（只有 1.5°），而地球自转轴倾斜 23.4°，因此地球的倾斜导致太阳位于赤道以南和以北的位置，从而形成夏季和冬季，而夏季和冬季的昼夜时间

和季节温度则各不相同。在只有 347 个地球日长的月球年里，太阳在月球赤道上下的 1.5°变化会弱化季节的昼夜周期。此外，月球没有大气层，所以月球表面温度的剧烈变化只是由于太阳从白昼到黑夜的极端照射所致，而不是由于与太阳的倾斜所致。然而，在靠近月球两极的地方，很可能是月球移民选择的第一个定居点，将会有相当长的白天和黑夜，贯穿整个季节，就像在地球两极一样。白昼和黑夜各 173 天，在二者之间将是 18 天日出和日落。早期的定居点很可能位于两极，因为水可能以地下冰的形式存在，而且位于那里的一些山脉和陨石坑在阳光下上升得更高。太阳能可以从太阳能电池板上获得，太阳能电池板会随着太阳照射角度的变化而变化。

这将是一个全新的世界。

在这种新天文季节的背景下，遗憾的是，膳食准备将不包括火烤的牛排，使用燃煤的烹饪也是几无可能了。与微波炉一样，炉台上对流电炉和感应式"燃烧器"也很好用。月球上任何烹饪设备都必须应对低重力，这对准备食物有一些不利的影响。低重力减少了我们想要煮沸液体的对流，它会使热油和其他液滴飞溅得厉害。为了找到解决方案，实验和建模已经花费了很长的时间（莱伯，2014）。研制太空饮食所必需的种类和营养是一个广阔的研究领域（温赛斯，等，2008），甚至是一个新的商业发展方向。

20.4.3　对集体居住的膳食管理

与地球相比，月球上餐厅或食堂都需要进行更周到的设计。要求包括输入端食材的储存和输出端的废物管理，中间包括准备、烹饪和卫生等。所有这一切都必须以能源最小消耗、原材料及食物最小浪费、最大限度的回收利用和卫生状况良好为前提。这些约束针对的是集体，而不是个人。

膳食管理将有望被整合到所有月球穹顶和设施的多用途环境规划中，定居者将需要熟练的餐饮管理人员、后勤专家和月球环境保护专家，他们都必须与管理温室的工程师、农学家进行交流互动（参见本书第 5、6 章）。

20.5　艺术

20.5.1　艺术给人类以寄托

艺术，包括音乐，是大多数人生活的组成部分，它被赋予不同的重要性取决于一个人所在的文化和社会。艺术和音乐不同于娱乐活动，尽管它们通常发生在相互交织的情境中，如在烹饪、节日、教育活动和宗教仪式中。艺术元素也体现在建筑中，因此希望月球的圆顶结构能装饰人类的生活，刺激感官，使月球生活成为一种乐趣。偶尔在"建筑特色"上的炫耀应该受到欢迎，因为人类情感对美丽环境——自然的和人为的——产生如此直接的反应。人类最终会把月球变得美丽而有趣，因为他们在其他地方也是这样做的。从史前时期开始，艺术、工艺、歌曲和舞蹈都以不同程度和不同方式被记录下来。这是我们这个物种的特征。

20.5.2　艺术与月球可持续性

汉斯·迪勒曼（2008）指出了艺术家作为"变革推动者"的重要性，他们可以登上月球——甚至是兼职艺术家（乔根森，2010；奥诺，2010）；我们预计，从人类第一次定居月球开始，可持续性将成为月球的主题，一种精神（本书第 14 章），一种实用的管理工具，在资源有限的恶劣环境中，这非常必要。如果月球移民地要持续发展，在一个可持续的环境中变得更有适应性，需要月球项目具备灵活性。不出所料，这也是宇宙飞船的一个主要特点：后备系统，在设计时考虑到了可能发生的故障。

几年后，迪勒曼（2017）强调，作为变革代理人，艺术家和设计师并不仅仅是偶然出现的。他解释了以艺术为基础的可持续性教育如何成为向令人着迷的、学科间的可持续性转变的关键（2017，图 1）。在一个新的、脆弱的月球环境中（在某种程度上），我们将需要一种从不再迷惑到"令人着迷的可持续性发展"的转变。大多数当代方法都未能实现环境的可持续性，因为它们无法让人们参与到转型过程中。令人惊奇的是，研发的新技术可以首先在月球上使用，然后再造福地球，如增材制造技术。

让我们记住，月球上景观几乎完全是单色的，尽管未来月球居民可能会学会辨别以前从未被感知到的灰色影像。"月球单色"艺术也会不断发展起来，就像 20 世纪 50 年代开始的韩国单色运动一样，从开始的极简主义、几乎具有颠覆性的"单色花"艺术发展起来（林奇，2020）。不要小看单色，毕竟白色才是所有颜色的底色，黑色并不是，灰色是两者的混合。白色在文化上有不同的含义：在西方文化中，白色代表快乐、关爱、纯洁和圣洁；在非洲、亚洲和中世纪欧洲，白色则代表死亡和哀悼。同样，黑色也具有多种含义：死亡、神秘、黑暗面，以及权力、高贵、威望，甚至是性感。我们可以试着预测黑色和白色对月球文化的意义，但等待和观察月球居民如何处理灰色可能会更有趣。

20.6　结　论

当我们总结之前关于在月球上生存的不同预测时，这似乎有点奇怪。这正是四个 21 世纪的家庭所面临的挑战，他们要在一个威尔士小岛上生活一个月，并且要自给自足，就像在 20 世纪初的渔村一样生活。在英国广播公司（BBC）的四集电视剧《1900 年荒岛》中记录他们的命运。他们成功了，而成功的秘诀在于他们为了生存而必须努力工作，建立了一个组织严密的社区，甚至项目结束时也不愿回到 21 世纪。

月球探索者也会发现这个成功存活的秘诀，否则他们将无法生存下去。在发现秘密的过程中，他们将创造一种新的、对环境敏感的文化，一种帮助他们忘记曾经在地球上生活过的文化。

参 考 文 献

［1］ Adee, S. (2019). Kim Stanley Robinson built a moon base in his mind. IEEE Spectrum. Retrieved December 30, 2020, from https：//spectrum. ieee. org/aerospace/space－flight/kim－stanley－robinson－built－a－moon－base－in－his－mind.

［2］ Allison, P. R. (2015). This is why lunar colonies will need to live underground. BBC Future. Retrieved December 30, 2020, from https：//www. bbc. com/future/article/20151218－how－to－survive－the－freezing－lunar－night.

［3］ Benvenuti, S. , Ceccanti, F. , & DeKestelier, X. (2013). Living on the moon：Topological optimization of a 3D－printed lunar shelter. Nexus Network Journal, 15 (2), 285－302. https：//doi. org/10. 1007/s00004－01.

［4］ Bukley, A. P. (2020). Center for space policy and strategy space agenda 2021 to the moon and beyond：Challenges and opportunities for NASA's artemis program. El Segundo, CA. https：//aer ospace. org/sites/default/files/2020－10/Bukley_TheMoon_20201027. pdf.

［5］ Campa, R. , Szocik, K. , & Braddock, M. (2019). Why space colonization will be fully automated. Technological Forecasting and Social Change, 143 (October 2018), 162－171. https：//doi. org/10. 1016/j. techfore. 2019. 03. 021.

［6］ Dieleman, H. (2008). Sustainability, art and reflexivity：Why artists and designers may become key change agents in sustainability. In S. Kagan & V. Kirchberg (Eds.), Sustainability：A new frontier for the arts and cultures (pp. 1－26). Verlag für Akademische Schriften.

［7］ Dieleman, H. (2017). Arts－based education for an enchanting, embodied and transdisciplinary sustainability. Artizein：Arts and Teaching Journal, 2 (2), 1－16. https：//opensiuc. lib. siu. edu/atj/vol2/iss2/4.

［8］ Dolgin, E. (2019). Moondust, radiation, and low gravity：The health risks of living on the moon. IEEE Spectrum. Retrieved December 30, 2020, from https：//spectrum. ieee. org/aerospace/spaceflight/moondust－radiation－and－low－gravity－the－health－risks－of－living－on－the－moon.

［9］ Drake, B. G. (1998). Reference mission version 3. 0, addendum to the human exploration of mars：The reference mission of the NASA mars exploration study team. NASA Special Publication, (June).

［10］ ESA. (2014). 3D－printing a lunar base. https：//www. esa. int/ESA_Multimedia/Videos/2014/11/3Dprinting_a_lunar_base. Accessed 11 November 2020.

［11］ ESA. (2020). Moon village：Conceptual design of a lunar habitat. http：//esamultimedia. esa. int/docs/cdf/Moon_Village_v1. 1_Public. pdf.

［12］ Jagoda, J. A. (2020). An analysis of the viability of 3D－printed construction as an alternative to conventional construction methods in the expeditionary environment. Air Force Institute of

Technology. https：//scholar. afit. edu/etd/3240.

［13］ Jorgensen，J. （2010）. Humans：The strongest and the weakest joint in the chain. Lunar Settlements，247 – 259. https：//doi. org/10. 1201/9781420083330.

［14］ Kading，B.，& Straub，J. （2015）. Utilizing in – situ resources and 3D printing structures for a manned mars mission. Acta Astronautica，107，317 – 326. https：//doi. org/10. 1016/j. actaastro. 2014. 11. 036.

［15］ Kelly，B. E.，Bhattacharya，I.，Heidari，H.，Shusteff，M.，Spadaccini，C. M.，& Taylor，H. K. （2019）. Volumetric additive manufacturing via tomographic reconstruction. Science，363 （6431），1075 – 1079. https：//doi. org/10. 1126/science. aau7114.

［16］ Kohler，F.，&Stoukalov，G. （2019）. Moon mission ｜ DWdocumentary. Germany：ZDF. https：//www. youtube. com/watch? v＝y0mGJNq – bHk.

［17］ Kramer，W. R. （2020）. A framework for extraterrestrial environmental assessment. Space Policy，53，101385. https：//doi. org/10. 1016/j. spacepol. 2020. 101385.

［18］ Labeaga – Martínez，N.，Sanjurjo – Rivo，M.，Díaz – álvarez，J.，& Martínez – Frías，J. （2017）. Additive manufacturing for a moon village. Procedia Manufacturing，13，794 – 801. https：//doi. org/10. 1016/j. promfg. 2017. 09. 186.

［19］ Leber，J. （2014）. How we'll cook breakfast on mars. Fast Company. Retrieved December 31，2020，from https：//www. fastcompany. com/3034140/how – well – cook – breakfast – on – mars.

［20］ Lynch，S. （2020）. Dansaekhwa：Exploring the "Korean Monochrome" art movement. Singulart. Retrieved December 31，2020，from https：//blog. singulart. com/en/2020/10/08/dansaekhwa – exploring – the – korean – monochrome – art – movement/.

［21］ NASA. （2020a）. Artemis plan：NASA's lunar exploration program overview. https：//www. nasa. gov/sites/default/files/atoms/files/artemis _ plan – 20200921. pdf.

［22］ NASA. （2020b）. A next generation spacesuit for the artemis generation of astronauts. Retrieved December 30，2020，from https：//www. nasa. gov/feature/a – next – generation – spacesuit – for – the – artemis – generation – of – astronauts.

［23］ Nelson，B. （2020）. Scientists create a 'Star Trek' – style replicator. Treehugger. Retrieved December 31，2020，from https：//www. treehugger. com/scientists – closer – creating – star – trek – style – replicator – 4863606.

［24］ Ono，A. （2010）. Art：Art as a psychological support for the outer space habitat. In H. Benaroya （Eds. ），Lunar settlements：Advances in engineering （pp. 197 – 214）. CRC Press. https：//doi. org/10. 1201/9781420083330.

［25］ Parks，J. （2019）. Moon village：Humanity's first step toward a lunar colony? Astronomy，（May 31），2019 – 2020. https：//astronomy. com/news/2019/05/moon – village – humanitys – first – step – toward – alunar – colony.

［26］ Qiu，J.，Goode，P. R.，Pallé，E.，Yurchyshyn，V.，Hickey，J.，Montanés Rodriguez，P.，et al. （2003）. Earthshine and the earth's albedo：1. Earthshine observations and measurements of the lunar phase function for accurate measurements of the earth's bond albedo. Journal of Geophysical Research：Atmospheres，108 （22）. https：//doi. org/10. 1029/2003jd003610.

［27］ Reuters. （2015）. Real – life star trek "replicator" prepares meal in 30 seconds. Sciencd &

Space. Retrieved December 31，2020，from https：//www. reuters. com/article/us – israel – meals – on – dem and – tracked/real – life – star – trek – replicator – prepares – meal – in – 30 – seconds – idUSKBN0NQ1PG20150505.

[28] Robinson，K. S. (1992). Red Mars (Mars Trilogy ♯1). Spectra.

[29] Robinson，K. S. (1993). Green Mars (Mars Trilogy ♯2). Spectra.

[30] Robinson，K. S. (1996). Blue Mars (Mars Trilogy ♯3). Spectra.

[31] Robinson，K. S. (2018). Red Moon. Orbit.

[32] Schultz，C. (2014). The first meal eaten on themoonwas bacon. SmithsonianMagazine，SmartNews， (April 8). https：//www. smithsonianmag. com/smart – news/first – meal – eaten – moon – was – bacon – 180950457/.

[33] Szocik，K. ，Wójtowicz，T. ，& Braddock，M. (2020). The martian：Possible scenarios for a future human society on mars. Space Policy，54. https：//doi. org/10. 1016/j. spacepol. 2020. 101388.

[34] Uri，J. (2020). Space station 20th：Food on ISS. NASA History. Retrieved December 31，2020，from https：//www. nasa. gov/feature/space – station – 20th – food – on – iss.

[35] Vicens，C. ，Wang，C. ，Olabi，A. ，Jackson，P. ，& Hunter，J. (2008). Optimized bioregenerative spacediet selection with crew choice. Habitation，9 (1)，31 – 39. https：//doi. org/10. 3727/1542966034605243.

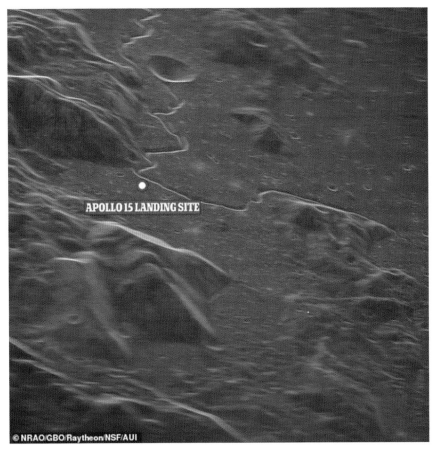

图 1-3　1971 年阿波罗 15 号着陆区域的 2021 年雷达图像（来源：索菲亚·达格内洛，
NRAO/GBO/Raytheon/AUI/NSF/USGS）（P5）

图 1-4　NASA 的挥发物探测极地漫游车（资料来源：NASA 艾姆斯研究中心/丹尼尔·鲁特）（P9）

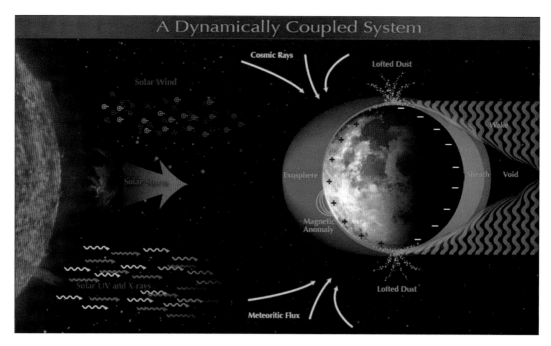

图 3 - 1　由太阳驱动的月球表面尘埃、大气和等离子体相互作用的环境概览（法雷尔，等，2012b）（P38）

图 3 - 2　垂直障碍物对水平流动的太阳风产生了局部等离子体环境，这对漫游和钻探等作业构成了挑战（罗兹，等，2020）；图像来源：杰伊·弗里德兰德，NASA - GSFC）（P42）

(a) 构型空间中 L1 和 L2 南晕轨道家族

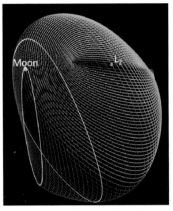
(b) 放大的 L2 晕族视图，用白色描绘了 NRHO 的边界

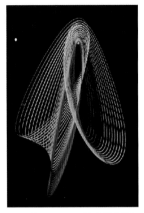
(c) L1 和 L2 NRHO 放大的视图

图 4-1 地月 NRHO（来源：齐莫万，等，2017，经作者允许）（P50）

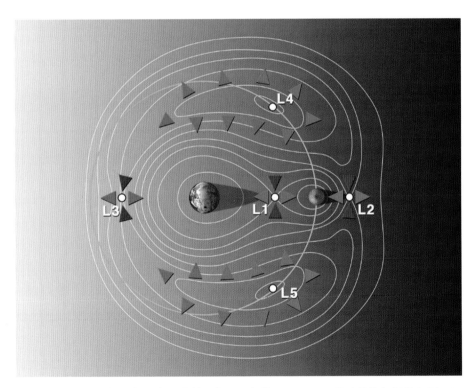

图 4-2 地月系统的拉格朗日点（致谢：大卫·克林，LPI-JSC 月球科学与探索中心）（P50）

图 4-3　月面太阳能电池板发电，用于食品生产的温室和被风化层保护的栖息地(致谢:ESA—P. 卡里尔)(P53)

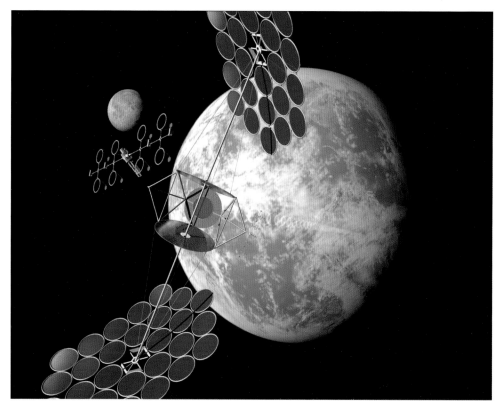

图 4-4　NASA 集成的对称集中器 SPS 概念，月球任务中一个极具吸引力的发电尝试（致谢：NASA）(P54)

图 4-6　NASA 风化层高级表面系统作业机器人（RASSOR）正在挖掘模拟的地外土壤，
原位资源利用策略可能对在月球表面的长期居住至关重要（致谢：NASA）（P60）

图 4 - 7　通过欧洲空间局的月光项目连接地球和月球：月球通信和导航服务（致谢：欧洲空间局）（P61）

图 5 - 1　月球村庄模型的示意图（来源：ESA/Foster＋Partners）。由于月面有一层风化层，覆盖风化
层的环穹顶结构使植物免受辐射、温度变化和陨石的影响。室外光线可以经过特殊的窗户通过
以风化层为基础的保护层采集，该村庄是一个由隧道管道联通的模块网络（P68）

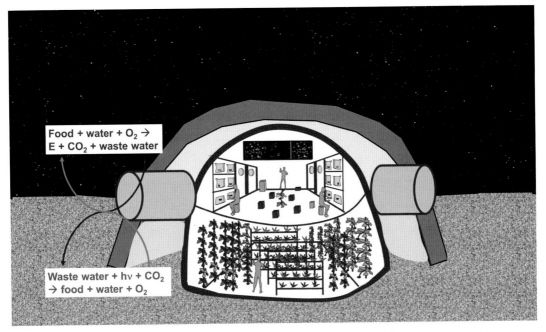

Food + water + O₂ →
E + CO₂ + waste water

Waste water + hν + CO₂
→ food + water + O₂

图 5-2　月球村模块的内部结构图。每个圆顶结构都被认为是一个自治的生态系统，乘员和植物共处于一个相互依赖的环境中，由左边的两个方程表示二者的关系（E=代谢能；$h\nu$=光能）。根据植物/人类的比例，栖息地被分为两个区域，即乘员驻留区域和植物区域区域。内部照明（LED/量子点）可以像月球/火星栖息地原型一样利用室外照明进行补充（贾科梅利，等，2012），或通过光纤系统输入（P74）

图 5-3　月球村概念公园的内部视图。这是一个实施农业园艺和放松之处，
有助于村民的心理调适（P76）

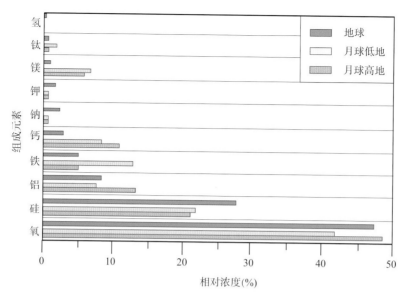

图 6-1 地球和月球的基本元素组成对比（P87）

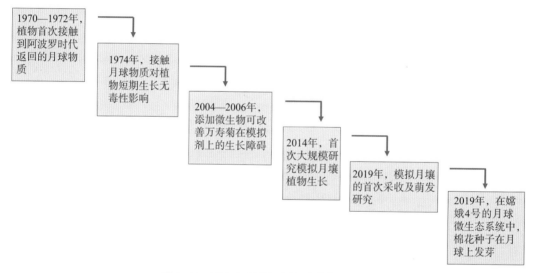

图 6-2 月球农业研究主要里程碑（P89）

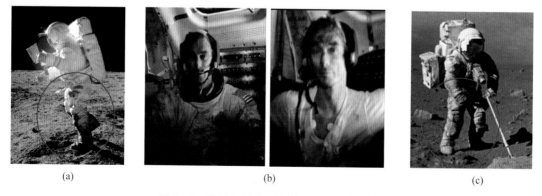

图 9-1 宇航员图片（感谢 NASA）（P124）

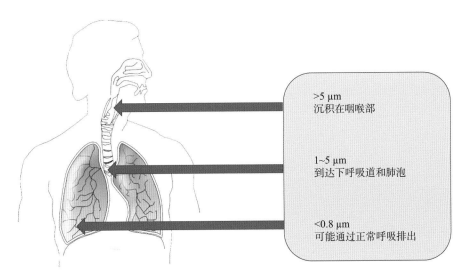

图 9 - 2　气溶胶颗粒大小决定了其在肺内沉积的部位（P125）

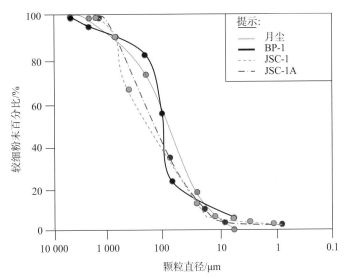

图 9 - 3　月尘和 3 种月尘模拟物的颗粒直径（根据苏斯坎-弗洛雷斯等 2015 年的数据绘制）

BP—黑色颗粒；JSC—约翰逊航天中心（P126）

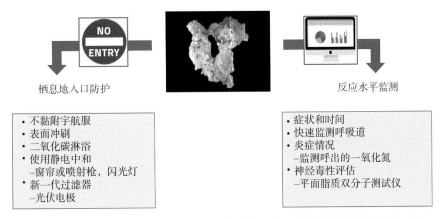

图 9 - 4　减轻月尘影响的可能措施（月尘颗粒图像，致谢欧洲空间局）（P131）

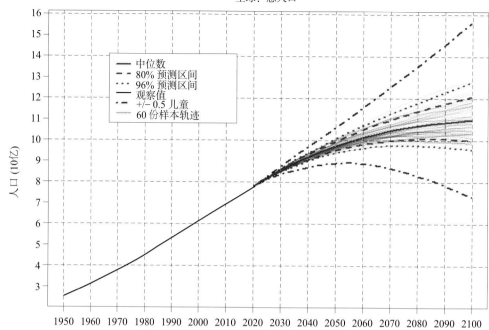

图 13 - 1　预测截至 2100 年全球人类增长情况。来源：联合国，经济和社会事务人口动态部
（CC BY 3. 0 IGO）https：//population. unorg/wpp/Graphs/probability/POP/TOT/900（P182）

图 14 - 1　加利福尼亚州约翰·缪尔荒野麦克湖上方的小湖谷（简·理查森）来自维基共享
资源，CC BY - SA 3. 0 https：//creativecommons. org/licenses/by - sa/3. 0 来源于
https：//commons. wikimedia. org/wiki/File：Little _ Lakes _ Valley _ from _ above _ Mack _ Lake. jpg（P195）

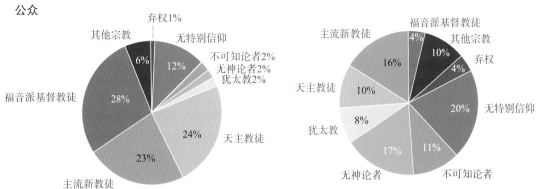

图 16-1 在 2009 年进行的调查中，美国科学家和公众的宗教信仰
（资料来源：皮尤研究中心，2009）（P213）

图 16-3 美国南极站，部分被雪覆盖；冬季科考队员在极度隔离中生活长达 8 个月
（资料来源：乔什·兰迪斯，美国国家科学基金会）（P216）

图 16-4 月球移民者将不得不生活在高度受控的人工环境中，这给移民社会互动交流带来障碍。这位艺术家的构思显示了 NASA 计划中的阿尔忒弥斯基地（资料来源：欧洲空间局，皮埃尔·卡里尔）（P217）

图 20-1　ESA-SOM 月球村模型（图片版权为 SOM/斜方有限公司拥有）（P261）

图 20-2　正在建设中的 ESA-NASA 月球村

（图片版权为欧洲空间局/福斯特及合作伙伴拥有）（P261）